U0230485

国家出版基金项目
NATIONAL PUBLICATION FOUNDATION

"十四五"时期国家重点出版物出版专项规划项目

国家重点研发计划"固废资源化"重点专项支持

固废资源化技术丛书

重型装备高值关键件
再制造技术与应用

梁秀兵　张志彬　杜令忠
张显程　刘增华　黄东保　等　著

科 学 出 版 社
龙 门 书 局
北 京

内 容 简 介

发展先进绿色再制造技术和产品,突破面向工程化应用的再制造专用材料、废旧重型装备高值关键件绿色清洗、高效再制造工艺设备、微/无损检测评估方法、再制造质量评价等关键技术,强化废旧重型装备再制造基础理论和核心技术,推进废旧高值关键件梯次利用,支撑循环经济有序发展,是今后我国制造业及工科院校教育的重点研究课题。

本书总结了作者团队近些年在重型装备高值关键件再制造理论、材料、技术、应用等方面取得的研究成果。第1章介绍再制造的内涵与发展趋势。第2章介绍掘进、冶金、海洋领域重型装备及其典型高值关键件的情况。第3章介绍再制造专用粉体材料的内涵、制备方法和发展趋势。第4章介绍废旧重型装备高值关键件绿色激光清洗的基本原理、平台搭建、试验验证与评价情况。第5章介绍高效再制造成形方法的核心构件设计和工艺验证。第6章介绍再制造用微/无损检测技术、损伤识别、评价方法。第7章介绍再制造的质量评价体系、"创新型"商业推广模式和应用案例。

本书可供从事机械制造方面的科研、教学和工程技术人员阅读,也可供相关专业的本科生和研究生参考。

图书在版编目(CIP)数据

重型装备高值关键件再制造技术与应用 / 梁秀兵等著. -- 北京:龙门书局, 2025. 3. --(固废资源化技术丛书). -- ISBN 978-7-5088-6570-6

Ⅰ. TH16

中国国家版本馆 CIP 数据核字第 2025SQ8128 号

责任编辑:杨 震 杨新改 / 责任校对:杜子昂
责任印制:赵 博 / 封面设计:东方人华

科 学 出 版 社
龙 门 书 局 出版

北京东黄城根北街 16 号
邮政编码:100717
http://www.sciencep.com

北京中科印刷有限公司印刷
科学出版社发行 各地新华书店经销

*

2025 年 3 月第 一 版 开本:720×1000 1/16
2025 年 5 月第二次印刷 印张:16 1/2
字数:330 000
定价:118.00 元
(如有印装质量问题,我社负责调换)

"固废资源化技术丛书"编委会

顾　　问：左铁镛　张　懿

主　　编：李会泉

副 主 编：戴晓虎　吴玉锋

编　　委（按姓氏汉语拼音排序）：

陈庆华　程芳琴　戴晓虎　顾晓薇　韩跃新

胡华龙　黄朝晖　李会泉　李少鹏　李耀基

梁秀兵　刘　诚　刘会娟　刘建国　罗旭彪

马保中　闵小波　邱廷省　舒新前　王成彦

王海北　吴玉锋　吴玉龙　徐夫元　徐乐昌

张　伟　张利波　张一敏　仲　平

青年编委（按姓氏汉语拼音排序）：

顾一帆　国佳旭　柯　勇　李　彬　刘家琰

王晨晔　张建波　朱干宇

丛书序一

深入推进固废资源化、大力发展循环经济已经成为支撑社会经济绿色转型发展、战略资源可持续供给和"双碳"目标实现的重要途径，是解决我国资源环境生态问题的基础之策，也是一项利国利民、功在千秋的伟大事业。党和政府历来高度重视固废循环利用与污染控制工作，习近平总书记多次就发展循环经济、推进固废处置利用做出重要批示；《2030 年前碳达峰行动方案》明确深入开展"循环经济助力降碳行动"，要求加强大宗固废综合利用、健全资源循环利用体系、大力推进生活垃圾减量化资源化；党的二十大报告指出"实施全面节约战略，推进各类资源节约集约利用，加快构建废弃物循环利用体系"。

回顾二十多年来我国循环经济的快速发展，总体水平和产业规模已取得长足进步，如：2020 年主要资源产出率比 2015 年提高了约 26%、大宗固废综合利用率达 56%、农作物秸秆综合利用率达 86%以上；再生资源利用能力显著增强，再生有色金属占国内 10 种有色金属总产量的 23.5%；资源循环利用产业产值达到 3 万亿元/年等，已初步形成以政府引导、市场主导、科技支撑、社会参与为运行机制的特色发展之路。尤其是在科学技术部、国家自然科学基金委员会等长期支持下，我国先后部署了"废物资源化科技工程"、国家重点研发计划"固废资源化"重点专项以及若干基础研究方向任务，有力提升了我国固废资源化领域的基础理论水平与关键技术装备能力，对固废源头减量—智能分选—高效转化—清洁利用—精深加工—精准管控等全链条创新发展发挥了重要支撑作用。

随着全球绿色低碳发展浪潮深入推进，以欧盟、日本为代表的发达国家和地区已开始部署新一轮循环经济行动计划，拟通过数字、生物、能源、材料等前沿技术深度融合以及知识产权与标准体系重构，以保持其全球绿色竞争力。为了更好发挥"固废资源化"重点专项成果的引领和应用效能，持续赋能循环经济高质量发展和高水平创新人才培养等方面工作，科学出版社依托该专项组织策划了"固废资源化技术丛书"，来自中国科学院过程工程研究所、五矿集团、矿冶科技集团有限公司、同济大学、北京工业大学等单位的行业专家、重点专项项目及课题负责人参加了丛书的编撰工作。丛书将深刻把握循环经济领域国内外学术前沿动态，系统提炼"固废资源化"重点专项研发成果，充分展示和深入分析典型无机固废源头减量与综合利用、有机固废高效转化与安全处置、多元复合固废智能拆解与清洁再生等方面的基础理论、关键技术、核心装备的最新进展和示范应用，以期让相关领域广大科研工作者、企业家群体、政府及行业管理部门更好地了解固废资源化科技进步和产业应用情况，为他们开展更高水平的科技创新、工程应用和管理工作提供更多有益的借鉴和参考。

左铁镛

中国工程院院士

2023 年 2 月

丛 书 序 二

　　我国处于绿色低碳循环发展关键转型时期。化工、冶金、能源等行业仍将长期占据我国工业主体地位，但其生产过程产生数十亿吨级的固体废物，造成的资源、环境、生态问题十分突出，是国家生态文明建设关注的重大问题。同时，社会消费环节每年产生的废旧物质快速增加，这些废旧物质蕴含着宝贵的可回收资源，其循环利用更是国家重大需求。固废资源化通过再次加工处理，将固体废物转变为可以再次利用的二次资源或再生产品，不但可以解决固体废物环境污染问题，而且实现宝贵资源的循环利用，对于保证我国环境安全、资源安全非常重要。

　　固废资源化的关键是科技创新。"十三五"期间，科学技术部启动了"固废资源化"重点专项，从化工冶金清洁生产、工业固废增值利用、城市矿产高质循环、综合解决集成示范等全链条、多层面、系统化加强了相关研发部署。经过三年攻关，取得了一系列基础理论、关键技术和工程转化的重要成果，生态和经济效益显著，产生了巨大的社会影响。依托"固废资源化"重点专项，科学出版社组织策划了"固废资源化技术丛书"，来自中国科学院过程工程研究所、中国地质大学（北京）、中国矿业大学（北京）、中南大学、东北大学、矿冶科技集团有限公司、军事科学院国防科技创新研究院等很多单位的重点专项项目负责人都参加了丛书的编撰工作，他们都是固废资源化各领域的领军人才。丛书对固废资源化利用的前沿发展以及关键技术进行了阐述，介绍了一系列创新性强、智能化程度高、工程应用广泛的科技成果，反映了当前固废资源化的最新科研成果和生产技术水平，有助于读者了解最新的固废资源化利用相关理论、技术和装备，对学术研究和工程化实施均有指导意义。

　　我带领团队从 1990 年开始，在国内率先开展了清洁生产与循环经济领域的技术创新工作，到现在已经 30 余年，取得了一定的创新性成果。要特别感谢科学技术部、国家自然科学基金委员会、中国科学院等的国家项目的支持，以及社会、企业等各方面的大力支持。在这个过程中，团队培养、涌现了一批优秀的中青年骨干。丛书的主编李会泉研究员在我团队学习、工作多年，是我们团队的学术带头人，他提出的固废矿相温和重构与高质利用学术思想及关键技术已经得到了重要工程应用，一定会把这套丛书的组织编写工作做好。

　　固废资源化利国利民，技术创新永无止境。希望参加这套丛书编撰的专家、学者能够潜心治学、不断创新，将理论研究和工程应用紧密结合，奉献出精品工程，为我国固废资源化科技事业做出贡献；更希望在这个过程中培养一批年轻人，让他们多挑重担，在工作中快速成长，早日成为栋梁之材。

感谢大家的长期支持。

中国工程院院士

2022 年 12 月

丛 书 前 言

深入推进固废资源化已成为大力发展循环经济，建立健全绿色低碳循环发展经济体系的重要抓手。党的二十大报告指出"实施全面节约战略，推进各类资源节约集约利用，加快构建废弃物循环利用体系"。我国固体废物增量和存量常年位居世界首位，成分复杂且有害介质多，长期堆存和粗放利用极易造成严重的水-土-气复合污染，经济和环境负担沉重，生态与健康风险显现。而另一方面，固体废物又蕴含着丰富的可回收物质，如不加以合理利用，将直接造成大量有价资源、能源的严重浪费。

通过固废资源化，将各类固体废物中高品位的钢铁与铜、铝、金、银等有色金属，以及橡胶、尼龙、塑料等高分子材料和生物质资源加以合理利用，不仅有利于解决固体废物的污染问题，也可成为有效缓解我国战略资源短缺的重要突破口。与此同时，由于再生资源的替代作用，还能有效降低原生资源开采引发的生态破坏与环境污染问题，具有显著的节能减排效应，成为减污降碳协同增效的重要途径。由此可见，固废资源化对构建覆盖全社会的资源循环利用体系，系统解决我国固废污染问题、破解资源环境约束和推动产业绿色低碳转型具有重大的战略意义和现实价值。随着新时期绿色低碳、高质量发展目标对固废资源化提出更高要求，科技创新越发成为其进一步提质增效的核心驱动力。加快固废资源化科技创新和应用推广，就是要通过科技的力量"化腐朽为神奇"，将"绿水青山就是金山银山"的理念落到实处，协同推进降碳、减污、扩绿、增长。

"十三五"期间，科学技术部启动了国家重点研发计划"固废资源化"重点专项，该专项紧密面向解决固体废物重大环境问题、缓解重大战略资源紧缺、提升循环利用产业装备水平、支撑国家重大工程建设等方面战略需求，聚焦工业固废、生活垃圾、再生资源三大类典型固废，从源头减量、循环利用、协同处置、精准管控、集成示范等方面部署研发任务，通过全链条科技创新与全景式任务布局，引领我国固废资源化科技支撑能力的全面升级。自专项启动以来，已在工业固废建工建材利用与安全处置、生活垃圾收集转运与高效处理、废旧复合器件智能拆解高值利用等方面取得了一批重大关键技术突破，部分成果达到同领域国际先进水平，初步形成了以固废资源化为核心的技术装备创新体系，支撑了近20亿吨工业固废、城市矿产等重点品种固体废物循环利用，再生有色金属占比达到30%，为破解固废污染问题、缓解战略资源紧缺和促进重点区域与行业绿色低碳发展发挥了重要作用。

本丛书将紧密结合"固废资源化"重点专项最新科技成果，集合工业固废、城市矿产、危险废物等领域的前沿基础理论、创新技术、产品案例和工程实践，旨在解决工业固废综合利用、城市矿产高值再生、危险废物安全处置等系列固废处理重大难题，促进固废资源化科技成果的转化应用，支撑固废资源化行业知识普及和人才培养。并以此为契机，期寄固废资源化科技事业能够在各位同仁的共同努力下，持续产出更加丰硕的研发和应用成果，为深入推动循环经济升级发展、协同推进减污降碳和实现"双碳"目标贡献更多的智慧和力量。

李会泉　何发钰　戴晓虎　吴玉锋

2023 年 2 月

序

制造业贯穿了人类进化的整个过程，从早期的简单工具制作到现代高科技生产，它一直是推动人类社会进步的关键力量，是现代工业、农业、国防、科技以及服务业等的基石。制造业不仅促进了经济发展和技术进步，还深刻影响了社会结构、生活方式和文化交流。在未来，制造业将继续在创新和可持续发展中发挥重要作用，推动人类迈向新的高度。

近年来，中国制造业在经济发展的推动下取得了显著成就，成为全球制造业的重要基地。这一发展在促进经济增长、提高就业率、增强国家竞争力方面发挥了关键作用。然而，伴随着制造业的快速发展，资源浪费与能源消耗过大的问题也日益凸显，成为影响可持续发展的重要因素。面对这一挑战，发展先进绿色再制造技术成为推动制造业转型升级、促进循环经济发展的关键路径之一。

再制造作为循环经济中"减量化、再循环、再利用"三个核心原则的实践途径之一，是深入贯彻习近平总书记所倡导的绿色发展理念的关键环节。这一过程涉及将已达到使用寿命或因故障而暂时停止运作的零部件，通过应用先进的高科技手段、新材料等关键技术创新，对其进行修复与重新制造，从而恢复其原有性能与功能，确保再制造产品的质量与原型新品保持一致甚至更高标准。这一创新性策略不仅有效节约了资源，减少了废弃物的产生，同时也显著降低了能源消耗，对于促进经济社会的绿色发展和可持续发展具有深远意义。

2024 年 3 月，国务院发布了《推动大规模设备更新和消费品以旧换新行动方案》（以下简称《方案》）。该方案秉持市场主导与政府引导相结合的原则，通过鼓励先进技术和淘汰落后产能，注重标准化引领与有序提升，全面实施设备更新、消费品以旧换新、回收循环利用与标准升级四大行动计划。这一举措旨在加速推动经济向绿色、可持续发展方向转型，提升资源利用效率，减少环境污染，同时促进消费结构的优化升级，激发市场活力。通过《方案》的实施，旨在构建一个健康、绿色的经济发展模式，实现经济效益、社会效益与环境保护的和谐共存。

近年来，随着大批量重型装备关键部件陆续达到其使用寿命的极限，频繁的零部件更换不仅显著增加了生产成本，而且与追求可持续发展的目标背道而驰。因此，废旧重型装备损伤检测与再制造形性调控理论及技术应运而生，并迅速得到了普及和应用。再制造技术深刻体现了《方案》的精神内涵，契合了国家推进循环经济发展的战略方向。同时，作为国家重点培育的战略性新兴产业，再制造技术获得了政府及企业的高度关注和大力支持，在材料科学、机械工程等领域的研究者中以及重型装备企业中备受推崇。

《重型装备高值关键件再制造技术与应用》一书详尽介绍了废旧重型装备关键部件的失效模式及其再制造的基础理论与核心技术，聚焦于掘进、冶金、海洋等行业废旧重型装备的分级循环使用，全面论述了再制造所需的专用材料、加工工艺、检测手段和评估体系等多个重要问题，内容横跨材料学、力学、物理学、化学、机械工程和管理学等多个学科。撰写此类专业著作的一大挑战是既要深入阐述再制造技术细节，同时还要确保来自不同专业领域的读者能够全面理解再制造的概念。该书在这两方面均作出了成功的尝试和突破。

该书的作者群体在再制造技术领域耕耘多年，积累了丰富的科研经验，他们分别来自国内在再制造技术研究方面具有标杆性的高等学府、科研机构以及高新技术领先企业。该书系统地勾勒了再制造技术的内涵及其发展脉络，深入剖析了废旧重型装备关键部件的现状及其失效损伤机理，详细介绍了适用于工程化应用的再制造材料、核心技术及评估方法。该书汇集了各参编单位的集体智慧，成功实现了产业、学术、研究与实际应用的有机融合，相信可以使读者对废旧重型装备的再制造技术及其深远意义有一个更加深入和全面的认识。

该书内容新颖、覆盖面广，有助于推动废旧重型装备的有序梯次循环利用。当然，再制造技术的相关研究与应用正处于快速演进之中，未来的发展潜力与空间巨大。期望该书的出版能够在废旧设备的更新换代与高效循环利用方面发挥更加显著的作用，并促进该项技术的不断创新和进步。

是为序。

2024 年 8 月 30 日

前　　言

　　制造业是衡量国家综合国力的重要核心指标之一。面对当前第四次工业革命的汹涌浪潮，全球各国纷纷推出旨在振兴制造业的战略举措，如美国的"国家制造业创新网络"、德国的"工业4.0"、日本的"工业价值链"等。我国提出了智能制造强国战略，为推动制造业可持续发展注入了新的活力。新技术、新业态、新模式、新产业的蓬勃兴起，对工程科技人才提出了更为严峻的挑战。在这一背景下，加快推动工程成果的转化进程显得尤为迫切。再制造技术作为方兴未艾的新兴产业，正日益受到社会各界的广泛关注。为深化再制造领域的理论研究和工程应用，我们集结了来自相关高校、科研院所及企业的专家组成撰写团队，在梳理和总结各单位近年来的研究成果基础上，广泛汲取和整合了国内外再制造相关领域的先进成果与经验，经过精心策划与不懈努力，终于完成了本书的撰写工作。

　　本书以详尽而全面的视角，深刻阐述了再制造的理念及其未来走向，着重探讨了废旧重型设备在其生命周期中，通过应用先进的材料科学、工程技术以及科学的管理策略，赋予其全新的生命，显著提升了资源的循环利用效率，促进了企业的经济收益与社会价值的双重增长。

　　全书共7章。第1章介绍再制造的内涵，分析再制造与全生命周期理论、循环经济的相关性，介绍智能再制造体系以及再制造在政策支持下的发展趋势，主要由梁秀兵、张志彬、刘渤海、井致远、杜晓坤撰写。第2章介绍掘进、冶金、海洋钻采、海洋船舶行业重型装备的基本情况，以及其表面损伤失效形式和传统修复方法，主要由程永亮、黄东保、谭帅、邹大程撰写。第3章介绍面向严苛环境的再制造专用粉体材料的内涵和制备方法，以及对粉体材料的发展趋势进行了展望，主要由杜令忠、胡振峰、仝永刚、兰昊、孙小明撰写。第4章介绍废旧重型装备高值关键件绿色激光清洗的基本机理，详述激光清洗技术平台搭建、试验验证和评价情况，主要由夏清华、孔令超、杨金堂、曹成铭、周诗洋撰写。第5章介绍再制造成形技术的基本原理，重点阐述纳米电刷镀技术、低温高速火焰喷涂技术、环形激光高效熔覆技术设备核心组件的设计与验证，主要由梁秀兵、陈永雄、程延海、张志彬、王荣、吕镖撰写。第6章介绍严苛环境下常用在役设备损伤检测技术和基于数据挖掘的损伤识别技术，阐述新兴太赫兹时域光谱检测技术及其试验验证情况，主要由张显程、梅勇兵、胡明慧、贾九红、方金祥、王孝然撰写。第7章介绍再制造重型装备质量评价体系和"创新型"再制造商业推广模式的建立情况，以及成功的废旧重型装备典型高值关键件再制造应用案例，主要由刘增华、吴莎、鲁凯举、刘渤海、田富强、李建芳、朱长江、潜凌撰写。全书由张志彬统稿，梁秀兵审稿并定稿。研究生李旭、袁嘉驰、吴宇翔、王开心、宋培松等为本书资料的收集以及整理做了大量的工作。

本书的研究成果得到了国家重点研发计划"固废资源化"重点专项"废旧重型装备损伤检测与再制造形性调控技术"项目（编号：2018YFC1902400）、国家自然科学基金面上项目"超音速火焰喷涂高熵非晶涂层结构演变及其腐蚀磨损行为研究"（编号：52275225），以及军队科研项目等的大力支持，并得益于国内众多高新技术企业和高等院校等合作伙伴的鼎力相助。中国载人航天工程总设计师、中国工程院院士周建平研究员为本书赐序，对书稿进行了细致严谨的审阅，并提出了诸多宝贵的改进建议。在此，我们亦向本书中参考文献相关作者致以感谢。

废旧重型装备再制造技术是战略性新兴产业的重要组成部分，其相关理论与技术处于快速更新迭代过程中。鉴于作者学术能力有限，书中恐有疏漏与不足，敬请读者批评指正。

作　者

2024 年 8 月 1 日

目　　录

第1章

绪　论

在过去的一个世纪里，人类社会的物质财富积累达到了前所未有的高度。这一成就的取得，很大程度上得益于科技的飞速进步和工业化的广泛推广。然而，这种高速的经济发展模式也带来了一系列严峻的环境和资源问题。制造业作为现代经济的核心支柱，不仅消耗了大量的自然资源，而且产生了大量的废弃物，其中包括55亿吨的无害废弃物和7亿吨的有害废弃物。这些废弃物的排放量占据了全球污染总量的70%以上。这种对资源的过度开采和对环境的破坏，已经使得人类的发展模式与地球的自然承载能力之间出现了不可忽视的矛盾，并对全球的可持续发展构成了严重的威胁。

循环经济是一种全新的经济增长模式。它强调在经济活动中最大限度地减少资源的输入和废弃物的输出，并通过遵循"减量化（reduce）、再制造（remanufacture）、再利用（reuse）、再循环（recycle）"的原则，以实现资源的闭环流动和高效利用。这种模式不仅关注经济效益，更强调生态效益和社会效益的统一，旨在通过技术创新和管理创新，推动经济系统与自然生态系统的和谐共生[1, 2]。

再制造作为循环经济的一个重要组成部分，涉及对旧产品的回收、检测、修复和再利用。再制造的过程包括对旧产品的拆解，对可修复部件的清洗、修复和更换，以及对修复后的部件进行性能测试，确保其达到甚至超过原有产品的性能标准。通过这一过程，不仅能够有效地延长产品的使用寿命，节约大量的原材料和能源，还能够减少二氧化碳等温室气体的排放，从而实现"双碳"目标的双重效益。推动再制造工程的发展，对于构建资源节约型和环境友好型社会具有重要意义。循环经济和再制造不仅有助于实现经济的可持续发展，还有助于保护和改善人类的生存环境。随着技术的进步和社会意识的提高，循环经济和再制造将在全球范围内得到更广泛的应用和推广，为构建绿色、低碳、循环、可持续的全球经济体系做出重要贡献。通过促进再制造的发展，我们能够有效应对资源的有限性和环境问题，实现经济增长与环境保护的有机结合，推动全球向更加可持续的发展路径转型。

1.1　再制造概述

1.1.1　再制造

1. 再制造的含义

再制造作为一种循环经济模式，正在受到越来越多人的关注和重视。中国国家标准《再制造　术语》（GB/T 28619—2012）对再制造作出了如下定义：对再制造毛坯进行专业化修复或升级改造，使其质量特性不低于原型新品水平的过程。再制造是一个系统化的过程，它包括收集使用过的产品、彻底拆解、详细检测与评估、彻底清洁与必要的表面处理、修复或更换关键部件、重新组装、严格测试以及提供质量保证等环节。这个过程旨在将旧产品恢复到与新产品相媲美甚至更优的性能水平，同时实现资源的高效循环利用和环境保护。再制造不仅关注产品的功能恢复，更注重性能的提升和质量的保证，确保再制造的产品能够满足现代市场的需求，并为消费者提供性价比高的选择。

2. 再制造与维修、翻新的区别

再制造、维修和翻新是处理旧产品的不同方法，它们在目的、深度和结果上有所区别。再制造是一个深入的过程，涉及对产品进行彻底的拆解、检测、修复和升级，目标是使产品性能恢复到甚至超过原始设计标准，提供与新产品相媲美的质量和性能，并通常伴随有质量保证。维修通常是对产品进行局部修复或更换损坏部件，以恢复其基本功能，但不一定能达到原始性能水平，且通常不涉及对整个产品的全面升级。翻新则介于两者之间，它可能包括对产品外观和一些关键部件的修复和更换，以改善其外观和提高部分性能，但通常不涉及对产品进行全面的性能提升和质量保证。简而言之，再制造追求的是性能和质量的全面恢复和提升，维修关注的是功能恢复，而翻新则侧重于外观和部分性能的提升。

3. 再制造技术及其运作模式

再制造技术是一种高度专业化和系统化的工程方法，它通过一系列精密的技术手段和工程流程，使旧产品焕发新生，达到节能减排和资源循环利用的目的。再制造技术涵盖了拆解、检测、清洗、表面处理、修复、部件更换、重新组装和质量测试等多个环节。每个环节都有其独特的技术方法和应用场景，确保旧产品能够恢复到其至超过原始性能和质量标准。这些技术方法的综合应用，不仅实现了资源的高效循环利用和环境保护，还为市场提供了高性价比的产品，推动了可持续发展。再制造技术的不断发展和创新，必将进一步提升其在各个行业中的应用价值和影响力。

再制造的运作模式是多样化的，它们根据不同的行业需求、产品特性和市场环境而设计，旨在实现资源的高效利用和环境的可持续发展。再制造的运作模式主要包括原厂再制造、第三方再制造、用户再制造和网络平台再制造等。每种模式都有其独特的特点和优势，同时也面临着不同的挑战和机遇。

再制造作为一种绿色、高效的工程方法，不仅能够实现资源的高效利用和环境的可持续发展，还能够为社会带来经济效益和社会效益，具有广阔的应用前景和重要的战略意义。

1.1.2　再制造与全生命周期理论

再制造是一种在全生命周期理论（life cycle theory，LCT）框架下实现资源循环利用和环境保护的关键策略。全生命周期理论注重产品从设计、生产、使用直到报废的整个生命周期管理，而再制造则是这一过程中至关重要的环节，特别是在产品的退役阶段，通过对退役产品进行修复、更新或重新制造，使其重新获得使用价值，从而延长产品的生命周期，减少资源消耗和环境负担。

全生命周期理论强调产品生命周期的各个阶段，包括设计、制造、使用、维护和报废，每一个阶段都需要综合考虑经济效益、环境影响和社会责任。

在设计阶段，企业需要采用生态设计理念，确保产品在整个生命周期内的资源利用效率最大化，环境影响最小化。再制造理念在这一阶段就要被纳入考虑，通过设计可拆卸、易修复和模块化的产品，为后续的再制造过程打下基础。

在制造和使用阶段，全生命周期理论要求企业不断优化生产工艺和资源管理，减少废料和污染物的产生，同时提高产品的耐用性和维修性。再制造在这一过程中起到了关键作用，通过对使用中的产品进行维护和更新，确保其性能和可靠性，延长其使用寿命。这不仅降低了新产品的需求，减少了原材料和能源的消耗，还有效减少了废旧产品对环境的影响。

当产品进入报废阶段，再制造就成为全生命周期管理中的重要一环。传统的废旧产品处理方式通常包括填埋和焚烧，这不仅浪费了大量的可再利用资源，还对环境造成严重污染。再制造通过对退役产品进行拆解、清洗、检测和修复，将其恢复到原有的性能水平，甚至是升级改造，使得这些产品可以重新投放市场，继续发挥其使用价值。这一过程中，企业不仅可以节约大量的原材料和生产成本，还能够减少废弃物的产生以及减少对环境的污染。

再制造与全生命周期理论的结合，不仅在环境保护方面具有显著优势，还在经济和社会效益方面展现了巨大潜力。再制造过程可使资源得到节约，成本得到降低，从而使得企业能够在激烈的市场竞争中保持成本优势，提高盈利能力。同时，再制造产业的发展也创造了大量的就业机会，促进了循环经济的发展，为社会的可持续发展作出了重要贡献。

1.2 再制造的发展趋势

1.2.1 再制造与循环经济

循环经济是一种强调物质循环利用和高效利用的经济发展模式，其核心理念是通过资源的有效循环来降低环境负担，实现经济的可持续发展。从资源流程和经济增长对资源、环境影响的角度来看，经济增长方式存在两种模式：一种是传统增长模式，即"资源—产品—废弃物"的单向式直线过程，这种模式意味着创造的财富越多，消耗的资源就越多，产生的废弃物也就越多，对资源环境的负面影响就越大；另一种是循环经济模式，即"资源—产品—废弃物—再生资源"的反馈式循环过程，这种模式可以更有效地利用资源和保护环境，以尽可能小的资源消耗和环境成本，获得尽可能大的经济效益和社会效益，从而使经济系统与自然生态系统的物质循环过程相互和谐，促进资源永续利用。

因此，循环经济是一种以资源的高效利用和循环利用为核心的经济增长模式，以"减量化、再利用、再制造、再循环"为原则，以"低消耗、低排放、高效率"为基本特征，既符合可持续发展理念，也是对"大量生产、大量消费、大量废弃"的传统经济模式的一次根本变革。

从广义的物资循环利用角度出发，再制造既可以划归为再利用，也可以划归为资源化。根据循环利用过程中节能、节材和保护环境的效益，再制造通常被划归为再利用的范畴。再制造是以废旧机电产品为对象，在保持零部件材质和形状基本不变的前提下，运用高技术进行修复，以及新的科技成果进行改造加工的过程。虽然再制造也要消耗部分能源、材料和劳力，但它充分挖掘了成型零件中的材料、能源和加工附加值，使再制造产品的性能达到或超过新品，而成本仅为新品的50%，节能60%，节材70%，环保显著改善。

以循环利用的对象来分类，再制造可以被归类为资源化。再制造和再循环都是以废旧机电产品为对象，通过加工将废旧产品变废为宝。由于再循环（如金属回炉冶炼、塑料重融、纸张溶解、贵金属化学萃取等方式）消耗较多能源，而得到的产物仅为原材料，再制造应被视为资源化中的首选途径。

物质资源和能量的循环利用是循环经济的表面表现形式。实际上，在经济活动中存在四个层次的循环经济：

（1）废弃物资源的能源回收利用。这是循环经济的最低层次。在实践中表现为对废弃物进行回收分类，对含有能量的有机废弃物进行焚烧以回收其内部蕴含的能量。发达国家最早采用这种循环经济模式，并通过不断的技术研究与开发，逐步解决了废弃物焚烧过程中产生的污染问题。

（2）废弃物作为物质资源的再生利用。在物质循环利用方面，这一层次比第一层次的循环经济具有更高的效率。例如，用废钢铁炼钢节省了大量的铁矿石和炼铁所需的能源；废旧塑料经过分类改性后，可以与新塑料材料混合制造塑料产品，从而替代部分新塑料原料。然而，这种形式的资源循环利用受限于资源随再生利用次数增加而产生的性能衰减，不能无限进行下去。

（3）废弃物中有用成分的全面分类回收。这一层次的循环经济将废弃物中的所有有用成分全面回收，并根据每种成分的物理和化学性能，将其作为原材料制造新的产品。例如，高炉瓦斯灰作为炼铁过程中的废弃物，最初级的循环利用是用于制造建材。通过新技术，企业首先将高炉瓦斯灰中的金属成分（如铁、锌、铟、锗、镓等）全部回收，最终剩余物才用于制造建材。这一层次的循环经济最大化了废弃物的经济价值，代表了循环经济的高级形式。

（4）废旧产品重要零部件的功能性循环，即再制造。再制造是循环经济的最高境界。其实践形式是对旧的重要零部件进行回收，经过内部探伤检测，对无内部缺陷的零部件的工作部位进行再生修复，形成与原来的新零部件具有同等功能或更高功能的新零部件，实现产品零部件功能的再生循环利用。这不仅节省了制造新零部件所需的原材料，还简化了制造新零部件的复杂过程和能源消耗，大大降低了制造成本，因而具有最高的资源效率、生产效率、能源效率、经济效率和环境效率。

循环经济是一种新的发展理念，是一种新的生产方式，是一系列的产业形态。发展循环经济不仅是坚持以经济建设为中心的体现，更是用发展来解决资源约束和环境污染问题的现实途径。为了推动循环经济的发展，我们需要从以下几个方面着手：

（1）政策支持。政府应制定和实施支持循环经济和再制造产业发展的政策和法规，如提供税收优惠、资金支持和技术研发支持，鼓励企业开展再制造和循环利用活动。加强对再制造产品的质量监管和市场监督，确保再制造产品的质量和安全，提升消费者对再制造产品的认可度和接受度。

（2）技术创新。企业应积极开展再制造和循环利用技术的研发和应用，提升再制造产品的质量和性能。通过采用先进的制造技术和设备，如激光清洗、激光修复和智能制造，提高再制造过程的效率和精准度，确保再制造产品的质量和性能可以达到或超过原有产品。

（3）教育宣传。通过广泛的教育和宣传活动，提升公众对循环经济和再制造的认识，改变传统的消费观念，树立资源循环利用和可持续发展的理念。可以通过学校教育、媒体宣传和社区活动等多种形式，普及循环经济和再制造的相关知识，推广成功案例和实践经验，增强公众的环保意识和社会责任感。

（4）国际合作。循环经济和再制造是全球性的问题和挑战，需要各国政府、企业和组织的共同努力和合作。通过国际合作，可以共享循环经济和再制造的先进技术和成功经验，推动再制造标准和法规的国际化，促进全球再制造产业的发展。例如，国际组织可以通过制定全球性的再制造标准和认证体系，推动各国再制造产业的规范化和标准化发展，同时鼓励跨国企业和机构开展再制造技术的研发和应用，推动全球再制造产业的协同发展。

1.2.2　智能再制造体系

智能再制造体系是指基于现代信息技术、智能化制造技术以及再制造理念构建的一种高度智能化、全过程优化的再制造系统。它不仅仅局限于传统再制造的工艺和技术，更是通过数据驱动的智能化决策和自动化技术，实现废旧产品零部件的高效修复和再利用，以达到资源高效利用、环境保护和经济效益最大化的目标[3, 4]。

1）智能再制造体系的构成

智能再制造体系不仅包括再制造的物理过程，还包括再制造的信息管理、数据分析和决策支持等环节，通过集成化的信息平台和智能化的制造设备，实现再制造过程的自动化、智能化和高效化。

2）智能再制造体系的发展背景

（1）资源紧缺和环境压力。随着全球资源的日益紧缺和环境问题的日益严重，传统的线性经济模式已经无法满足可持续发展的需求。再制造作为一种高效的资源利用和环境保护策略，受到了全球范围内的广泛关注。

（2）技术进步和创新。随着信息技术和智能制造技术的快速发展，再制造过程的自动化、智能化和高效化成为了可能。通过集成先进的技术和设备，再制造可以实现更高质量、更低成本和更短周期的生产。

（3）市场需求和政策支持。随着消费者对环保和可持续产品的需求增加，以及政府对循环经济和再制造产业的支持，再制造市场呈现出快速增长的态势。智能再制造体系作为再制造的高级形式，具有广阔的市场前景和政策支持。

3）智能再制造体系的关键技术

（1）智能检测技术。智能检测技术是指利用先进的传感器、图像识别和数据分析技术，对退役产品的性能和状态进行智能化的检测和评估。通过智能检测技术，可以实现对退役产品的快速、准确和全面的检测，为再制造过程提供可靠的数据支持。

（2）智能拆解技术。智能拆解技术是指利用自动化设备和机器人技术，对退役产品进行智能化的拆解和分类。通过智能拆解技术，可以实现对退役产品的高效、安全和环保的拆解，为再制造过程提供优质的原材料和零部件。

（3）智能清洗技术。智能清洗技术是指利用先进的清洗设备和清洗剂，对退役产品进行智能化的清洗和去污。通过智能清洗技术，可以实现对退役产品的彻底、高效和环保的清洗，为再制造过程提供清洁的零部件和原材料。

（4）智能修复技术。智能修复技术是指利用先进的修复设备和修复材料，对退役产品进行智能化的修复和更新。通过智能修复技术，可以实现对退役产品的高质量、低成本和短周期的修复，为再制造过程提供优质的零部件和产品。

（5）智能再制造管理系统。智能再制造管理系统是指利用先进的信息技术和数据分析技术，对再制造过程进行智能化的管理和优化。通过智能再制造管理系统，可以实现对再制造过程的实时监控、数据分析和决策支持，提高再制造过程的效率和质量。

4）智能再制造体系的应用领域

智能再制造体系在各种工业领域和产品类型中都有广泛的应用，包括航空航天、汽车制造、电子设备、机械设备等。

（1）航空航天领域。航空再制造是智能再制造体系的一个重要应用领域。通过集成先进的检测、拆解、清洗、修复和再制造技术，航空再制造可以实现对退役航空发动机、起落架和机身结构等关键部件的高效、高质量和低成本的再制造。例如，美国通用电气公司通过建立智能再制造中心，实现了对退役航空发动机的智能化再制造，不仅提高了再制造产品的质量和性能，还降低了再制造产品的成本和环境影响。

（2）汽车制造领域。汽车再制造是智能再制造体系的另一个重要应用领域。通过集成先进的检测、拆解、清洗、修复和再制造技术，汽车再制造可以实现对退役汽车零部件的高效、高质量和低成本的再制造。例如，美国福特汽车公司通过建立智能再制造工厂，实现了对退役发动机、变速箱和悬挂系统等关键零部件的智能化再制造，不仅提高了再制造产品的质量和性能，还降低了再制造产品的成本和环境影响。

（3）电子设备领域。电子再制造也是智能再制造体系的一个重要应用领域。通过集成先进的检测、拆解、清洗、修复和再制造技术，电子再制造可以实现对退役电子产品的高效、高质量和低成本的再制造。例如，美国苹果公司通过建立智能再制造工厂，实现了对退役 iPhone、iPad 和 Mac 电脑等电子产品的智能化再制造,不仅提高了再制造产品的质量和性能,还降低了再制造产品的成本和环境影响。

(4)机械设备领域。智能再制造体系通过全面的检测和精准的再加工技术,赋予废旧生产设备新的生命,显著延长其使用寿命,减少停机时间和维修成本。例如,对数控机床进行智能再制造,可以修复磨损部件、升级控制系统,使其性能恢复到接近新机水平。此外,通过智能再制造技术翻新工业机器人,可以延长其使用寿命,提高生产效率和安全性。

5)智能再制造体系的未来发展

智能再制造体系作为循环经济的新引擎,具有广阔的发展前景和重要的战略意义。智能再制造体系面临的挑战与未来发展方向如下所述。

(1)法律与政策支持。智能再制造体系需要相应的法律和政策支持,以推动废旧产品的再利用和资源的合理配置。这包括制定再制造标准、加强知识产权保护、建立环保和安全监管制度等方面的政策措施。

(2)技术挑战。智能再制造体系的实施面临着技术集成和系统优化的挑战。如何将各种技术有效整合,实现系统的高效运行和智能决策,是一个亟待解决的问题。

(3)教育与人才培养。智能再制造技术的应用需要具备跨学科的综合能力,包括工程技术、数据分析、人工智能等多方面的知识和技能。因此,加强相关领域的教育培训和人才引进,对于智能再制造体系的发展至关重要。

(4)国际合作与经验交流。智能再制造体系的发展需要国际的合作与经验交流,尤其是在技术标准、环保政策和市场开拓方面。通过与国际先进水平的对接,可以加快我国智能再制造体系的建设和推广应用。

1.2.3 再制造的政策支持及发展趋势

再制造作为一种可持续发展的重要策略,通过对废旧产品和零部件进行高效利用和再生,既能够减少资源消耗,又能有效降低环境负荷。在中国,再制造产业的发展经历了从无到有、不断完善的过程,政府在制定和实施相关政策方面起到了至关重要的作用。

1. 再制造的法制化进程

再制造的法制化进程是推动其发展的基础和保障。随着我国经济结构调整和环境意识的提高,政府逐步加大了对再制造行业的法律法规支持和制定力度。

从2005年开始,国家开始在高层文件中首次明确提出支持废旧机电产品的再制造。2005年发布的《国务院关于加快发展循环经济的若干意见》(国发〔2005〕

22 号）中，首次对再制造进行了政策性的引导和支持。这标志着再制造在国家战略层面的认可和推广。随后，2009 年《中华人民共和国循环经济促进法》的实施进一步强化了对再制造的法律依据，为再制造产业的法制化打下了坚实基础。

目前，已在国家层面上制定了数十项与再制造相关的法律法规及标准规范，并在文件中明确涵盖了从再制造产品标识、产品质量控制到财税政策等多个方面的相关内容，为再制造行业的规范发展提供了法律支持和指导。

2. 再制造政策法规的具体化

随着再制造产业的不断发展，政府对再制造政策法规的具体化和细化逐步加强，体现在多个方面的实施细则和管理措施上。

1）再制造产品标识方面

为推动再制造产品的市场认知和消费者信任，政府在再制造产品标识管理方面进行了积极探索和规范化。例如，2010 年，国家发展改革委、国家工商管理总局联合发布了《关于启用并加强汽车零部件再制造产品标志管理与保护的通知》（发改环资〔2010〕294 号）。此举明确要求再制造产品在明显位置或包装上使用标志，以便消费者能够识别和区分再制造产品。此外，工业和信息化部也在 2010 年发布了《再制造产品认定实施指南》（工信厅节〔2010〕192 号），涵盖了通用机械设备、专用机械设备、办公设备、交通运输设备及其零部件等多个再制造产品领域，进一步明确了产品标识的管理和应用要求。2012 年 5 月 1 日，中国国家标准《再生利用品和再制造品通用要求及标识》（GB/T 27611—2011）正式实施，有效规范了再生利用和再制造产品的基本要求与标识方式，有助于促进资源的循环利用和环境保护。在汽车零部件再制造领域中，国家发展改革委等部门联合发布了《关于印发〈汽车零部件再制造规范管理暂行办法〉的通知》（发改环资规〔2021〕528 号），以及中国国家标准《汽车零部件再制造产品 标识规范》（GB/T 39895—2021）中，都明确规定了应当在再制造产品上明示所提供的再制造产品不低于原形新品的质量保障和售后服务，并在显要位置标注再制造企业商标和"再制造产品"标识。

2）再制造产品质量控制方面

为保障再制造产品的质量和市场竞争力，政府积极制定了一系列的有关质量控制的政策文件和标准认证体系。2010 年，工信部发布了《再制造产品认定管理暂行办法》（工信部节〔2010〕303 号），建立了严格的产品认定制度，确保再制造产品符合国家标准和质量要求。进一步地，2013 年，国家发展改革委、财政部、工业和信息化部、质检总局联合发布了《再制造单位质量技术控制规范（试行）》（发改办环资〔2013〕191 号），明确了再制造单位在回收、生产、销售等环节中的质量控制要求。《汽车零部件再制造规范管理暂行办法》明确规定了再制造企业应制定完善的再制造质量控制及质量检验规章制度，并要求配置相应人员和设备等。相继发布实施的《再制造　机械产品清洗技术规范》（GB/T 32809—2016）、《再制造　电刷镀技术规范》（GB/T 37674—2019）、《再制造　机械产品修复层质量检测方法》（GB/T 40728—2021）、《再制造　激光熔覆层性能试验方法》（GB/T 40737—2021）、《再制造　等离子喷涂技术规范》（GB/T 44025—2024）等国家标准，为再制造企业提供了具体的操作指南和技术支持。

3）再制造财税政策方面

财税政策对再制造行业的发展起到了重要支持作用。2010 年，国家发展改革委、人民银行、银监会、证监会联合发布了《关于支持循环经济发展的投融资政策措施意见的通知》（发改环资〔2010〕801 号），明确了信贷支持的重点循环经济项目，包括废旧汽车零部件、工程机械、机床等产品的再制造项目。此外，2013年，国家发展改革委、财政部、工业和信息化部、商务部、质检总局联合发布了《关于印发再制造产品"以旧换再"试点实施方案的通知》（发改环资〔2013〕1303号），推动再制造产品"以旧换新"的试点工作，进一步降低了再制造项目的投资成本和市场运营风险。

3. 地方政府的再制造政策实施情况

除了国家层面的政策支持外，各地方政府也积极响应国家政策，制定和实施了一系列具体的再制造相关政策和法规。例如，2009 年，江苏省发布了《江苏进口再制造用途旧机电产品检验监管实施细则（试行）》，明确了从事进口旧机电产品再制造的企业应具备的资质和管理要求。2010 年，广东省发布了《广东省循环经济发展规划（2010—2020 年）》，明确提出要推进废旧汽车和废旧轮胎等产品的再制造，重点支持再制造关键技术的攻关和示范推广项目。2021 年 12 月，广东省成立了广东省再制造产业联盟，旨在贯彻落实《中华人民共和国循环经济促进法》，促进广东省再制造产业的快速发展。2022 年，海南省印发了《海南省"十四五"再制造产业培育发展工作方案》，重点探索海南再制造产业突破点，积极培育再制造重点领域。此外，山东省和上海市等地也相继出台了具体的再制造发展规划和实施方案，通过政策激励和项目支持，加快了再制造产业链的发展和扩展，促进了当地经济的转型升级和资源利用效率的提升。

4. 再制造在产业化政策支持下的未来发展趋势

工业和信息化部印发了《高端智能再制造行动计划（2018－2020 年）》，旨在加快发展高端智能再制造产业，进一步提升机电产品再制造技术管理水平和产业发展质量，推动形成绿色发展方式，实现绿色增长。在政府产业化政策的支持下，再制造行业有望迎来更加广阔的发展前景和机遇。未来的发展趋势主要体现在以下几个方面。

1）技术创新与智能化发展

随着人工智能、物联网和大数据技术的应用，智能再制造系统将成为未来发展趋势。通过数据驱动的智能决策支持系统和自动化制造技术，再制造过程将更加高效和精准，从而提高产品质量和生产效率。

2）跨行业协同与产业链整合

未来再制造将不再局限于单一产品领域，而是向多元化产业链扩展。政府将促进跨行业的协同合作，整合资源优势，推动再制造产业向上游技术研发和下游市场销售拓展。

3）环境保护与可持续发展

再制造将继续成为实现资源高效利用和环境保护的重要方式。政府将通过政策引导和技术创新，促进再制造产业与绿色经济的融合，实现经济增长与环境保护的双赢。

综上所述，再制造产业在相关政策支持下正朝着规范化、智能化和可持续发展的方向迈进，为我国经济转型升级和可持续发展注入新动能。随着政策的持续优化和技术的不断进步，再制造有望在全球循环经济格局中占据重要位置，成为未来经济发展的重要支柱之一。

参 考 文 献

[1] 徐滨士. 再制造与循环经济. 北京：科学出版社, 2007: 1-66.

[2] 梁秀兵, 刘渤海, 史佩京, 等. 再制造工程管理. 北京：科学出版社, 2019: 1-40.

[3] 梁秀兵, 刘渤海, 史佩京, 等. 智能再制造工程体系. 科技导报, 2016, 34(24): 74-79.

[4] 周自强, 戴国洪. 智能再制造技术体系研究. 常熟理工学院学报, 2016, 30(2): 1-3.

第 2 章

重型装备典型高值关键件

2.1 掘进行业重型装备及其典型高值关键件

2.1.1 掘进行业重型装备

掘进机装备是隧道掘进机械中的一种,是集机械、电气、液压、传感、力学等技术于一体的高端装备,被誉为"工程机械之王"。掘进机的四大基本功能为掘进、出渣、导向和支护,随着技术的发展,现阶段部分掘进机还具备了地质预测功能。利用掘进机施工具有自动化程度高、节省人力、施工速度快、一次成洞、不受气候影响、开挖时可控制地面沉降、减少对地面建筑物的影响和基本不影响地面交通等特点。图 2.1 为掘进机示意图。

图 2.1　掘进机示意图

从英国在 1825 年首次使用掘进机开掘海底隧道开始,掘进机装备越来越广泛地应用于各类隧道建设。掘进机技术含量高、单台设备价值量大、供货周期长,因此在相当长的时间里,全断面隧道掘进机的研发制造和使用,基本被美、日、欧等发达国家和地区的专业公司垄断。2005 年以后,随着我国大规模基础设施建设的持续展开,尤其是城市地铁、引水工程、过江隧道等工程的大量上马,国内市场对掘进机的需求急剧扩大。经过十几年的快速发展，国内以铁建重工为代表的少数技术实力强的企业的生产条件和制造能力，已经达到和超过国际知名企业水平，产品打破进口垄断，并进入国际市场。

掘进机主要用于铁路、高速公路、水利工程和矿山建设项目中的隧道施工。随着我国城市化进程的发展，城市轨道交通大规模建设，以及公路、铁路隧道建设带来的需求，水利水电（抽水蓄能）等行业投资的增加，有效拉动了我国掘进机产业的发展，掘进机的产业规模不断扩大。

在城市轨道交通领域，根据中国城市轨道交通协会发布的相关数据，2023 年全年共新增城市轨道交通运营线路 884.55 km。预计未来较大体量的城市轨道交通线路建设仍将是隧道掘进机重点应用领域之一，并将为掘进机租赁、工程服务和再制造业务市场带来增量需求。

在水利领域，2023 年上半年，全国落实水利建设投资 7832 亿元，完成投资 5254 亿元，新开工 24 项重大水利工程，水利基础设施建设规模和进度好于去年同期，新开工重大水利工程为历史同期最多。国家水网建设领域将会为隧道掘进机业务带来一定的需求拉动。预计未来在水利领域也将是隧道掘进机应用的重要增量来源。

在抽水蓄能领域，目前，我国已纳入规划的抽水蓄能站点资源总量约 8.23 亿千瓦，其中 1.67 亿千瓦项目已经实施，未来发展潜力巨大。此外，诸多传统电力投资建设企业和部分地方国有企业开始进入抽水蓄能建设领域，投资主体的多元化进一步激发了市场活力，行业投资能力大大增强。在抽水蓄能市场，国家出台《关于进一步做好抽水蓄能规划建设工作有关事项的通知》等一系列有利于隧道掘进机业务发展的政策，有利于行业市场需求的长期稳定发展。预计未来抽水蓄能领域隧道掘进机应用将进一步增多。

在铁路建设领域，2023 年上半年，全国铁路完成固定资产投资 3049 亿元，同比增长 6.9%；预计未来随着我国铁路建设的推进，多模式掘进机、大直径掘进机/全断面硬岩隧道掘进机（TBM）、隧道施工专用设备等高端装备需求量将有所增长。

在矿山建设领域，国内原煤产量稳步提高，同比增长 4.4%，全国能源投资保持较快增长态势，重大基础设施和新型基础设施建设加速推进。2023 年 4 月，国家能源局在全国煤矿智能化建设现场推进会上要求，各产煤省区和煤炭企业要以提升煤炭安全供应保障能力为中心，围绕智能化建设阶段目标任务，进一步完善政策措施，加快推进煤矿智能化建设。随着我国矿山智能化建设的实施，以及机械化换人、自动化减人、智能化少人工作的推进，为隧道掘进机在矿山建设领域的运用提供了机遇，预计未来隧道掘进机和隧道施工专用设备需求量将进一步提升。

在国外，当掘进机达到设计寿命后，一般有两种再利用的途径，一种途径是由掘进机设备制造商进行返修，返修后的掘进机和新掘进机的质保和性能是一样的，而且可以根据新的工程要求进行技术指标的更改，以适应新的项目。另一种途径是，如果改动不是很大，可以由施工方自己完成改造，同时由设备商的技术人员参与，并支付一定的人工费用。美国再制造与资源再生国家工程中心重点研究再制造清洗技术、再制造零件的机械加工技术、产品的全寿命周期设计与再制造性设计技术。此外，该中心还针对再制造产品的健康管理开发了相关的无损检测监测、评估决策技术与设备。德国拜罗伊特大学欧洲再制造研究中心主要开展了产品的再制造性、再利用率以及再制造全域的信息化物流与仓储管理研究。英国在再制造产品无损检测、自适应修复和寿命评估方面开展了大量研究工作。

在国内，20世纪90年代，徐滨士院士就在国内首先提出了再制造的概念。随着我国城市化水平提高，国内学者在铁路隧道工程、地下通道管廊等工程建设中开展了大量研究工作。掘进机作为机械化开挖的工程装备，近年来在国内发展迅猛，但中国的盾构技术起步晚，因此，掘进机再制造并未被大范围广泛实施。

国内第一家掘进机再制造公司于2016年成立，对一台即将报废的海瑞克进口的掘进机进行了再制造，这次再制造应用了国产的主驱动轴承，大部分零件国产化，实现了真正意义上的掘进机再制造。随着掘进机老龄化阶段的来临，越来越多的企业意识到了掘进机再制造的重要性，但是由于技术限制，目前仅有中国铁建重工集团股份有限公司、中铁工程装备集团有限公司和中铁隧道局集团有限公司等掘进机制造和使用单位开展了掘进机再制造。国内盾构再制造产业还是处于规划发展期，盾构设备厂家主要以新机制造销售为主。为了打破国外长期垄断掘进机市场的局面，掌握自主设计、制造掘进机的能力，国家出台了系列重点振兴掘进机国产化的相关政策，对掘进机的发展日益重视。但是，与我国巨大的盾构市场相比，掘进机制造和再制造标准数量较少，已发布的掘进机再制造国家标准仅5项，亟须掘进机标准体系建立和完善。

掘进机作为工程机械领域的高端成套装备，具有研发及再制造周期长、制造工艺复杂、非标定制化、产品价值高的特点，核心零部件的关键再制造技术亟待突破。并且国内关于掘进机再制造技术的标准体系尚未建立和完善，各企业仅靠内部标准或者依据经验作为开展掘进机再制造、质量管理工作的依据，难以规范企业生产及再制造掘进机的质量。

目前，中国盾构处于技术发展的跨越期，随着"一带一路"倡议的稳步推进，以掘进机为主的全断面隧道掘进机市场将迎来重要发展机遇，掘进机再制造产业将逐步成为掘进机行业发展的重要组成部分。

掘进机再制造关键技术和关键设备是掘进机产业发展的基石。中国特色的再制造主要基于"尺寸恢复和性能提升"，并以先进的寿命评估技术、纳米表面技术和自动化表面技术等增材制造技术为支撑,对再制造毛坯进行专业化修复或升级改造,使其质量特性不低于原型新品水平。在充分借鉴吸收已有再制造共性技术的基础上,充分考虑掘进机产品自身特点,以刀盘、主轴承等技术含量高、附加值大以及再制造需求多的高值关键件为重点,加强掘进机虚拟拆机与无损拆解、掘进机再制造零/部件绿色清洗、再制造损伤评价与寿命评估及先进智能再制造成形加工等关键技术和设备的攻关,是掘进机发展的大方向。

2.1.2　掘进机刀盘

1. 刀盘简介

在掘进机施工作业过程中,刀盘主要负责开挖岩土、支撑掌子面、限制渣土粒径、搅拌和改良土体等,主要由钢结构刀具、回转接头、耐磨保护结构等组成。刀盘的示意图如图 2.2 所示。

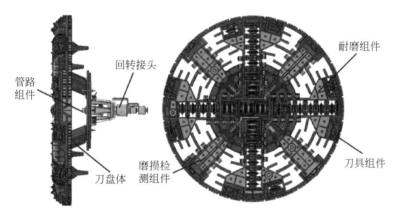

图 2.2　刀盘示意图

刀盘钢结构一般采用高强度钢板焊接而成,是安装刀具、搅拌渣土、限制开口的承载主体,其示意图如图 2.3 所示。为了顺利开挖破碎岩土,针对不同地质条件,刀盘一般配置有滚刀、切刀等多种刀具。滚刀以滚压破碎岩石为主,刀毂和刀刃为优质工具钢,其示意图如图 2.4 所示。切刀以刮削土体为主,切刀侧面堆焊耐磨网格,刀体上堆焊耐磨层;刀刃采用大尺寸耐磨硬质合金。为了全方位保护刀盘钢结构,一般在刀盘正面焊接有复合耐磨板(如图 2.5 所示);刀盘外周焊接有合金保护刀;刀座两侧焊接有滚刀保护块。

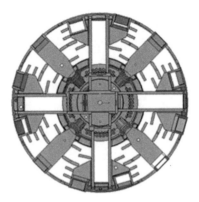

图 2.3　刀盘钢结构示意图

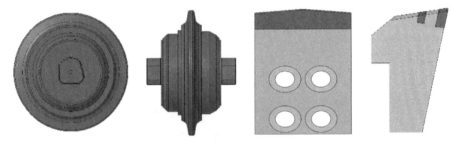

图 2.4　刀盘刀具示意图

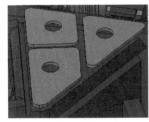 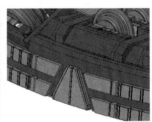 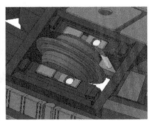

图 2.5　刀盘耐磨保护示意图

2. 刀盘失效形式及修复

刀盘失效形式主要为刀盘体失效、刀座失效、刀具失效等形式。

刀盘钢结构失效主要表现在刀盘结构局部出现较大的磨损，如刀盘中心面板因刀具偏磨使面板直接面对岩层，参与破岩，磨损很严重，基本丧失保护功能，若不及时修复，会影响刀盘的使用功能。图 2.6 为刀盘钢结构失效照片。目前的修复手段：一是磨损较轻微区域堆焊补平处理；二是磨损严重区域直接贴板焊接补平处理。修复完成后堆焊网状耐磨焊或耐磨板。

图 2.6　刀盘钢结构失效照片

　　刀盘刀座在经过滚刀大承载冲击后出现压痕、点蚀等失效，若不及时修复，容易引起该刀座滚刀异常损坏，增大刀具的消耗量，同时换刀量增大，降低了刀盘的掘进效率。图 2.7 为刀盘刀座失效照片。目前的修复手段：一是轻微压痕的刀座，用焊条堆焊，打磨平整；二是压痕严重的刀座，直接报废换新的刀座。技术难点是刀座方向及位置不规则，修复难度角度大。大部分失效刀座直接报废处理。

图 2.7　刀盘刀座失效照片

　　刀盘刀具包括滚刀、切刀等刀具出现磨损严重、偏磨、轴承失效等问题时，容易导致掘进机停机进行更换刀及修复处理。图 2.8 为刀盘刀具失效照片。通常，

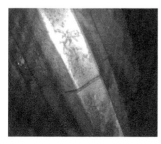

图 2.8　刀盘刀具失效照片

刀盘出现失效后的修复手段比较单一，基本为堆焊打磨、报废、直接换新处理。修复工作量大、效率低、精度差。修复效率、修复质量常成为现场修复的瓶颈，影响工程进度和后续掘进质量。目前，刀具因磨损严重，出现偏磨、轴承失效等故障后，直接会被报废处理，很少被修复。

2.1.3　掘进机主轴承

1. 主轴承简介

主轴承是掘进机的核心关键零部件之一，是掘进机的"心脏"，是典型的高端轴承。我国尚无技术性能指标相当的主轴承供应，现有研发力量薄弱，国产化技术指标定位过低，远远不能适应产业发展和市场需求。图 2.9 为主轴承位置及复杂承载示意图。

图 2.9　主轴承位置及复杂承载示意图

主轴承结构形式多为三排圆柱滚子式，其最大外径尺寸可达 8 m，主要性能指标包括工作寿命（小时）和承载能力（推力和扭矩）。图 2.10 为主轴承及其示意图。隧道施工工况特殊，主轴承一旦出现故障，将直接导致掘进机停止工作，而在隧道内部很难维修且耗时极长，更换轴承作业更不可能。因此，主轴承的性能、寿命及可靠性直接决定了掘进机整机综合性能。

主轴承处在整个刀盘驱动系统链条上的核心位置，前方承担着刀盘向前掘进开挖产生的高推力、大偏载、强冲击、频时变等载荷，后方传递着电机、减速机、油缸等关键部件组成的驱动系统传递过来的轴向力、径向力、倾覆力矩和驱动扭矩等动力，以保障盾构机安全稳定地工作运行。

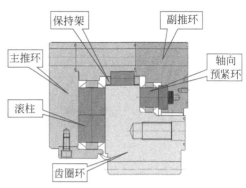

图 2.10　主轴承及其示意图

主轴承装配于主驱动内部，由于隧道内部空间有限，不具备洞内拆机更换主轴承的条件，所以对主轴承的可靠性要求高。主轴承锻件、滚子等关键部件热处理要求较高，需要严格控制热处理工艺参数，修复的材料性能及热处理性能要等同或高于原主轴承性能要求。

2. 主轴承失效形式及修复

主轴承失效形式主要包含滚道面磨损、滚子磨损缺角、保持架磨损、轮齿磨损缺角等。图 2.11 为主轴承的失效照片。

图 2.11　主轴承的失效照片

主轴承因承受大承载、大扭矩等恶劣工况，主轴承滚珠和滚道出现裂纹及破损，严重影响掘进速度。图 2.12 为滚刀和滚子锈蚀照片。采用传统的堆焊修复方法易出现变形、裂纹、性能很难达到设计要求。目前的修复手段为滚道面激光熔覆修复，滚子、保持架直接更换处理。

图 2.12　滚道和滚子锈蚀照片

主轴承主要依靠掘进机的主驱动密封与外界泥水、砂石、空气等隔离。在长期使用过程中，随着密封的老化、磨损[1]，主轴承内部不可避免地进入少量杂质、水分，致使轴承内部齿轮油液中的基础油氧化变质。随着轴承工作运行发热磨损，油液升温或者进入（如细碎的金属磨屑），氧化速度还会进一步增加。除此之外，水还会造成油液中的抗氧化剂流失、消耗，使润滑油氧化变质，形成酸性物质，从而导致金属腐蚀，影响金属冷却以及某些部件的正常作用，进而加剧轴承滚道面及滚子锈蚀和磨损。

若齿轮油品质下降后未能及时更换，油液中包含的金属颗粒、水分会使轴承表面进一步腐蚀磨损，形成点蚀及压坑[2]。在盾构机上不合理地使用电焊机等设备，会使电流通过主轴承，产生电蚀缺陷。图 2.13 为滚道点蚀、压坑和滚子磨损照片。

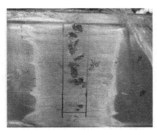

图 2.13　滚道点蚀、压坑和滚子磨损照片

锈蚀及压坑会引起缺陷周围受力后产生应力集中，导致缺陷部位面积加速扩大，最终导致轴承表面金属早期疲劳、硬化层剥落等现象产生。图 2.14 为滚道表面金属早期疲劳、硬化层剥落照片。

主轴承套圈长期受力后的变形会引起轴向及径向游隙的改变（主轴承本身轴向和径向游隙较小），容易造成局部卡死并加速滚道面及滚动体的磨损速度，套圈的变形同样影响内齿圈与小齿轮的啮合区域减小，造成齿轮啮合时的受力不均，

图 2.14　滚道表面金属早期疲劳、硬化层剥落照片

进而导致齿圈齿轮磨损，产生裂纹，其至发生断齿等严重事故。图 2.15～图 2.17
分别为主轴承齿圈齿轮磨损、裂纹、断裂的照片。

图 2.15　主轴承齿圈齿轮磨损照片

图 2.16　主轴承齿圈齿轮裂纹照片

图 2.17　主轴承齿圈齿轮断裂照片

因主轴承滚动体长度较长，两端面线速度不同，如果滚动体整批分组差变动量超出标准，易造成滚动体磨损程度不一致，会导致盾构机推进工作时加载到每个滚动体上的力不均匀，增大滚子压溃风险。另外安装基准面的锈蚀及不平整会导致再次安装时，螺栓紧固状态下轴承的变形量影响轴向游隙。主轴承轴向、径向游隙偏大，如遇软硬不均地层倾覆力矩较大时，容易造成滚动体与滚道面接触区域减小，也会加速滚动体及滚道面的磨损。

主、辅推力滚道面及径向滚道表面在长时间使用后，会形成锈蚀、压坑、剥落等缺陷，这可通过磨削去除其表面的缺陷层，使其外表面重新达到新制标准；滚道面有一定深度的淬硬层，少量磨损并不会影响其使用强度。主、辅推力滚子通过修磨去除表面锈蚀、压坑等缺陷，当存在重大缺陷时，可根据修磨后的尺寸重新制作。在主、辅推力滚道面及主、辅推力滚子经过处理后，轴承整体高度会有所降低，但不影响装配及使用。因径向滚道修磨后，原有径向滚子安装游隙必将增大，故需根据径向滚道修磨量重新制作径向滚子。对于主轴承断齿的修复，由于作业空间受限的实际情况，激光熔覆和镶齿的齿轮修复方法很难实现，故现场齿轮修复只能采用堆焊法。但主轴承的大齿圈和主轴承滚道是一体的，采用的材质为42CrMo4，可焊性较差。在焊接过程中，由于母材金属中含碳量高，它的一部分要熔化到焊缝金属中去，使焊层金属含碳量增高。焊缝凝固结晶时，结晶温度区间大，偏析倾向也较大，加之含硫杂质和气孔的影响，容易在焊层金属中引起热裂纹，特别是在收尾处，裂纹更为敏感，需采用齿轮预热的方法来实现，但由于掘进机主轴承大齿圈两边都有关键性的橡胶密封，预热的方法很难实现，因此在现场修复的焊接工艺过程中，在不损伤密封以及大齿圈上的齿不容易退火的情况下，最宜选用焊接温度较低的仿激光焊机进行层层堆焊，然后再用打磨的方法实施维修[3]。

2.2　冶金行业重型装备及其典型高值关键件

2.2.1　冶金行业重型装备

冶金行业作为国家基础工业的重要支柱，其发展水平直接影响到国家的工业实力与经济构建。随着全球工业化的持续推进，金属制品的需求日益扩大，这促使冶金行业不断追求技术革新和突破，以提升产量、效率及环保标准。

冶金装备也称冶金机械或冶金设备，是指用于金属冶炼、轧制、铸造等生产过程中的机械设备。具体来说，冶金装备可分为以下几类：

（1）冶炼设备：包括高炉、转炉、电炉等，用于熔炼金属原料，进行初步的金属提取过程。

（2）连铸设备：如板坯、方坯、管坯、异型坯连铸设备，用于将熔融金属连续浇注成型。

（3）轧制设备：用于将铸造出的金属进行形状和尺寸的调整，以符合不同的应用需求。

（4）后步精整设备：对金属产品进行后续的加工处理，以达到更高的产品质量标准。

此外，根据所处理的金属材料种类不同，冶金装备还可分为钢铁冶金装备和有色金属冶金装备。前者涉及高炉、转炉等设备，后者则包括回转窑、电炉等特定于非铁金属的处理设备。

冶金装备在冶金工业中扮演着核心角色，其性能直接影响到金属产品的生产效率、质量和成本。随着技术的发展，冶金装备正朝着大型化、高效化、自动化和智能化方向进步，同时也越来越注重环保和节能。重型冶金装备通常体积庞大、结构复杂且功能强大，能够处理大量的原料，生产出多种金属产品，在冶金行业中具有不可替代的作用，是推动行业发展和技术进步的重要力量。

以下以轧制设备中的传动设备为例，介绍两种典型高值关键件的功能和损伤失效情况。

2.2.2 中宽厚板主传动万向轴

中宽厚板粗轧主传动万向轴是板带热轧生产线的关键设备，其作用是将电机的输出扭矩传递给工作辊，使其以一定的速度转动，实现对金属的轧制，主要功能如下[4]：

（1）扭矩传递：在轧制过程中，轧辊需要承受巨大的轧制力，并产生相应的扭矩。主传动万向轴能够有效地传递这些扭矩，确保轧制过程的顺利进行。同时，它还需要具备一定的扭矩过载能力，以应对可能出现的过载情况。

（2）速度调节：通过控制传动万向轴的转速，可以实现对轧制速度的精确调节。这有助于满足不同规格、不同材质钢板的轧制需求，实现灵活生产。同时，速度调节也是保证产品质量和轧制效率的重要手段。

（3）位置和角度补偿：由于设备安装偏差、使用过程磨损、轧制工艺的调整等因素，轧辊的位置会有所不同，要求主传动万向轴需要具备一定的位置和角度补偿能力。

图 2.18 为中宽厚板主传动万向轴组成示意图。中宽厚板主传动万向轴主要由轧辊侧轴套、轧辊侧关节、中间接轴、电机侧关节等部分组成。由于主传动万向轴轧辊侧工作环境十分恶劣，承受着交变扭矩、高温、水淋以及冲击过载等多种不利

因素，轧辊侧关节的十字轴和轧辊侧轴套往往成为发生损伤和失效的主要零部件。

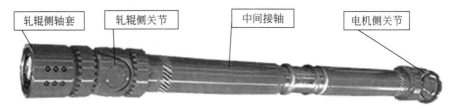

图 2.18　中宽厚板主传动万向轴组成示意图

1. 十字轴

　　轧辊侧关节主要由法兰叉、十字轴和关节轴承组成。关节是中宽厚板主传动万向轴的薄弱部件，而其中的十字轴是关节中的薄弱零件。图 2.19 为十字轴及其失效照片。因受现场布置空间和接轴平衡力限制，万向轴选型规格不能过大同时又要承受很大的交变扭矩载荷，十字轴在大的扭矩和冲击作用下容易损坏。十字轴为低碳合金钢，常见材料牌号为 18Cr2Ni4WA、15CrNi4MoA、20Cr2Ni4A 等。十字轴主要失效形式包括轴颈表面点蚀、剥落、裂纹。

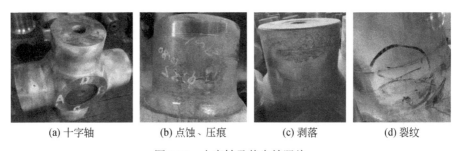

| (a) 十字轴 | (b) 点蚀、压痕 | (c) 剥落 | (d) 裂纹 |

图 2.19　十字轴及其失效照片

2. 轧辊侧轴套

　　图 2.20 是轧辊侧轴套组成示意图。轧辊侧轴套主要由轴套、定位环、定位套组成。轧辊侧轴套是主传动万向轴中直接和轧辊接触的零件，与轧辊之间为小间隙配合，轧钢时轧辊咬入轧件、抛出轧件瞬间巨大的冲击扭矩直接作用于轧辊侧轴套，同时受轧辊和轴套间空间限制，无法额外增加密封等防护措施，轧制过程中的冷却水等长时间与轴套接触，在往复轧制的过程中轴套配合表面磨损较大，且在轴套最薄弱的 R 圆弧位置容易产生疲劳裂纹。轴套材质为高强度合金钢，常见材料牌号为 42CrMo、34CrNi3Mo。图 2.21 为轧辊侧轴套主要失效照片。轧辊侧轴套主要失效形式包括轴套扁孔扁面和圆弧面磨损锈蚀、R 圆弧裂纹、端面齿

裂纹或锈蚀。

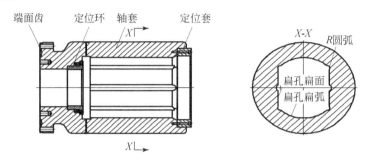

图 2.20　轧辊侧轴套组成示意图

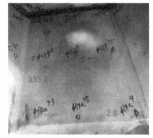

(a) 轴套扁孔扁面磨损量2~8 mm

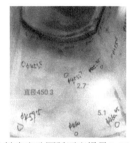

(b) 轴套扁孔圆弧面磨损量5~14 mm

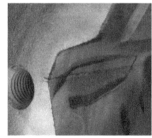

(c) R圆弧裂纹

(d) 端面齿锈蚀

(e) 端面齿裂纹

图 2.21　轧辊侧轴套主要失效照片

2.2.3　热轧卷取机卷筒

　　热轧卷取机通常位于整个板带热轧生产线的末端，紧邻热轧机组之后。在热轧过程中，钢板或带材经过加热、轧制等一系列工序后，最终会到达卷取机区域。此时，热轧卷取机便发挥其关键作用：将处理完毕的钢板或带材连续、平稳地卷绕成卷，从而实现产品的连续化生产。热轧卷取机卷筒不仅需要确保产品质量稳定性，而且要满足生产效率不断提升的要求，其主要功能如下：

　　（1）卷取功能：热轧卷取机卷筒的主要功能是将经过热轧处理的钢板或带材连续地卷绕成卷筒状。这一过程不仅实现了产品的连续化生产，还通过有序的卷绕，有效节省了存储空间，便于后续的运输和存储。

　　（2）张力控制：在卷取过程中，热轧卷取机卷筒能够实现对带材张力的精确控制。通过调整卷取速度和卷取力，可以确保带材在卷绕过程中保持稳定的张力，避免出现过紧或过松的情况，从而保证了卷取质量。

　　（3）速度匹配：热轧卷取机卷筒需要与热轧机组保持速度上的匹配，确保带材能够平稳、连续地进入卷筒进行卷绕。这种速度匹配性能够减少生产过程中的停机时间，提高生产效率。

　　（4）自动调整：为了适应不同规格和厚度的带材，热轧卷取机卷筒通常具备自动调整功能。它可以根据带材的实际情况，自动调整卷筒的直径、卷绕速度和张力等参数，确保卷取过程的顺利进行。

　　（5）安全保护：在卷取过程中，热轧卷取机卷筒还具备安全保护功能。例如，当检测到带材出现断裂或异常时，卷筒能够自动停止工作，避免设备损坏和人员伤害。

　　图 2.22 为热轧卷取机卷筒组成示意图。热轧卷取机卷筒主要由延伸轴、扇形板、芯轴、空心轴、油缸组成。由于其工作环境十分恶劣，承受着高温、水淋、振动、油污以及冲击过载等多种不利因素，扇形板、芯轴、空心轴往往成为发生损伤和失效的主要零部件。

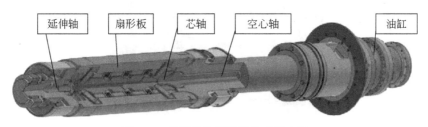

图 2.22　热轧卷取机卷筒组成示意图

1. 扇形板

　　热轧卷取机卷筒扇形板是卷筒结构中的关键部件，其工况环境尤为复杂且严苛。扇形板在热轧过程中直接接触高温钢板，承受着极高的温度和热辐射，这就要求扇形板材料具备出色的耐高温性能。同时，由于卷取机在工作时需要连续、平稳地卷绕钢板，扇形板还承受着巨大的压力和摩擦力，因此其还需具备优异的耐磨性和强度。扇形板的材料通常采用高强度、耐高温的不锈钢材料，如 2Cr12NiMoWV、X22CrMoV12-1 等，以确保其在恶劣工况下的稳定性和可靠性。扇形板主要失效形式包括：外圆裂纹和铜板面磨损。图 2.23 为热轧卷筒扇形板失效照片。

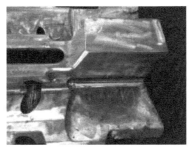

(a) 外圆裂纹　　　　　　　　　　(b) 铜板面磨损

图 2.23　热轧卷筒扇形板失效照片

2. 芯轴

　　芯轴安装在空心轴的轴向孔内，能实现轴向运动，左段有多节棱锥面，棱锥面与柱塞的斜面接触，控制卷筒的涨缩。芯轴内部有油路，提供 18°斜面工作时的润滑锂基脂。芯轴为不锈钢，常见材料牌号为 2Cr13 等。芯轴主要失效形式包括：18°斜面剥落、裂纹、与铜套接触外圆磨损。图 2.24 为热轧卷筒芯轴失效照片。

(a) 18°斜面剥落　　　　　　(b) 裂纹　　　　　　(c) 与铜套接触外圆磨损

图 2.24　热轧卷筒芯轴失效照片

3. 空心轴

空心轴为卷筒的最核心部件，有贯通的轴向内孔和径向孔，是其他各件的纽带，传递较大的扭矩，承受较大的卷重，承担主要的润滑油路。空心轴为高强度合金钢，常见材料牌号为 50CrMo、30Cr2Ni2Mo 等。空心轴组件主要失效形式包括内孔剥落、裂纹、止口磨损。图 2.25 为热轧卷筒空心轴失效照片。

(a) 内孔剥落　　　　　　　(b) 裂纹　　　　　　　(c) 止口磨损

图 2.25　热轧卷筒空心轴失效照片

2.3　海洋钻采行业重型装备及其典型高值关键件

2.3.1　海洋钻采行业重型装备

1. 海洋钻井平台概述

海洋钻井平台是进行海洋油气开采的主要设备，在实际应用中，主要用来支撑和存放巨大的钻机、为钻井人员提供居住地点、对开采的原油进行存储等。相比较具体的油气存储设备以及诸多的海上工程船舶，海洋钻井平台的存在更具基础性作用。

海洋钻井平台的造价非常高，原因主要有以下几个方面：

（1）钻井平台所处的重要地位以及它自身构造的复杂性，使得在对它进行设计时必须投入更多的人力、物力和财力。

（2）钻井平台一经投入使用，就会常年经受海上的恶劣环境，诸如台风、潮汐、海浪等都会对钻井平台设备的主体造成一定程度上的侵蚀，为了保证钻井平台的正常使用，必须在建造的过程中加大对耐腐蚀、耐侵蚀等昂贵材料的应用。

（3）钻井平台在使用的过程中，还会出现材料老化、地基土冲刷等问题，在进行周期性维护时，也必须加大资金投入。

当前最常用的钻井平台模式有七种，分别是固定平台、坐底式钻井平台、自升式钻井平台、钻井船、半潜式钻井平台、张力腿式钻井平台以及牵索塔式钻井平台。

2. 国外海洋钻井平台发展概况

近海石油和天然气的勘探可追溯至 19 世纪。19 世纪 80 年代，在美国加利福尼亚的萨摩兰德海滩和里海阿塞拜疆的巴库有了第一批海上油井。但是，业界普遍将 1947 年由美国科麦奇公司成功建成的第一个海上油井视为海洋钻采装备产业真正诞生和开始的标志。该油井位于路易斯安那州的墨西哥湾，水深 4.6 m，钻井井架和天车由木制平台支撑。

自出现第一个海上平台后，海洋钻采装备出现了许多创新的结构，如固定式和漂浮式结构。工作水深也越来越大，并能适应更加恶劣的环境。至 1975 年，海洋钻采装备的工作水深已达 144 m。在接下来的三年中，工作水深翻了一倍。特别是 1978 年建成的由三组独立结构构成的、一组叠加在另一组之上的 Cognac 平台，工作水深达 312 m。从 1978 年直至 1991 年，Cognac 保持着固定式海洋工程装备工作水深最深的世界纪录。

自 1947 年以来，世界各地已建造和安装超过 10000 个不同类型和规模的海上平台。截至 1995 年，世界 30%原油产量来自海洋。近年来，更多的海上油田新发现均出现在越来越深的海域。在 2022 年，全球 10%的石油和天然气供应来自深水（大于 305 m）。

随着工作水深的增加，固定结构物变得越来越昂贵，安装也越来越困难。1983 年建造的 Lena 系索塔式平台就是一种在固定式结构物的基础上进行创新设计的平台，可以在波浪和风力的作用下漂移，海床上的系泊桩可承受弯曲变形，水平系泊索连接到平台中部，可以抵御最大的飓风。Lena 平台安装在 305 m 水深的海域。1998 年在墨西哥湾安装了两个顺应式平台，分别是 502 m 水深的 Amerada Hess Baldpate 和雪佛龙-德士古公司的 535 m 水深的 Petronius 平台，一直到现在，Petronius 仍然是世界上最高的自立式结构物。

虽然几乎所有的平台都是钢结构的，但是在 20 世纪 80 年代和 90 年代初，还是有大约 24 座混凝土平台安装在环境非常恶劣的北海海域以及巴西、加拿大和菲律宾的海域。其中 1996 年安装在挪威北海的 Troll A 天然气平台是最高的混凝土结构，其总高度是 369 m，共计消耗了 24.5 万 m³ 的混凝土。与其他类型的固定结构不同，重力式结构物依靠其地基结构的重量牢牢地矗立在所在海域。以 Troll 平台为例，其插入海床的深度达 36 m。

1975 年 Hamilton 公司在英国北海的 Argyle 油田安装了世界上第一个浮式生产系统——一个经改装的半潜式生产平台，1977 年壳牌石油公司在西班牙海域

Castellon 油田安装了世界上第一艘船型的浮式生产储油装置。在巴西 Campos 盆地的油田，Petrobras 公司已经成为推动浮式生产系统向更深海域发展的先驱。大多数浮式生产系统都是直接从海底油井获取石油和天然气，与固定平台和陆地油井不同，因此，操作方不可能对海底油井进行直接的维护。

水下井由海床上的井口和"湿式采油树"构成。湿式采油树可以控制隔水管中的液体（原油）流量，紧急情况下可以进行应急切断操作。尽管水下井非常昂贵，但是比在深水设置一个平台还是更具有经济性。如果水下井停止生产，或如果其产能不能满足经济效益要求，就有必要使用移动式钻井装置移除采油树。移除采油树的代价非常昂贵，如果回收工作存在风险或不确定性，操作方可以选择放弃。正因为如此，大部分石油和天然气生产的水下井停产时，采油树都不移除。

上述原因促使操作方开始寻求浮动平台，采用"干式采油树"。浮式平台运动性能不好，以至于不能确保油井在极端风暴下的安全性要求。因此，在 20 世纪 70 年代初期出现了一种浮式生产系统的设计方案，系泊在海底，使平台有效地停留在一定范围以内运动，类似一个系泊的顺应式平台，这就是张力腿平台（tension leg platform，TLP）。1984 年由 Conoco 公司设计的 TLP 安装在英国北海的 Hutton 油田上，这是 TLP 的第一次商业应用。该平台采用干式采油树，原因是 TLP 的升沉运动受限，从而限制了隔水管和平台体之间的相对运动，在极端的天气条件下可保持水下管线的连接。20 世纪 90 年代以来，深水单柱式（SPAR）平台被应用于开发深海油气的事业中，这是因为深水 SPAR 平台的设想不是约束升沉运动，但是其运动性能良好，隔水管由独立的浮力罐支撑，可以保证隔水管始终在井的中央。

截至目前，SPAR 平台只安装在墨西哥湾，TLP 已安装在墨西哥湾、西非、北海和印度尼西亚。深水浮式生产储卸油平台（floating production storage and offloading，FPSO）主要集中在墨西哥湾、西非和巴西。从 2006 年开始，浮式生产储卸油平台以每年近 30% 的速度增长，其中主要是用于深水油气生产。

选择一个深水生产装置往往是需经多年的努力，涉及众多的研究和分析，主要因素是储油层特征及海底地表构造，它们决定了该设施的规模、井口数目、位置以及干、湿采油树的应用。钻井作业在整个深水开发项目中，投资总额往往超过 50%，因此，采用何种方式进行钻井活动往往决定了水面所需开发设施的类型，比如是否去建造一个钻井平台或者是租用移动海上钻井装置。

3. 我国海洋钻井平台发展概况

我国的海洋工程行业自 20 世纪 60 年代起步至今已有逾 60 年发展历程，形成了完善成熟的产业链。该产业链涵盖了上游海工装备支持、中游海工装备制造以及下游油田服务等环节。

（1）上游环节。主要是海工装备支持，包括海工装备设计和原材料供应。这一环节为整个产业链提供了设计和基础材料支持，为海洋钻井平台的研发和建设奠定了基础。

（2）中游环节。主要为海工装备制造环节，涵盖通用装备制造、专用设备制造、辅助船舶和平台建设等。中国在这一领域已取得了长足进展，制造水平得到不断提升，包括建造高端海工装备模块和总装，助力海洋项目的实施。

（3）下游环节。主要是油田服务环节，涉及工程承包、钻采服务等。这一环节为海洋钻井平台的运营和维护提供支持，促进海洋资源的开发和利用。

目前全球海工装备市场已形成三层级梯队式竞争格局，欧美垄断了海工装备研发设计和关键设备制造；亚洲国家主导装备制造领域，韩国和新加坡在高端海工装备模块建造与总装领域占据领先地位，而中国和阿联酋等主要从事浅水装备建造以及开始向深海装备进军。

我国的海洋钻井平台制造业起步于20世纪七八十年代，实现快速发展是在进入21世纪以后。随着国内外海洋装备需求的持续增长，我国抓住市场机遇，承接了一批具有较大影响力的订单，实现了快速发展。近年来，我国先后自主设计建造了一系列先进的海洋钻采装备，包括国内水深最大的近海导管架固定式平台、国内最大和设计最先进的30 t浮式生产储卸油平台（FPSO）、当代先进自升式钻井平台以及具有国际领先水平的深水半潜式平台等。这些成就标志着我国海洋钻井平台制造能力已达到国际领先水平，为我国海洋工程行业的持续发展打下了坚实基础。

2.3.2　HY90DB 绞车

HY90DB绞车是一种新型交流变频控制的单轴齿轮绞车，担负着起下钻具、下套管、钻压控制、处理事故、提取岩心筒、试油等作业。该绞车主要由交流变频电动机、齿轮箱、液压盘刹、滚筒轴、绞车架、自动送钻装置、气控系统、润滑系统等单元部件组成。其主要技术参数如表2.1所示。

表 2.1　HY90DB 绞车主要技术参数

序号	特征量	参数值
1	额定输入功率	2 台，1100 kW
2	最大快绳拉力	640 kN
3	钢丝绳直径	45 mm

续表

序号	特征量	参数值
4	钩速（14 绳）	0～1.75 m/s
5	提升档位	2 正 2 倒（无级调速）
6	额定输入转速	900 r/min
7	滚筒（直径 Φ×长度）	Φ1060 mm×1832.7 mm
8	刹车系统外形尺寸（直径 Φ×厚度）	Φ1900 mm×76 mm
9	外形尺寸（长×宽×高）	9650 mm×3745 mm×3059 mm
10	质量	70000 kg

HY90DB 绞车传动分为两大体系，即由两台 1100 kW 主电机为动力的主传动系统和由一台 45 kW 小电机为动力的自动送钻系统。HY90DB 绞车为交流变频调速、墙板式、齿轮传动结构，绞车整体结构紧凑、先进。其功能主要包括：

（1）引入并传动动力。主要包括联轴器、减速箱、滚筒轴总成和自动送钻装置等。

（2）担负起下钻具、下套管及起吊重物等。主要部件为滚筒轴总成。

（3）用于控制绞车运转及调速。主要包括液压盘式刹车、VC700x250-I-J 气胎离合器及电气路阀件、管线等。

（4）用于绞车各运转部位轴承、齿轮等件的润滑。整台绞车分机油润滑和黄油润滑两个部分。主要包括电动油泵、滤油器、油杯、油路及管线等，两台油泵互为备份。

（5）担负绞车各传动件等的定位和安装任务，主要包括绞车架、齿轮箱、护罩等。

根据使用情况，HY90DB 绞车的主要失效部件为滚筒轴。滚筒轴总成是绞车的关键部件，它由滚筒体、轴承座、轴等件组成，如图 2.26 所示。工作时，滚筒上缠有游动系统的钻井钢丝绳，通过控制轴的正反转使钢丝绳在滚筒体上缠绳或退绳，以实现钻具起升或下放等目的。滚筒轴总成通过左轴承座和右轴承座用 16 条 M36 的螺栓固紧在主墙板上。滚筒体为铸焊式结构。筒体表面设有绳槽，可以使钢丝绳缠绕时排绳整齐，避免了相互间的挤压，能有效延长钢丝绳的使用寿命。滚筒右侧设有绳窝，快绳绳卡就放置在绳窝内，能够很方便地拆卸。

滚筒轴的工作环境非常恶劣。以 9000 m 海洋平台为例，绞车最大钩载为 640 kN；海水盐度高达 33%，对设备的腐蚀性极强；20℃时的最大相对湿度可达 95%±3%；极易滋生霉菌，加快设备腐蚀；夏季暴晒温度最高能达到 60℃，冬季最低温度达到-20℃；在交变应力作用下，即使工作应力没有超过极限应力，也会因为长时间工作而发生裂纹、断裂。

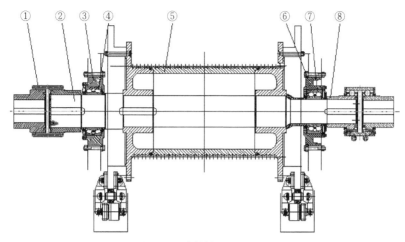

图 2.26　滚筒轴总成结构图

①齿式联轴器；②轴；③左轴承座；④左轴承；⑤滚筒体；⑥右轴承座；⑦右轴承；⑧球笼联轴器

　　滚筒轴的失效形式主要为腐蚀与磨损。钢材在高湿度的环境中极易与空气中的氧气发生反应生成疏松多孔的氧化铁，造成设备表面破坏失效。而且，海洋高盐雾的环境条件对设备会产生电化学腐蚀、应力腐蚀以及盐在水中电离后形成的酸碱溶液的腐蚀影响。海洋环境中的盐雾，其组成与海水相似，对设备的腐蚀主要是其中的大量氯离子，它对金属的腐蚀是以电化学方式进行的，其机理是基于原电池腐蚀。盐雾对金属的腐蚀，除了盐雾作为电解质加速原电池腐蚀过程外，还因为盐雾溶液中主要腐蚀介质为氯离子。氯离子容易穿过金属表面氧化层，进入金属内部，导致这些区域上的保护膜出现小孔，破坏了金属的钝化，造成金属点蚀。此外，轴与支撑内轨之间正常情况下是不会相对运动的，但在外界长期交变载荷的作用下，有小振幅的相对振动（小于 100 μm），此时接触表面间产生大量的微小氧化物磨损粉末，久而久之便磨损严重。因此，在上述失效形式的长期交互作用下，造成滚筒轴支撑位置表面破坏失效，如果不及时修复，会进一步造成滚筒轴变形失效，甚至断裂失效。

2.3.3　TC675 天车

　　TC675 天车是海洋钻机的重要配套部件，是为 9000 m 钻机配套而设计的，它配套安装在钻机井架上，以顺穿形式和游动滑车、绞车、大钩等连接在一起完成起下钻和下套管作业。表 2.2 为 TC675 天车的主要技术参数。

　　TC675 天车由天车架、主滑轮总成、导向轮总成、辅助滑轮、防碰装置、人字架总成、挡绳架、铺台总成、走台总成及围栏总成等组成，如图 2.27 所示。天车的主要失效部件为天车主滑轮组主轴。主滑轮组总成由主轴、支座、6 个滑轮、轴承等组成。每个滑轮和轴之间装有一副轴承，轴端设有给滑轮加注润滑脂的型号为 M10×1 的黄油嘴，每一个轴承都有一个自己的单独润滑油道，可方便地向轴承内加注润滑脂，使滑轮转动灵活。滑轮绳槽是按照美国石油学会标准《钻井和采油提升设备规范》（API Spec 8A）设计的。滑轮外缘装有挡绳架，可防止钢丝绳从滑轮槽内脱出。天车的工作环境与滚筒轴相似，其失效形式同样包括腐蚀与磨损。而且，在这些失效形式的长期交互作用下，造成天车主滑轮轴与滑轮位置表面破坏失效，如果不及时修复，会进一步造成天车主滑轮轴变形失效，甚至断裂失效。

表 2.2　TC675 天车的主要技术参数

序号	特征量	参数值
1	最大钩载	6750 kN
2	主滑轮数	6 个
3	导向轮数	3 个
4	滑轮外径	1524 mm
5	滑轮底径	1384 mm
6	钢丝绳直径	45 mm
7	辅助滑轮外径/钢丝绳直径及数量	400 mm/20 mm，6 个
8	外形尺寸（长×宽×高）	7518 mm×6622 mm×8890 mm
9	理论质量	43183 kg

图 2.27　天车照片

2.4　海洋船舶行业重型装备及其典型高值关键件

2.4.1　海洋船舶行业重型装备

21 世纪被称为海洋的世纪。海洋空间与资源已成为当今世界竞争的重要领域，也是人类赖以生存、社会借以发展的战略资源宝库。人类今天和未来控制海洋、开发利用海洋空间与资源，靠的就是船舶。船舶根据用途可分为民用船舶、商用船舶等。其中，民用船舶分为运输船、海洋开发用船、工程船、渔业船、拖带船、港务船、农用船等，船舶吨位也从几百吨到几十万吨不等。

随着船舶建造技术发展，船舶吨位也在不断提升。随之配套的重型装备也越来越多，包括船舶动力主机、发电机、生活污水处理装置、主轴等。海洋航行具有极为严苛的环境条件：高温、高湿、高腐蚀、高冲击、振动、摇摆等，对于重型装备产生的损伤和故障类型多种多样，针对重型装备损伤进行有效、快速修复，对于提升重型装备全寿期经济性、减少船舶停航时间，具有重大意义。

2.4.2　船用柴油机曲轴

1. 功能概述

396 型柴油机为广泛用于船舶行业的发电原动机，柴油机额定转速为 1500 r/min。额定功率为 1380 kW，采用四冲程废气涡轮增压的形式，通过将燃料（柴油）喷入燃烧室内与进入的新鲜空气混合，压燃点火燃烧，产生高压、高温燃气，燃气膨胀推动活塞，从而带动曲轴旋转输出机械功。

曲轴作为柴油机的核心部件，其造价成本为柴油机成本的 1/3，它的作用主要是将活塞和连杆的直线运动转换为旋转运动。曲轴的主要材料为合金钢，曲轴为整体锻造、全机加工、轴颈感应淬硬抛光，长度约 2500 mm，轴径约 100 mm。图 2.28 为柴油机曲轴照片。

图 2.28　柴油机曲轴照片

2. 损伤失效情况

柴油机在 1500 r/min 额定工况下运行时，活塞的工作温度大于 500℃，平均有效压力大于 1.74 MPa，活塞运行速度大于 9.3 m/s，因此曲轴在高温、高速、重载的周期性往复不断冲击条件下，由于润滑油杂质、灰尘混入等原因，轴颈表面易产生腐蚀、磨损、裂纹等缺陷。图 2.29 为柴油机曲轴失效照片。

 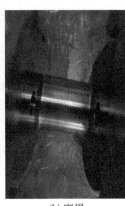 

(a) 腐蚀　　　　　　　　(b) 磨损　　　　　　　　(c) 裂纹

图 2.29　柴油机曲轴失效照片

轴颈表面的腐蚀表现为锈蚀和点触，主要原因是：①润滑油中有水分；②润滑油油质不佳，含酸性物质过多；③硫氧化物和其他燃烧生成物窜入曲轴箱，腐蚀了轴颈。

轴颈表面的磨损表现为擦出条痕、划痕、凹痕和拉毛等，产生原因为：①润滑油过滤不清，含有较多杂质；②曲轴和轴瓦安装时清洁不彻底；③润滑油量不足或断油时，轴承烧熔，使轴颈擦伤等。

曲轴的裂纹是由于长期受弯曲和扭转的复合应力所引起的疲劳造成的。产生裂纹的原因很复杂[5, 6]，主要有：①材料本身缺陷，如材料中存在夹渣、缩孔、气孔、微小裂纹等；②制造工艺的缺陷，如轴颈过渡圆角半径不够大，油孔边缘圆角小以及这些地方的加工粗糙度低等；③维护管理不当，如当轴瓦间隙过大，曲轴中心线不正时，没能及时调整等。

3. 修复情况

曲轴的修理是一项复杂的工艺过程。针对柴油机曲轴的拉毛、磨损和裂纹等缺陷，视磨损的程度和裂纹深度，一般采用研磨、镀层（铬、铁等）的方法进行修复，其修复的技术要求较高：研磨后轴颈的减少量不超过 1 mm，镀层厚度不大于 0.3 mm，曲柄轴颈表面硬度为 53～54 HRC，所有轴颈表面粗糙度 R_a 不大于 3.2 μm。

臧春杰等[7]在现场对船用柴油机曲轴进行了修理研究，针对 87000 t 散货船主机曲轴（锻钢 S34MnV）的异常磨损现象进行现场勘验，确定了现场退火、低温堆焊、二次退火、现场加工等修理工艺，顺利完成了曲轴修理工作，并通过试航检验，圆满解决问题并通过船检认可。张养利[8]针对 16V240ZJB 柴油机曲轴（铸造），采用特别的喷焊技术，加上气体软氮化、强化圆根的曲轴修复方法进行了曲轴修复。冯丰等[9]提出激光熔覆法对船用采油机结构件进行了修复，并完成了曲轴上的应用。

由于曲轴修理工艺复杂，技术要求高，修理加工周期为 3 个月以上，并且部分缺陷修复需要在进口厂商的指导下进行。当前针对柴油机曲轴表面缺陷，为减少修理工期，保障船舶装备可用性，一般都是采用直接更换曲轴或者更换柴油机的方式，以及旧曲轴直接报废处理。

在实际的曲轴修理工程中，一般针对微小的划痕，采用金相砂纸人工研磨的方式进行修复。针对探测发现的裂纹，一般直接报废处理。针对某船烧伤及磨损问题，曾经采用镀铁的方式进行修复，即通过采用"打磨—镀铁—打磨"的方式，轴颈满足了直径尺寸、跳动量等方面要求，并且经过台架试验、上船单机磨合、负荷试验，均运行正常。但是在放置 2 个月后进行航行试验时，三条曲轴轴颈均发生了断裂，产生了较大的损失。经过上海材料研究所检测中心检测，曲轴断裂性质为疲劳断裂，但是具体的原因、改进措施等均未能分析得出。因此，目前曲轴若出现烧伤、磨损超过曲轴轴径最小值等情况，也是直接报废处理。

2.4.3　船用推进轴

1. 功能概述

推进轴主要是传递主机扭矩、带动螺旋桨转动、传递螺旋桨推力等功能，用于保障船舶的正常航行。轴段材料为高强度铬钼合金钢。轴段为空心轴，轴内安装油管，轴段舷外铜套以外部分包覆环氧树脂涂层，以防止海水侵蚀。一般推进轴长度大于 13000 mm，外径大于 500 mm，质量大于 13000 kg，输出功率可达 20000 kW 以上，转速最高可达到 190 r/min 以上。轴段材料为高强度合金钢，其材料牌号为 34CrMo1A。图 2.30 为推进轴照片。

2. 损伤失效情况

海洋是极为苛刻的腐蚀环境，海水 pH 值平均为 8.1～8.2，水温一般为–2～35℃，同时包含各种盐类，90%为氯化钠，推进轴艉轴长期浸泡在海水中，海水中的氯离子可穿透金属的氧化膜保护层，形成点蚀或穴蚀，使金属出现晶间腐蚀。

螺旋桨推进装置高速运转时，周围气体随之被甩出，犹如坚硬的颗粒对艉轴进行反复击打，形成所谓的“空泡腐蚀”现象。在重载以及海水高腐蚀情况下，轴系装置不可避免地会产生点蚀、穴蚀、腐蚀等缺陷，其一般的失效形式主要包括腐蚀、裂纹、磨损等。图 2.31 为推进轴失效照片。

(a) 全景

(b) 中间部位

图 2.30 推进轴照片

(a) 腐蚀

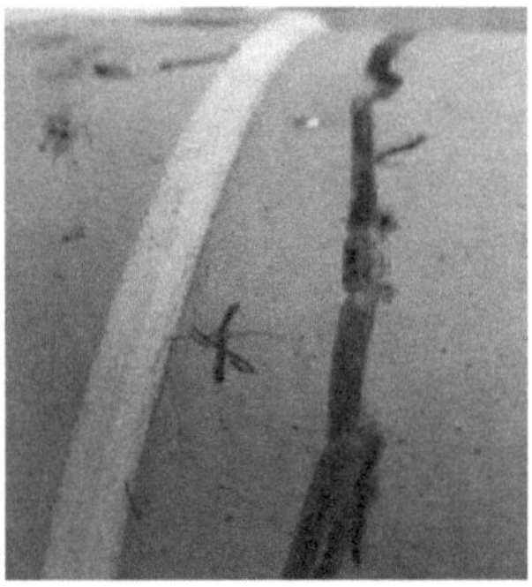

(b) 磨损

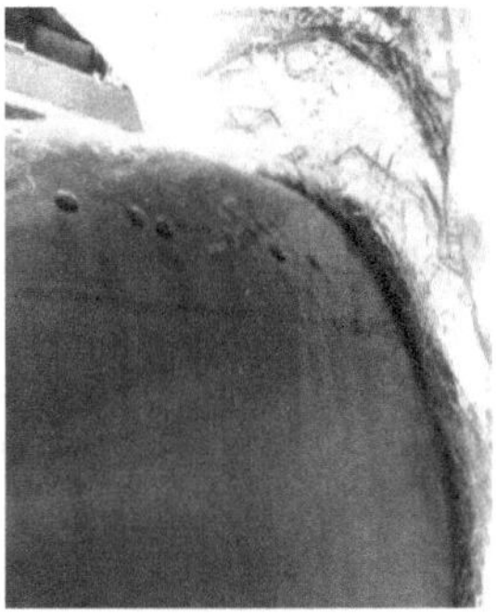

(c) 裂纹

图 2.31 推进轴失效照片

3. 修复情况

根据轴系修理相关规定，应基于以下原则：

（1）对于线性尺寸小于 1/15D 短小裂纹，允许采用挖修、打磨光滑的方法修复。

（2）当轴表面裂纹深度不大于轴颈的 5%、长度不大于轴颈的 10%时，允许采用焊补法进行修复。

（3）允许用金属喷镀法增大轴的工作轴颈。

（4）非工作轴颈腐蚀严重时，在预先进行强度校核合格后，可以大面积光车。

根据上述原则，修理工程中一般采用喷镀或焊补的方法，需要在船进坞或上排后，将艉轴抽出返回内场进行修复。修后技术要求较高：要求修复后圆度公差为 0.13 mm、圆柱度公差为 0.15 mm，表面粗糙度 $R_a < 3.2$ μm，并且修后强度不低于原材料强度。

目前国内外主要针对舵轴（与主轴材料相同，环境条件相对较好）开展了相关研究。某工厂修复某船舵轴时，采用 MAG 焊接工艺（熔化极活性气体保护焊），以及焊前预热、分段对称焊接、控制焊缝间温度、焊后采用 600℃回火处理以及保温缓冷等措施，修复后通过探伤、圆度、圆柱度检测发现其满足要求。但是焊接后的材料强度等力学性能并未进行量化检测和评估。某工厂修复虎林轮舵轴时，选用直径 4 mm 的 J507 焊条和直径 1.0 mm 的 H08Mn2SiA 焊丝进行补焊的工艺，采用的保护气为 CO_2，且每层焊道焊后进行锤击处理，以减少焊接应力及变形，同时焊后进行消除应力热处理，加热速度≤200℃/h，加热温度为 600～650℃，保温时间为 3 h，热处理完毕后进行最后加工，加工后进行着色修研交验，使得舵轴得到有效修复。

针对轴磨损失效故障，刘晓明等[10]分别对电弧喷涂、电刷镀、电火花沉积三种技术手段开展研究，并提出了针对不同的磨损量建议采用的修复方法。

当前针对海洋环境下的推进轴缺少可靠适用的修理工艺，对报废的艉轴难以再制造，同时，拔轴、回装以及对中等工序使得修理工期较长，严重影响修理周期。

参 考 文 献

[1] 张华光. 某盾构机主轴承密封系统泄漏故障处理浅析. 现代隧道技术, 2018, 55(4): 216-220.

[2] 陈桥, 袁乃强, 李凤远, 等. 盾构机主轴承密封圈密封性能研究. 润滑与密封, 2014, 39(7): 111-115.

[3] 刘宏志. TBM 主轴承大齿圈洞内修复方案及工艺流程. 科技资讯, 2017, 15(6): 112-114.

[4] 王国栋. 中国中厚板轧制技术与装备. 北京: 冶金工业出版社, 2009: 1-50.

[5] 赵东辉. 柴油机曲轴常见损伤及修理. 中国修船, 2011, 24(3): 14-17.

[6] 王文贵, 袁成岗. 柴油机曲轴故障浅析. 南通航运职业技术学院学报, 2006, 5(2): 42-43, 46.

[7] 臧春杰, 王磊, 周克勤. 船用柴油机曲轴现场修理. 中国修船, 2017, 30(2): 31-32.

[8] 张养利. 大型柴油机曲轴修复技术比较. 表面技术, 1998, 27(3): 40-41, 45.

[9] 冯丰, 张永洋, 李晨曦. 基于激光熔覆的船用柴油机结构件修复技术研究. 柴油机, 2015, 37(5): 50-52, 56.

[10] 刘晓明, 高云鹏, 闫侯霞, 等. 3 种表面技术在轴磨损修复中的应用研究综述. 表面技术, 2015, 44(8): 103-109, 125.

第3章

面向严苛服役环境的再制造专用粉体材料

3.1 再制造专用粉体材料

当今世界正处在以能源、信息、材料等产业为关键支柱的高科技竞争时代，材料科学在国家的经济高速发展中担当着核心角色，其发展速度和水平直接影响着国家的综合实力和科技前沿地位。粉体材料，作为材料家族中的基础单元，推动着新材料的研发和应用，而且大部分的研究与应用都离不开对粉体材料的深入探索与创新。

粉体材料是再制造的原料，也是再制造的物质基础。再制造专用粉体材料，即针对再制造过程特有需求而设计和研发的粉体材料，其研究与应用对于提升资源利用效率、延长产品生命周期、减少环境污染具有重大意义。这类材料在结构设计、性能优化和应用范围上有着特定要求，旨在满足再制造过程的独有挑战与需求。通过精细的材料设计与控制，再制造专用粉体材料能够显著提升再制造产品的性能，延长其使用寿命，同时减少资源消耗和环境影响，为构建循环经济和绿色低碳社会提供技术支撑。

粉体是指在常态下以较细的粉粒状存在的物料，其由许多大小不同的颗粒状物质组成，颗粒与颗粒之间有大量的空隙。粉体的构成一般应满足以下三个条件：微观基本单元是固体小颗粒；宏观上是大量颗粒的集合体；颗粒之间有相互作用。根据尺寸的大小，粉体常被分为一般粉体（particle，粒径范围较广，可从几百微米到几毫米）、微米粉体（micropowder，粒径介于 $1\sim100$ μm 之间）、亚微米粉体（sub-micropowder，粒径介于 $0.1\sim1$ μm 之间）、超微粉体（ultramicropowder，粒径通常在 10 μm 以下）和纳米粉体等（nanopowder，粒径介于 $1\sim100$ nm 之间）。对于粉体材料的研究主要涉及粉体加工、制备、表征、处理等，是一门与化工、冶金、材料、机械等都相关的综合性工程技术学科[1]。由于粉体材料具有比表面积大、活性高、易于流动、分散和混合，以及可以控制材料组成与结构等特点，使其在化工、冶金、机械制造、陶瓷、涂料、电子印刷、食品等领域具有广泛的应用。

3.2　再制造专用粉体材料的性能要求

粉体的性能既包括材料本身的物理化学性能，如成分、润湿性、膨胀系数、热导率、熔点（软化点）、吸放热性能等，也包括材料的工艺性能，如粒度分布、粉体结构与形状、流动性和松装密度等。

再制造对粉体具有以下要求：

（1）良好的稳定性。粉体材料在再制造过程中一般要承受高温，应具有热稳定性，在高温下不挥发、不升华、不分解、不发生有害的晶型转变。

（2）良好的润湿性。良好的润湿性使其能够在加工过程中与基体形成紧密接触，这对于提高涂层本身的致密度以及涂层与基体的结合强度具有重要意义。粉体材料的润湿性与其表面张力有关，表面张力越小，润湿角越小，材料熔化后的铺展性越好，越有利于得到平整光滑的涂层。

（3）与工件的匹配性。涂层与基体应具有较小的热膨胀系数和热导率差异，以减小涂层在冷却过程中的热收缩应力。

（4）良好的服役性能。再制造产品应满足耐磨损、耐腐蚀、抗氧化、抗冲击、减摩、绝缘等服役要求，延长零件的使用寿命。

1. 粒度分布

粉体的粒度直接影响粉末的输送、受热、飞行以及涂层最终的致密度。粉体材料一般应具有一定的粒度分布，这一方面可以提高粉体材料的成品率，降低材料的制备成本；另一方面大小颗粒复配，可以获得紧密堆积，因此有利于提高涂层致密度。粉体粒度的选择要综合考虑再制造类型（熔值、温度和导热系数等）、再制造工艺（喷枪移动速度、送粉量）和再制造材料的物理性质（熔点、热导率、比热容）。粉体颗粒过大时，容易出现粉末熔化不透、飞溅等，而粒度过细，粉体不易均匀输送，很难送入再制造的焰流，并且容易造成喷嘴的堵塞，而且较细的颗粒容易出现过烧现象。合适的粒度能够保证粉体材料被充分加速和熔化，获得高的沉积效率和结合强度。具有高加热功率、长飞行时间、低送粉量、高热导率的材料可以采用较大的颗粒尺寸，反之颗粒尺寸要减小。一般再制造用金属粉末的粒度在 53～106 μm（即 140～270 目）之间，而陶瓷的颗粒尺寸的粒度在 38～53 μm（即 270～400 目）之间。

粉体粒度一般采用筛分法测量，按照筛孔尺寸把标准筛从上至下依次排列，然后借助振动把粉末分成不同的粒级，称量每个筛子上和底盘上的粉末量，计算出各级筛网上的物料质量占原始粉体质量的百分比即可获得该粉体的粒度分布情况。

我国目前采用的筛子为 ISO 标准系列筛，筛孔尺寸按 $\sqrt{2}$ 等比级数改变，常用筛网见表 3.1。筛分法的操作简单，造价低，一般用于粒径 20 μm～100 mm 的粒度分布测量。

表 3.1　常用标准筛筛号及孔径（GB/T 6005—2008）

筛号/目	80	100	120	140	170	200	230	270	325	400
筛网孔径/ μm	180	150	125	105	90	75	63	53	45	38

2. 流动速度

粉体颗粒要具有较好的流动性，以保证粉体均匀稳定送粉。粉体的流动性与颗粒的形状、大小、密度、表面形貌等密切相关。球形粉末的流动性最好，超细粉末必须组装成合适的颗粒才能保证均匀连续送粉。

粉末流动性测试通常采用霍尔流速计法（GB/T 1482—2022《金属粉末　流动性的测定　标准漏斗法（霍尔流速计)》），其原理是以 50 g 粉末流过规定孔径的标准漏斗时所需要的时间，单位为 s/50 g。漏斗夹角为 60°，孔径为 2.5 mm，实验中先把漏斗底部的小孔堵住，将 50 g 待测粉末倒进漏斗中，在测量时松开小孔并立即计时，漏斗中全部粉末流出所用时间为 t，则 $t/50$ 为粉末的流动性。实验一般重复三次，取平均值为粉末流动性。

3. 松装密度

粉体的松装密度与材料的比重、形状、粒度等密切相关。太轻的松装密度在送粉过程中无法输送到焰流中心，而太重的松装密度无法保证颗粒在焰流中的加速。

粉体的松装密度是指粉末在无振动和压力的条件下，使粉末以一定的方式自由流动填充一定容积的容器所得到的单位体积粉体质量，又称表观密度，单位为 g/cm^3。松装密度是粉体的一个综合性能，受粉体种类、成分、形状、粒度分布、粉末表面干燥程度等因素的影响。

4. 粉体的采样

测量粉体性能时，一般采样数量总是大于分析所需的试样量。为了使用于测量的少量试样具有代表性，需要从采取的样品中进行二次采样。二次采样也被称为分样。分样常用的方法有圆锥四分法、二分割器法和旋转分割器法等。

圆锥四分法原理图如图 3.1 所示。所采试样经一定的混合后，自然堆成圆锥状，然后将料堆摊平为圆台状，以圆台中心为对称轴将其分为四等份，取对角线的两部分，混合后重复进行上述操作。如此反复进行，直至缩分至测量所需的试样量。

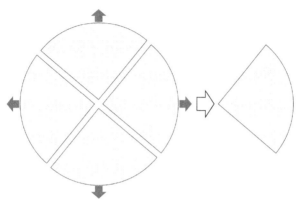

图 3.1　圆锥四分法原理图

3.3　再制造专用粉体材料制备方法

再制造专用粉体的制备方法有三类。

第一类是粉料细化，主要以液体或大块固体为原料，将其细化为微细颗粒，包括机械粉碎法和雾化法。机械粉碎法是指固体物料在外力作用下由大块料到粉体，常用于原材料的混合以及烧结粉体的破碎。

第二类是雾化法，一般是借助空气、惰性气体、蒸汽或水的冲击作用而使金属液体破碎为细小的液滴，然后经冷却得到固态颗粒的过程。

第三类为造粒增大，先采用固相、液相、气相反应制备超细粉体，然后采用团聚法造粒。随着科技的进步，对粉体材料的组分均匀性及精细化要求越来越高。传统的机械混合很难达到微观尺度的均匀。通过原料间的化学反应，形成新物质的晶核，然后再进一步长大可制备超细粉体。合成法制备的粉体材料纯度高、粒度可控、均匀性好，并可实现颗粒在分子级水平的均匀和复合。合成法按照所处的反应环境可分为固相合成法、液相合成法、气相合成法等。

下面将选取几种常见的粉体制备方法进行介绍。

3.3.1　机械粉碎法

机械粉碎法包括球磨法、辊压法、气流粉碎法等。

机械粉碎法制备粉体是以机械力将物料破碎成粉体的制备方法，即固体物料在机械力作用下，克服分子间的内聚力，使固体物料尺寸由大变小，比表面积由小到大的过程。

固体承受外力的作用，发生由弹性到塑性再到破碎的一系列过程。在出现破坏之前，首先发生弹性变形，材料硬化，应力增大。当应力达到弹性极限时，开始出现永久变形，材料进入塑性变形状态。当塑性变形达到极限时，材料才发生破坏。当然，并不是所有材料都经过弹性和塑性变形阶段，而且材料受拉或受压时的破坏形式也不完全相同。

基本的粉碎方式有挤压粉碎、冲击粉碎和摩擦粉碎等。

（1）挤压粉碎。挤压粉碎是粉碎设备的工作部件对物料施加挤压作用，物料在压力下发生粉碎。挤压磨、颚式破碎机等均属于此类粉碎设备。物料在两个工作面之间受到相对缓慢的压力而破碎。因为压力作用较缓慢和均匀，故物料粉碎过程较均匀，这种方法多用于物料的粗磨或者细磨前的预粉碎。

（2）冲击粉碎。物料在瞬间受到外来的、足够大的冲击力作用而被粉碎，由于冲击碰撞的时间非常短，所以粉碎体与被粉碎物料之间的能量交换非常迅速。锤式、冲击式粉碎机和球磨机均属于此类设备。冲击粉碎包括高速运动的粉碎体对被粉碎物料的冲击和高速运动的物料与定向壁或靶的冲击，这种方法适用于粉碎大中块脆性物料。

（3）摩擦粉碎。与施加强大粉碎力的挤压粉碎和冲击粉碎不同，摩擦粉碎是依靠研磨介质对物料表面的不断磨蚀而实现粉碎的。振动磨、搅拌磨和球磨机的细磨仓均属于此类设备。研磨和磨削粉碎适用于中小物料的粉磨。

3.3.2 雾化制粉法

雾化制粉法一般是将原料熔化，然后用高压、高速雾化流体将其粉碎而制备粉末的方法。任何能形成液体的材料都可以雾化，因此雾化法既可以制备纯金属粉，也可制备合金粉。但是受限于耐火材料的稳定性和液态金属的过热度，要求原材料金属或合金的熔点一般不超过 1600℃。雾化法已成为制取金属（合金）粉体生产效率最高、最常用的一种方法，其分类方法有多种。根据雾化方法，可分为双流雾化和单流雾化。双流是指被雾化的液体流和喷射的介质流；单流雾化则没有喷射介质流，直接通过离心力、压力差或机械冲击等实现雾化。根据雾化介质的种类可分为气体雾化法和水雾化法。其中，气雾化和水雾化是双流雾化，等离子体旋转电极雾化属于单流雾化。根据雾化环境也可分为真空雾化或常压雾化。

1. 真空感应气体雾化

真空感应气体雾化法是应用最为广泛的一种制备金属基粉末材料的方法。其基本原理是合金在真空室的坩埚中完成熔化、精炼和脱气过程，之后将金属液倾倒进入预热中间包系统，使金属液通过导流进入雾化器，并在高压、高速气体破碎和分散作用下以液滴状态进入雾化室，最终在飞行过程中经球化、凝固后形成金属粉末落入下方收集罐。图 3.2 为真空感应气体雾化制粉设备结构示意图。

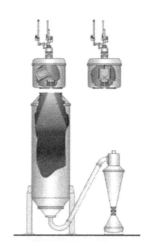

图 3.2　真空感应气体雾化制粉设备结构示意图

为减少雾化过程中粉末的氧化和杂质引入，常采用氮气、氩气作为雾化气体，有时也可采用空气、煤油等燃料气体作雾化气体。制备的粉末呈规则的球形，表面光滑，纯度高，流动性好，组织均匀。

2. 电极感应器雾化

活性金属及其合金在熔化条件下容易与陶瓷坩埚反应，造成粉末严重污染，甚至是安全事故，为此钛合金制粉的熔炼技术很有挑战。为了解决熔炼难题，发展了一种电极感应纯净熔炼技术，即采用锥形铜感应线圈非接触式感应熔化钛合金棒尖，形成自由降落的液滴或液柱，再进一步地雾化制粉。其具体原理是将合金加工成棒料安装在送料装置上，对整个装置进行抽真空并充入惰性保护气，电极棒以一定的旋转速度和下降速度进入下方锥形线圈，棒料尖端在锥形线圈中受到感应加热作用而逐渐熔化形成熔体液流，在重力作用下熔体液流直接流入或滴入锥形线圈下方的非限制型雾化器，高压惰性气经气路管道进入雾化器，在气体出口下方与金属液流发生交互作用将金属液流破碎成小液滴。图 3.3 为无坩埚电极感应熔化气体雾化制粉设备结构示意图。

图 3.3　无坩埚电极感应熔化气体雾化制粉设备结构示意图

与真空感应气雾化方法相同，液滴在雾化室飞行过程中，通过自身表面张力球化并凝固形成金属粉末。由于熔化过程不与坩埚接触，电极感应气雾化适合制备钛、锆、铌等各种活性金属。

3. 水雾化

水雾化采用加压后的水帘雾化熔体，该方法制备粉体与气雾化法相比，价格便宜，但是由于水的冷却能力比气体大，在雾化熔滴的表面张力产生作用前，熔滴已冷却凝固，因此颗粒表面不规则，且发生一定程度的氧化。

水雾化整个过程的时间非常短，但是其中的机理却非常复杂，其中发生着多个物质能量交换和物理化学过程。

（1）动能交换：雾化介质的动能转化为金属液滴的动能和表面能。

（2）热量交换：雾化介质带走大量的液固相变潜热。

（3）流体性质变化：液态金属的黏度及表面张力随温度降低不断变化。

（4）化学反应：高比表面的液滴或粉体活性很高，与雾化介质会发生一定程度的化学反应。

提高雾化制粉效率有两条基本准则。

（1）能量交换准则：提高单位时间、单位质量金属液体从系统吸收能量的效率，以克服其表面自由能的增加。

（2）快速凝固准则：提高雾化液滴的冷却速度，防止液体微粒的再次凝聚。

影响双流雾化的因素很多，主要包括流体的性质，如熔体种类、黏度、过热温度、表面张力等，喷嘴结构，如出口直径、雾化角度，以及雾化介质，如种类、压力和流速等。其中喷雾压力是影响粉体粒度较为重要的一个因素，通过提高单位时间内喷嘴处的气体体积流量与金属液滴落口的质量流量比，可以得到较好的雾化效果。但是实际过程中各种因素相互影响和制约，需要从生产效率、成品率、成本等方面系统考虑。

4. 等离子体旋转电极雾化

等离子体旋转电极雾化以金属制成自耗阳极，阴极采用钨电极。制粉时，两电极间产生等离子弧，电极棒沿其长度轴高速旋转，利用电弧连续熔化旋转电极棒，熔滴在离心力的作用下被抛出，喷射出的金属液滴在飞行过程中迅速凝固成粉末。图 3.4 为等离子体旋转电极雾化示意图。等离子体旋转电极雾化法电弧温度高约 10^5℃，适用范围广，既可制造熔点相对较低的 Ti、Ni 等合金粉，也可以制造 Nb 合金以及纯 W、纯 Mo 等高熔点粉体。由于熔化过程不与坩埚接触，有效避免了杂质引入，适合制备各种活性金属，例如钛、锆等。等离子体旋转电极雾化法具有空心粉末少、化学纯度高、偏析少、固体溶解度高、球形度好、粒度

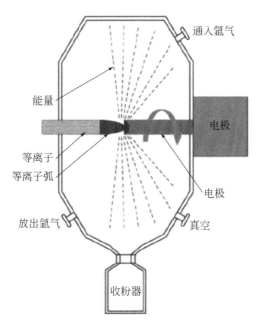

图 3.4　等离子体旋转电极雾化原理

分布窄等优点，但是电极棒旋转速度较高，对设备电极及传动要求比较高，另外需要首先制备合金棒料，制粉成本较高。

3.3.3 固相合成法

固相合成法以固体原料直接反应制备粉体材料，是一种应用较广泛的粉体制备方法。在固相反应过程中热力学和动力学都起着重要作用。热力学通过吉布斯自由能的变化判断反应能否进行，而动力学决定了反应的速度。通常条件下，固体原料在室温下并不发生反应，必须将它们加热到一定温度，一方面使其满足热力学条件，另一方面可以大大加快反应速度。固相法既包括经典的固-固反应，也包括固-气反应和固-液反应，是典型的非均相反应。固相反应一般包括以下几个过程。

（1）吸着现象，包括吸附和解吸；
（2）原子或离子跨过界面的扩散；
（3）在界面上或均相区内原子进行反应；
（4）在固体界面上或内部形成新相的核；
（5）新物质的生长，物质通过界面和相区的输运逐渐长大。

固相反应的类型和决定反应的因素有很多，如图 3.5 所示。

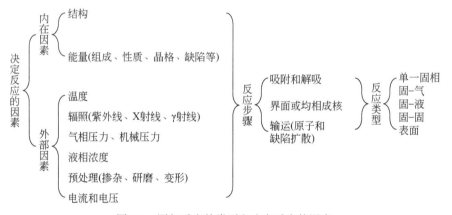

图 3.5 固相反应的类型和决定反应的因素

固相反应过程的简化模型可用图 3.6 表示（A 和 B 为反应物，AB 为生成物）。忽略反应物的挥发性，物质将沿着 A 和 B 反应物的接触点进行相互扩散和迁移。因为表面扩散系数大，如果在 A 颗粒表面生成产物层 AB，当产物层生成之后，B 通过产物层扩散到 A-AB 的界面与 A 反应生成 AB。上述反应的速度主要决定于

A-AB 界面上的产物层的扩散速度，若产物层疏松或者产物能很快就脱离，那么整个反应就很快，反之很慢。

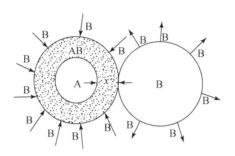

图 3.6　固相反应过程的简化模型

1. 热分解法

热分解法一般采用氢氧化物、柠檬酸盐、草酸盐、碳酸盐等易分解盐类在高温下热分解制备氧化物粉体。热分解稀土柠檬酸或酒石酸配合物，可以制备一系列的稀土氧化物纳米颗粒。制备时，首先称取一定量的稀土氧化物，用盐酸溶解，调节溶液的酸度后，加入计量的柠檬酸或酒石酸，加热溶解、过滤、蒸干，取出后经煅烧可制备稀土氧化物纳米颗粒。

$$2Ln(COO)_3 C_3H_4OH(s)+3O_2 \longrightarrow Ln_2O_3(s)+5H_2O+6CO_2 \qquad (3.1)$$

不同盐类的热分解温度不同，其热分解温度通常由阴离子种类决定，分解温度由低到高为：$H_2O < OH^- < CO_3^{2-}$，$NO_3^- < SO_4^{2-}$。固体热分解也是一个形核长大过程，先在原料中形成新物质核，然后新物质逐渐长大。晶粒的大小由形核数量和晶粒的生长速率共同决定。通常在较低的温度下，随着温度的增加，成核率增加，但是随着温度的继续升高，核的生长速率也增加，而形核率反而下降，因此为了获得粒径较细的颗粒，必须在最大形核率的温度下进行热分解。粉体的粒度和热分解的温度和时间有关，为了获得超细的粉体，希望在低温和短时间内进行热分解，比如可以采用金属化合物的溶液或悬浮液喷雾热分解。

2. 固相反应法

固相化学反应一般按式（3.2）、式（3.3）进行，两种或两种以上固体颗粒混合后，在一定的温度和气氛条件下反应生成所需的粉体。采用固相反应制备粉体时，最好在尽可能低的温度和尽可能短的时间内完成，否则容易使生成物的颗粒长大并逐渐烧结。为此应尽可能采取细颗粒，因为颗粒越小，反应物粒子间的接触面积越大，扩散距离越短。另外在反应时加压，也能增加颗粒间的接触面积，加快反应速度。

$$A(s)+B(s)\longrightarrow C(s) \tag{3.2}$$

$$A(s)+B(s)\longrightarrow C(s)+D(g) \tag{3.3}$$

碳热反应就是一个典型的固相反应，早在 19 世纪末就用于制备 SiC 粉体，这也是制备非氧化物超细粉体的一种简单廉价工艺。

$$SiO_2(s)+C(s)\longrightarrow SiC(s)+CO_2(g) \tag{3.4}$$

钛酸钡粉体的制备也是一个典型的固相化学反应，以碳酸钡和氧化钛为原料制备钛酸钡粉体。

$$BaCO_3(s)+TiO_2(s)\longrightarrow BaTiO_3(s)+CO_2(g) \tag{3.5}$$

Si_3N_4 和 AlN 的制备也是典型的固相反应，从 20 世纪 80 年代开始人们就以 SiO_2 和 Al_2O_3 为原料在 N_2 或 Ar 气环境下制备超细粉体。以 Si_3N_4 为例：

$$SiO_2(s)+N_2(g)+C(s)\longrightarrow Si_3N_4(s)+CO_2(g) \tag{3.6}$$

其反应其实是按照以下五个反应式分步进行的：

$$SiO_2(s)+C(g)\longrightarrow SiO(g)+CO(g) \tag{3.7}$$

$$SiO_2(s)+CO(g)\longrightarrow SiO(g)+CO_2(g) \tag{3.8}$$

$$CO_2(g)+C(s)\longrightarrow CO(g) \tag{3.9}$$

$$SiO(g)+N_2(g)+C(s)\longrightarrow Si_3N_4(s)+CO(g) \tag{3.10}$$

$$SiO(g)+N_2(g)+CO(g)\longrightarrow Si_3N_4(s)+CO_2(g) \tag{3.11}$$

3. 自蔓延合成（燃烧合成）

自蔓延高温合成又称为燃烧合成，是利用反应物之间高的化学反应热的自加热和自传导作用来合成材料的一种技术，当反应物一旦被点燃，就会自动向未反应的区域传播，直到反应完全。燃烧引发的反应或燃烧波的蔓延速度相当快，一般为 0.1～20 cm/s，最高可达 25 cm/s，而其温度范围大致在 1500～4000℃之间。根据燃烧波的蔓延方式，可分为稳态和不稳态燃烧两种，一般认为反应绝热温度低于 1527℃的反应不能自行维持。过渡金属与 B、C、N_2 等反应，可以合成上百种化合物，其中包括各种硼化物、碳化物、氮化物等。

自蔓延的基础是反应过程中放出大量的热，使得反应本身能够以反应波的形式持续下去，自蔓延反应与传统粉体制备工艺相比具有以下特点：

（1）工艺简单，设备要求不高；

（2）一经引燃启动即可利用自身产生的热维持反应，不需要另外加热，节省能源；

（3）燃烧过程中产生大量的热，可将易挥发杂质排出，产品纯度高；

（4）燃烧过程中存在较大的温度梯度和冷凝速度，产物中有大量的缺陷和非平衡相，粉体更容易烧结；

（5）有望实现材料合成与致密化同步进行，直接得到高密度产品。

例如，当采用燃烧合成制备$(Y_{0.2}Gd_{0.2}Dy_{0.2}Er_{0.2}Yb_{0.2})_2Hf_2O_7$高熵陶瓷时，需以$HfCl_4$、$Y(NO_3)_3 \cdot 6H_2O$、$Gd(NO_3)_3 \cdot 6H_2O$、$Dy(NO_3)_3 \cdot 6H_2O$、$Er(NO_3)_3 \cdot 5H_2O$和 $Yb(NO_3)_3 \cdot 6H_2O$ 为原料，首先配制上述几种物质的水溶液，然后加入尿素作为引燃剂，最后在空气中 500～600℃加热 10～30 min 就可制备得到所需粉体。

3.3.4　液相合成法

由于固相合成法以固体物质为原料，而原料本身可能具有不均匀性，并且生成颗粒的粉体受原料颗粒形状、大小、粒度分布和聚集状态影响较大，因此固相法合成的粉体形状难以控制、团聚严重、微观均匀性差，因此很难制备超细粉体。

液相合成法是目前实验室和工业上应用最为广泛的超细粉体合成方法之一。液相合成过程中反应物溶解在液体溶剂中，形成均匀的溶液，在一定的条件下，发生反应生成所需的产物，然后通过分离得到最终产品。

液相合成法具有以下优点：

（1）粉末团聚少，分散性好，表面活性高。由于反应介质贯穿在生成的粉体颗粒之间，阻止颗粒之间的相互连接，因此，液相法制得的粉体无团聚，或仅有弱团聚。

（2）纯度高，可以精确控制化学组成。液相法在反应过程以及随后的清洗过程中，也有利于杂质的消除，容易得到高纯的反应产物。由于反应的各组分的混合是在分子、原子级别上进行的，反应能够达到分子水平上的高度均匀性，因此掺杂范围广，便于准确控制掺杂量，适合制备多组分体系。

（3）容易控制颗粒的形状和粒径。为了减小表面能和界面能，粉体一般按照特定方向生长，因此液相法制备粉体具有特定的形貌。改变溶液的成分、浓度、反应温度和时间，以及起始固相反应物的粉末特征，可以调控颗粒的形状和粒径。

（4）反应温度低、反应时间短，工业化生产成本较低。由于反应成分在液相中的流动性增强，扩散速率显著提高。

液相合成法主要包括沉淀法、水热法、溶胶-凝胶法等。

1. 沉淀法

沉淀法是液相化学反应制备超细粉体最常用的一种方法。在溶液状态下将不同化学成分的物质混合，然后在溶液中加入适当的沉淀剂，当反应物浓度超过溶解度时，沉淀析出，将沉淀物干燥或煅烧就可以得到所需的超细粉体材料。沉淀法不仅可用来制备单一成分粉体，也可制备复合成分粉体。

存在于溶液中的阳离子 [A$^+$] 和阴离子 [B$^-$]，当它们的离子积超过其溶度积 [A$^+$]·[B$^-$] 时，A$^+$和 B$^-$之间开始结合，进而发生形核、生长和沉降析出。沉淀物的粒径取决于形核与生长的相对速度，形核速度高于生长速度，生成颗粒数量多，颗粒尺寸小。

沉淀法的优点是制备过程简单，成本低廉，适合工业化生产。缺点是当两种或两种以上金属离子同时存在时，由于沉淀速率和次序的差异，会影响产品的最终结构。

例如，在金属盐溶液中加入沉淀剂，溶液中的阳离子与沉淀剂发生反应，在一定条件下生成沉淀析出，沉淀物经过过滤、洗涤、干燥和煅烧，就可以得到纳米的氧化物粉体。常见的沉淀剂为 NaOH、NH$_3$·H$_2$O、NH$_4$HCO$_3$、(NH$_4$)$_2$C$_2$O$_4$ 等。生成颗粒的粒度与沉淀物的溶解度和过饱和度相关。沉淀物的溶解度越小，过饱和度越大，一般产物粒径越小。

1）直接沉淀法

在溶液中加入沉淀剂，反应后所得沉积物经洗涤、干燥得到所需产品，或者沉淀物经热分解得到产品。沉淀剂通常使用氨水，来源方便，价格低廉，且不引入杂质。以 ZnO 为例，所得 Zn$_5$(OH)$_6$(CO$_3$)$_2$ 沉淀产物经低温煅烧可得 ZnO 微粉。

$$ZnCl_2 \cdot 2H_2O + (NH_4)_2CO_3 \longrightarrow Zn_5(OH)_6(CO_3)_2 + NH_4Cl \qquad (3.12)$$

2）均匀沉淀法

均匀沉淀法使用的沉淀剂不是从外部加入，而是在溶液内部缓慢生成，因此可以使沉积反应平稳进行。所用沉淀剂多为尿素 CO(NH$_2$)$_2$，它在水溶液中加热到 70℃时，发生均匀水解反应：

$$CO(NH_2)_2 + 3H_2O \longrightarrow 2NH_4OH + CO_2 \qquad (3.13)$$

NH$_4$OH 在溶液内部均匀生成，一经生成立即消耗，然后尿素继续水解，从而使 NH$_4$OH 一直处于较低的浓度。采用尿素水解法制备的沉淀物尺寸小、纯度高、洗涤容易。采用该方法可以制备 Al、Fe、Sn、Ga、Th、Zr 等的氢氧化物沉淀，溶液的酸度、浓度、沉淀速度以及沉淀的过滤、洗涤、干燥方式和煅烧温度都影响制备产物的粒度。

3）共沉淀法

共沉淀法可以制备复合氧化物粉体，两种或多种金属离子同时沉淀下来，经煅烧可得到所需产物。由于各种金属离子的沉淀条件不尽相同，采用一般的沉淀法很难保证各种离子共沉淀。沉淀的生成受溶液的酸度、浓度、化学配比和沉淀物物理性质的影响。为保证获得组成均匀的共沉淀粉体，前驱体溶液必须符合一定的化学计量比，还要通过选择合适的沉淀剂，才能使两种或多种金属离子一起沉淀下来。

2. 水热法

水热法又叫热液法，是在模拟自然界成矿作用的基础上形成的一种粉体材料合成方法。在密闭的反应容器（高压釜）中，以水为溶剂，通过加热，在一定的温度和水的自身压强下，产生一个高温高压的反应环境，使通常难溶或者不溶的反应物溶解，当生成物超过其溶解度时，颗粒形核生长并析出得到纳米颗粒粉体。

水热条件下，水发挥了重要作用。水是一种溶剂，可作为化学组分参加反应，同时是矿化剂和反应的促进剂，且还具有作为介质传递压力的作用。

在高温高压下，水热反应具有三个明显特征：①重要离子间的反应加速；②水解反应加剧；③氧化还原电势发生明显变化。同时水的物理化学性质发生巨大变化，蒸汽压升高、密度变低、表面张力降低、离子积升高、黏度降低。化学反应是离子反应或自由基反应，随着水的电离常数和溶解度增加、黏度降低，分子和离子的活性和迁移速度增加，这会促进和加速反应的进行。

当温度超过水的临界温度（374.3℃）和临界压力（22.1 MPa）时，水处于超临界状态，物质在水中的物理化学性质会发生很大变化。在 1000℃、0.5 GPa 的条件下，水的黏度仅为正常条件下的 10%。在 1000℃、15～20 GPa 的条件下，水的密度为 1.7～1.9 g/cm³，如果理解为 H_3O^+ 和 OH^-，此时水已相当于熔融盐。

水热条件下，晶体生长主要包括以下几个步骤：①溶解阶段，物料在水热介质中，以离子或分子的形式进入溶液；②输运阶段，由于体系存在热对流以及溶解区和生长区之间的浓度差，分子、离子或离子团从溶解区输送到生长区；③结晶阶段，分子、离子或离子团在生长界面上的吸附、分解与脱附，吸附物质在界面上扩散和结晶。

水热法具有以下优点：

（1）由于在水热条件下反应物的性能改善，活性提高，有可能部分取代固相反应或者难以进行的反应，用于制备低熔点的化合物、高蒸汽压且不能在融体中生成的物质等；

（2）水热生长是在一定的密闭体系中进行的，通过控制反应气氛可形成氧化或还原反应，有利于低价态、中间价态、与特殊价态化合物的生成，并能进行均匀地掺杂；

（3）水热的低温、等压、溶液条件，有利于生长纯度高、缺陷密度低、晶体取向好的晶体，并且通过调节反应条件可以控制粉体的晶体结构、形态和粒度；

（4）水热反应体系中存在溶液的快速对流和十分有效的溶质扩散，因此水热结晶具有较快的生长速度；

（5）水热法可以直接得到分散且发育良好的晶粒，晶粒小且分布均匀，无须高温灼烧，避免了可能形成的硬团聚。

影响水热合成的主要因素有温度升温速率、搅拌速度和反应时间等。水热法可以用于材料的合成、晶体转化、离子交换、单晶培育、脱水、分解、提取、氧化、晶化和热处理等。实验室常用的水热合成大多在中温中压（100～250℃，1～20 MPa）或超临界（374.3℃，22.1 MPa）条件下。

水热合成装置包括高压容器（反应釜）和控制系统，高压容器是进行高温高压水热合成的核心设备，控制系统也用来控制反应釜的温度、压力、搅拌等。反应釜的优劣对水热合成起决定性作用，要求耐高温、耐高压、耐腐蚀、强度高、结构简单、密封性好、安全度高，易于安装和清洗。控制系统的作用是控制工艺参数，为合成提供安全稳定的环境。

水热合成是一种特殊的合成技术，有诸多因素影响实验的安全和合成的成败。其中，填充度是一个重要因素。填充度是指反应物占封闭反应釜空间的体积分数。在水的临界温度下，水的相对密度为 0.33，这意味着 30% 的填充度在临界温度下实际就是气体。因此在实验中既要保证反应物处于液相传质的反应状态，又要防止过大的填充度导致过高的压力而引起爆炸。但是，高压不仅可以加快分子间的传质和反应速率，也会改变热力学的化学平衡。因此，在水热反应中，保持一定的压力是必要的，通常填充度应控制在 60%～80%。

3. 溶胶-凝胶法

溶胶是具有液体特征的胶体体系，胶体颗粒分散悬浮于液体中，分散的粒子的尺寸一般为 1～1000 nm。凝胶是具有固体特征的胶体体系，被分散的物质形成连续的网状骨架，骨架空隙中填充有液体和气体，凝胶中分散相的含量很低，一般在 1%～3%。

溶胶-凝胶法是指将易水解的金属无机盐或者金属醇盐化合物作为前驱体，在液相条件下这些前驱体与水发生水解反应，在溶液中生成透明稳定的溶胶体系，溶胶经陈化进一步聚合形成具有三维空间网络结构的凝胶，再经干燥、烧结等制得超细粉体材料。

水解反应：

$$M(OR)_n + xH_2O \longrightarrow M(OH)_x(OR)_{n-x} + xROH \tag{3.14}$$

聚合反应：

$$—M—OH + HO—M— \longrightarrow —M—O—M— + H_2O \tag{3.15}$$

$$—M—OR + HO—M— \longrightarrow —M—O—M— + ROH \tag{3.16}$$

溶胶-凝胶法最早可追溯到 19 世纪中叶，Ebelman 在 1946 年研究中发现正硅酸乙酯水解后形成的 SiO_2 呈玻璃态，随后 Graham 研究发现 SiO_2 凝胶中的水可以被有机溶剂置换，经过科学家们的长期研究，逐渐形成了胶体化学学科。20 世纪 30 年代，Geffcken 和 Berger 发明了溶胶-凝胶前驱体制备氧化物薄膜的方法，引起了人们的广泛重视。之后研究发现，溶胶-凝胶法不仅可以制备薄膜，而且可以制备微粉、纤维，现已成为低温或温和条件下制备粉体材料的重要方法。

3.3.5　气相合成法

气相合成法是直接利用气体或者通过各种手段将物质变成气体，使之在气相状态下发生物理变化或者化学反应，然后在冷却过程中凝聚长大形成超细粉体颗粒的方法。

1. 物理气相法

气相蒸发法的原理是，将蒸发室抽成真空（约 1089 Pa），然后通入氮气、氢气、氩气等低压惰性气体，使用蒸发源（电阻、等离子体、电子束、激光等）加热金属、合金或陶瓷等原料，使其蒸发、气化，惰性气体将蒸发源附近的超微粒子带到冷凝器附近沉积收集。颗粒的粒径可以通过调节蒸发场温度、气体压力、气体流速、惰性气体种类等进行控制。合金超细粉可以通过同时蒸发两种或数种金属得到。

气相蒸发法的优点在于纯度高、圆整度好、表面清洁、粒度分布窄，采用此方法制备的颗粒最小粒径可达 2 nm，因此比表面积大、活性高。其缺点在于生产效率较低，在实验室条件下，一般产出率为 100 mg/h，工业生产也仅可达 1 kg/h。

2. 化学气相法

化学气相法是利用挥发性的金属蒸气与气体之间通过化学反应生成所需的化合物，然后在保护气氛下快速冷凝制备超细粉体。化学气相法适于制备各类金属化合物，如氧化物、氮化物、碳化物和硼化物等。化学气相法制备的粉体具有纯度高、尺寸小、粒度均匀、分散性好等优点。

3.3.6　包覆法

包覆法是一种复合粉体制备方法，可以制备合金包覆陶瓷的核壳结构粉体。包覆法分化学包覆和机械包覆两种。化学包覆是将陶瓷颗粒悬浮于盐溶液中，然后采用还原性介质还原金属盐离子，金属原子在陶瓷表面形核生长形成包覆层的一种制备方法。机械包覆是将金属粉体、陶瓷颗粒和胶黏剂均匀混合，在干燥过程中胶黏剂逐渐固化将金属颗粒黏附在陶瓷颗粒表面的一种制备方法。

包覆粉体具有以下优点：

（1）每个颗粒具有相同的组分，粉体在使用和存储过程中，不会发生机械混合粉时易出现的偏析现象。

（2）核心组分受合金包覆层保护，在再制造过程中可防止或减少易氧化核心的烧损。

（3）在再制造过程中，只需要复合粉体表层的金属壳熔化就可以保证粉体高效沉积，因此再制造功率低，有效节约能源。

（4）再制造涂层沉积时，颗粒-基体之间及复合颗粒之间以金属-金属接触，涂层结合强度和内聚强度高。

3.4　面向重型装备的再制造专用材料

3.4.1　金属基/陶瓷增强相复合材料的高通量制备与表征

不同于传统研发过程的线性化和顺序性，高通量研发流程基于材料数据库呈现并行化的特征。在金属基复合材料高通量制备研发过程中，需要通过高通量表征技术（图 3.7），对高通量技术制备的大量样品的成分、形貌、组织、性能以及界面进行快速检测，并将检测结果用于高通量制备工艺的反向优化及复合体系的

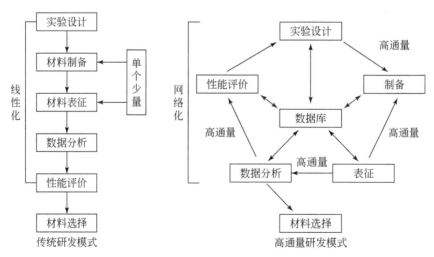

图 3.7　金属基复合材料传统研发与高通量研发模式

快速筛选。快速、准确、低成本地获取材料信息是衡量材料高通量表征技术的重要标准。

在多场作用下，基于复合组分之间多元节扩散、材料共沉积和高通量扩散烧结等制备方法，合成多组元、组分呈连续梯度分布的金属基复合材料或形成中间平衡相。

在此基础上，分别对 NiAl 基、NiCr 基、TiAl 基和 CuAl 基/陶瓷增强相材料进行高通量制备与表征，如图 3.8(a)所示。从图 3.8(b)可以看出，制备的金属基/陶瓷增强相复合材料表面平整、完整性一致，所得样品质量平行性好，为后续高通量表征过程提供了良好的材料基础。

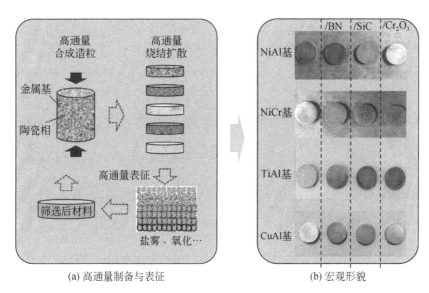

(a) 高通量制备与表征 (b) 宏观形貌

图 3.8 金属基复合材料的高通量研究流程图

3.4.2 金属基/陶瓷增强相复合材料的性能研究

图 3.9(a)～(d)分别为 NiAl 基、NiCr 基、TiAl 基和 CuAl 基/陶瓷增强相材料在相同实验条件下（温度：室温；载荷：9 N；转速：364 r/min；时间：30 min；磨痕半径：$R=5$ mm；对磨材料：Si_3N_4）的摩擦磨损质量损失随增强相质量变化图。从图中可以看出，随着陶瓷相的加入，复合材料的耐磨性能有所提升，与金属基体相比呈现先提高后降低的规律。TiAl/陶瓷相的耐磨性能较其他体系更加优异，合金性能优异性依次是 TiAl＞NiAl＞NiCr＞CuAl。增强相对耐磨性作用大小是 $BN＞Cr_2O_3＞SiC$，BN 的加入使得 NiCr 和 CuAl 的耐磨性能提升 1.5～2 倍。

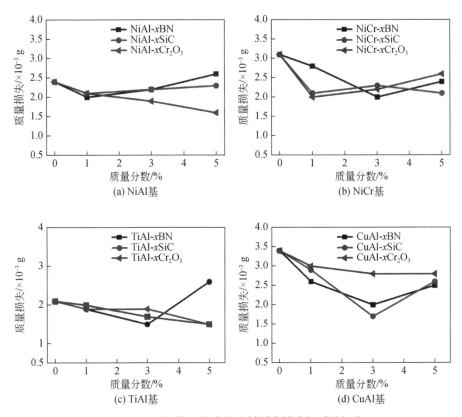

图 3.9　不同金属基/陶瓷复合材料摩擦磨损质量损失

图 3.10(a)和(b)分别为 NiAl/5BN 和 NiAl/5SiC 复合材料摩擦磨损后表面形貌。可以看出，经过摩擦试验后，BN 与基体形成良好结合面，组织致密，材料本身硬度高；SiC 与基体结合一般，摩擦过程中容易造成脱落，加速磨损，增加材料表面质量损失。

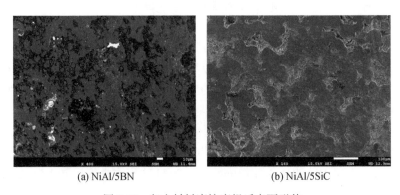

(a) NiAl/5BN　　　　　　　　　　(b) NiAl/5SiC

图 3.10　复合材料摩擦磨损后表面形貌

基于许多关键件高温服役环境（如热轧卷筒等），进一步对复合材料进行高通量高温氧化性能测试。图 3.11 为复合粉体材料（NiAl、NiCr 和 TiAl 基）经过 800℃ 不同氧化时间后的宏观形貌图。从图中可以看出，NiAl/5Cr$_2$O$_3$ 和 NiCr/5BN 高温氧化程度最小；而 CuAl 基复合材料在 800℃ 下氧化极其严重，未在图中显示。

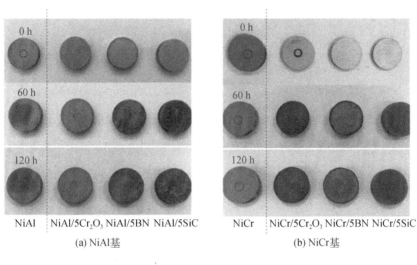

(a) NiAl基　　　　　　　　(b) NiCr基

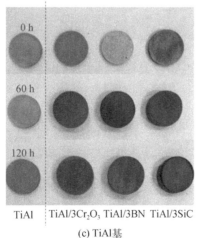

(c) TiAl基

图 3.11　复合粉体材料经过 800℃ 不同氧化时间后的宏观形貌图

图 3.12(a)~(c) 是复合粉体材料（NiAl、NiCr 和 TiAl 基）经过 800℃ 不同氧化时间后氧化质量增重曲线变化图。从图中可以看出，氧化增重先快速增大后趋于平衡，经计算拟合 [图 3.12(d)~(f)]，NiAl、NiCr 基氧化增重较好地符合抛物线规律。此外还可以看出，NiAl 基在 800℃ 抗氧化性能最好，其次是 NiCr 基，TiAl

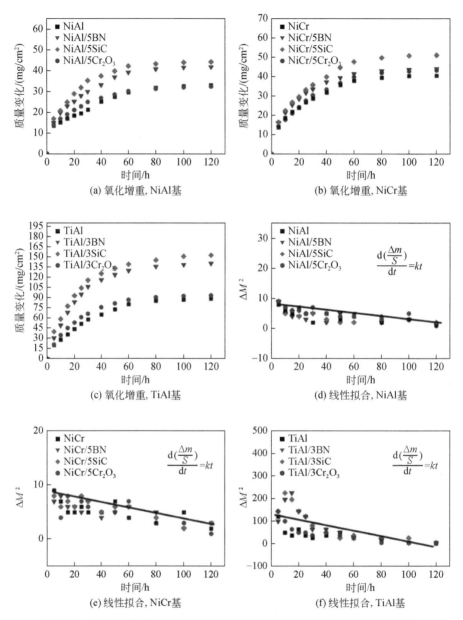

图 3.12　复合粉体材料经过 800℃不同氧化时间后的氧化增重及线性模拟

基在 800℃、120 h 氧化失重较多。陶瓷相增加会降低材料的抗氧化性能，BN 和 SiC 降低了复材的抗高温氧化性能，但 Cr$_2$O$_3$ 影响较小。

从图 3.12 可以看出，NiCr 基复合材料高温氧化性能明显优于 TiAl 基复合材料，其原理分析如图 3.13 所示。如图 3.13(a)所示，对于 NiCr 基复合材料，一方

面 Cr_2O_3 与 NiO 的存在提高抗氧化性；另一方面表面形成氧化层。XRD 结果显示氧化层含有的 $NiCr_2O_4$ 相的形成对向外迁移的金属离子可以起到较好的阻挡作用。相比之下，如图 3.13(b)所示，对于 TiAl/陶瓷基复合材料，Ti 极易氧化形成疏松氧化产物，进一步脱落造成缺陷的增加。XRD 结果分析显示表面氧化产物主要为疏松的 TiO_2 和少量 Al_2O_3。

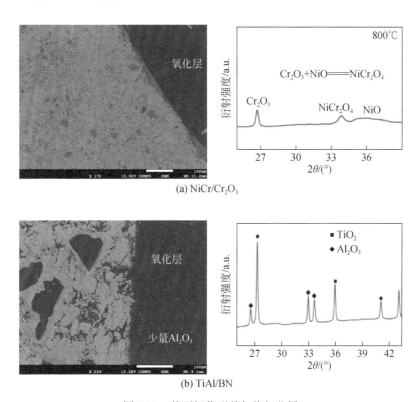

(a) $NiCr/Cr_2O_3$

(b) TiAl/BN

图 3.13　截面氧化形貌与物相分析

基于许多关键件腐蚀服役环境，进一步对复合材料进行高通量盐雾腐蚀性能测试（参照 GB/T 10125—2021 中"中性盐雾（NSS）试验"）。图 3.14 为不同复合材料在质量分数为 3.5% 的 NaCl 溶液中进行不同时间段盐雾腐蚀后的表面宏观形貌。从图中可以看出，盐雾腐蚀前后宏观形貌变化为 NiAl、TiAl 基表面腐蚀产物较少。根据宏观形貌初步判断，SiC、Cr_2O_3 的加入可能会加重腐蚀。

图 3.15 为不同复合材料随着盐雾时间延长的质量损失变化图。其中，质量损失 r 可以由公式（3.17）求得

$$r = \left(W_1 - W_2\right) / S \tag{3.17}$$

式中，r 是单位面积质量的减少量，单位为 g/m^2；W_1 和 W_2 分别为试样腐蚀前后

的质量，单位为 g；S 是试样的表面积，单位为 m^2。

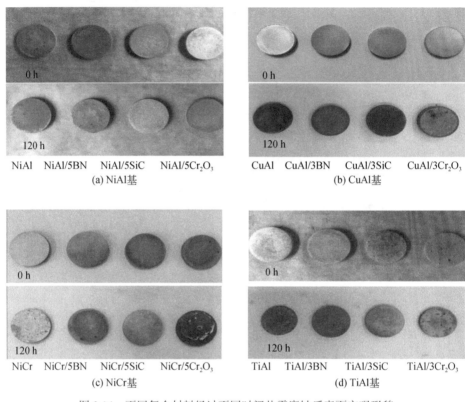

图 3.14　不同复合材料经过不同时间盐雾腐蚀后表面宏观形貌

从图 3.15 可以看出，金属基/陶瓷基复合材料中，NiAl、TiAl、CuAl 基在 120 h 盐雾腐蚀下质量损失要少于 NiCr 基材料。而陶瓷增强相的加入会降低复材的耐蚀

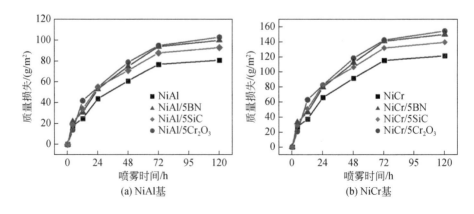

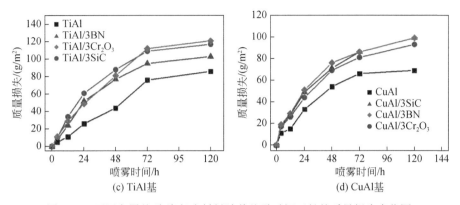

图 3.15　不同金属基/陶瓷复合材料随着盐雾时间延长的质量损失变化图

性，Cr_2O_3、BN 等惰性颗粒对复合材料腐蚀性能的影响要低于 SiC 导电材料的影响。

图 3.16 为不同金属基/陶瓷增强相的极化曲线。从图中比较看出，CuAl、TiAl

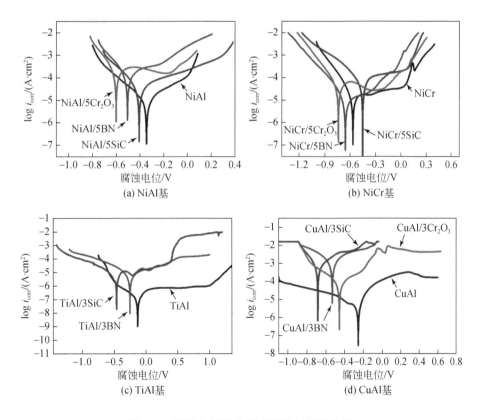

图 3.16　不同金属基/陶瓷增强相的极化曲线

基复合材料的腐蚀电位要比 NiAl 和 NiCr 基高；而 TiAl 和 NiCr 基复合材料具有较强的钝化能力。所有的金属基体加入陶瓷相后，腐蚀电位会降低，电流密度增大。这可能是由于加入陶瓷相后形成了气孔，增大了腐蚀面积所致；此外，也有可能是形成了腐蚀电位，下述进行进一步分析。

对复合材料内部腐蚀形貌进行分析，其结果如图 3.17 所示。图 3.17(a)和(b)分别为 NiAl/BN 和 NiCr/SiC 腐蚀后形貌图，(c)为两者腐蚀后的 XRD 图。综合以上分析得知，NiAl 基复合材料自腐蚀电位高，而 NiCr 基复合材料自腐蚀电位相对较低。从图 3.17 中可以看出，NiCr 复材表面 SiC 颗粒处仍然析出了 NaCl 晶体，表明 SiC 颗粒与基体中容纳了大量的 NaCl，而且这些腐蚀介质极难去除掉。这些结果说明 NiCr/SiC 的基体与增强相界面之间可能发生了腐蚀。为了进行下一步研究，我们继续对腐蚀样品进行了组织观察。

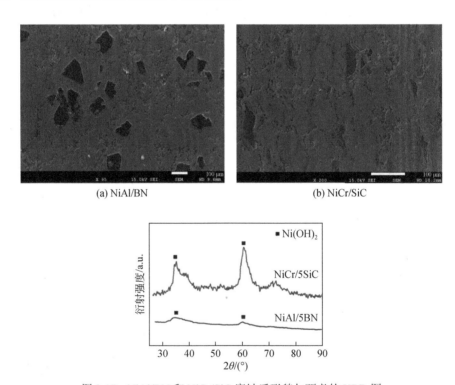

(a) NiAl/BN

(b) NiCr/SiC

图 3.17　NiAl/BN 和 NiCr/SiC 腐蚀后形貌与两者的 XRD 图

为了进一步验证我们的推断，图 3.18 为 NiCr/SiC 腐蚀后形貌及能谱分析。从图中可以看出，NiCr 与 SiC 发生电偶腐蚀，在两者界面处存在腐蚀掉的 NiCr 基体。此外，图 3.18（b）的能谱结果显示金属基/SiC 陶瓷基连接区域形成金属腐蚀氧化物。因此，为了避免层间的电偶腐蚀，一方面要提高基体的耐腐蚀性能,尽量避免腐蚀介质渗入内部;另一方面,应当考虑基体与增强相的匹配性,尽量使二者的腐蚀电位接近,减小电偶腐蚀驱动力。综合以上分析可得出如下结论:对于耐腐蚀性能,合金性能优异性依次是 CuAl>TiAl>NiAl>NiCr,陶瓷增强相的加入会降低复材的耐蚀性,其中 SiC 的加入使得复材耐蚀性下降最严重。

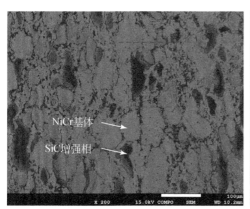
(a) 腐蚀后形貌

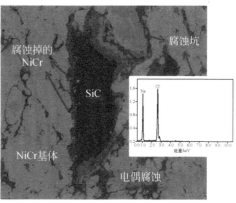
(b) 放大图及能谱分析图

图 3.18　NiCr/SiC 腐蚀后形貌及能谱分析

3.4.3　面向关键件服役要求的再制造专用材料筛选

通过针对海洋钻采等高端装备关键件的复杂及严苛服役环境进行现场综合评定和分析可知,由于艉轴在海水中工作的环境复杂,在重载输出条件下,艉轴失效形式主要包括腐蚀、疲劳断裂、磨损等;由于大型板带轧机主传动万向轴和热轧卷筒服役环境复杂,其失效形式主要包括磨损、点蚀、锈蚀等;再制造掘进装备盾构机刀盘和主轴承恶劣的服役环境,其失效形式主要包括表面剥落、磨损、压溃等;重型装备海洋钻井滚筒与天车滑轮严苛处于重载、高盐、高湿度、交变应力等的服役环境下,其失效形式主要包括表面磨损、腐蚀、氧化等。因此,大多数材料的失效主要是混合失效模式,而非单一失效。针对重型装备关键件的服役环境复杂,其失效模式有很多不同之处,但存在很多共同点,即都处于重载的环境之下。针对不同材料所处的不同环境和失效形式,对不同复合材料的耐磨损、抗氧化、耐腐蚀等性能进行了综合评定与分析,如图 3.19 所示,从而为关键件修复所需材料提供依据。

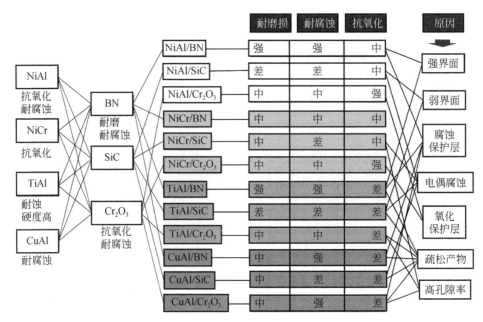

图 3.19　金属基/陶瓷相复材性能综合评定分析与材料筛选

3.5　再制造专用材料的发展趋势

1）组成高纯化

各类再制造专用材料随着应用变化对涂层性能需求的提高，杂质含量高的材料难于满足要求，因此向低杂质含量、高纯化发展。一般强化类材料要求纯度大于99%以上，而耐高温材料要求纯度大于99.9%以上。

2）尺寸超微与纳米化

采用纳米材料制备新型再制造材料或添加纳米材料对再制造材料进行改性日益受到关注。纳米材料的使用，有助于使涂层的组织结构细化、均匀化，从而获得更高的涂层性能。

3）性能复合化与高端化

随着服役要求的不断提高，单一组分材料很难满足严苛环境下多种防护功能需求。因此粉体组分向多组元复合化发展，而合金粉末也趋向多元素合金化方向。通过材料的复合、结构的调控，赋予了粉体材料越来越强的服役性能。

4）超高温涂层材料

随着航空发动机、超高声速飞行器的发展，迫切要求材料对发动机部件提供高温热防护，这要求再制造材料具有适合的比重，以及在超高温条件下（>2200℃）具有优异的强度、隔热、抗氧化、耐冲击性能。高温热障、环境障涂层及超高温抗氧化涂层是最新的研究热点。

5）功能多元化

传统的再制造材料主要是耐磨、耐腐蚀和抗氧化涂层，随着科技的发展，再制造在生物、锂电、燃料电池等领域逐渐崭露头角。

6）用途专业化、系列化

再制造材料的不断发展，为应用提供了越来越多的选择，也使材料本身进一步走向专业化、系列化。要求粉体材料具有更好的性能、更大的经济效益和更可靠的质量保障。

参 考 文 献

[1] 彭琳, 谭琦, 刘磊, 等. 球形粉体制备技术研究进展. 中国粉体技术, 2024, 30(3): 12-27.

第 4 章

废旧重型装备高值关键件绿色激光清洗技术

4.1　严苛环境下典型厚污染物的绿色表面清洗机理

基于激光能量的热传导特点，借助理论与试验相结合的方式，开展了基于污染物热力学特点的物理去除机制研究，提出了烧蚀去除机理和热应力去除机理为激光清洗表面污染物的主要机理[1, 2]。激光清洗初期主要为烧蚀去除机理（有机物和大部分锈蚀氧化物）；当 Fe_3O_4 剩余厚度较薄时，大部分能量作用于基体表面，产生膨胀位移，进而产生热应力，此时，热应力去除机理占主要作用地位。

4.1.1　激光清洗的物理去除模型

矿工装备构件结构复杂，如多沟槽、方形槽等结构；单个构件尺寸较大，且工件污染多为厚污染物，成分复杂。因此，在开展污染物去除机理分析前，首先以矿工机械表面污染物的理化性质为例进行分析，从而建立激光清洗的物理去除模型。

1. 表面污染物形貌分析

铁基材料置于潮湿等恶劣环境下会发生腐蚀过程，生成锈蚀氧化物，其实质是 Fe 在不同价位之间的转变。初始阶段，Fe 与空气中的 H_2O 发生电化学反应生成 Fe^{2+} 和 OH^- 离子，Fe^{2+} 进一步被空气中的 O_2 氧化，变为 Fe^{3+}，Fe^{3+} 与 OH^- 离子结合生成 $Fe(OH)_3$（凝聚体）；随着反应的进行，$Fe(OH)_3$ 会发生脱水现象，生成 α-FeOOH（黄色）和 γ-FeOOH（红棕色）。γ-FeOOH 为常见的锈蚀成分，但稳定性较差，易转变为 α-FeOOH。α-FeOOH 是一种较为致密的结构，形成初步的保护膜作用，阻止反应的继续进行。但 α-FeOOH 会进一步发生脱水反应，生成锈蚀氧化物的主要成分 α-Fe_2O_3（黑色颗粒物），虽然 α-Fe_2O_3 的致密性良好，但脱水的过程导致该结构形成缝隙和缺口，O_2 和 H_2O 的渗入，导致新一轮的腐蚀过程。钢铁腐蚀氧化物的主要反应方程如式（4.1）所示。

$$4Fe+3O_2+2nH_2O{=\!\!=\!\!=}2Fe_2O_3 \cdot nH_2O \tag{4.1}$$

图 4.1 为锈蚀层的微观形貌及不同位置与尺度下锈蚀物，可以看出，其致密性和均一性较差，同时成分较为复杂。锈蚀氧化物的主要成分为 FeOOH、$Fe_2O_3 \cdot nH_2O$ 以及 Fe_3O_4 和 FeO 的混合物，呈现表层疏松多孔、底层结构较为致密的形态。

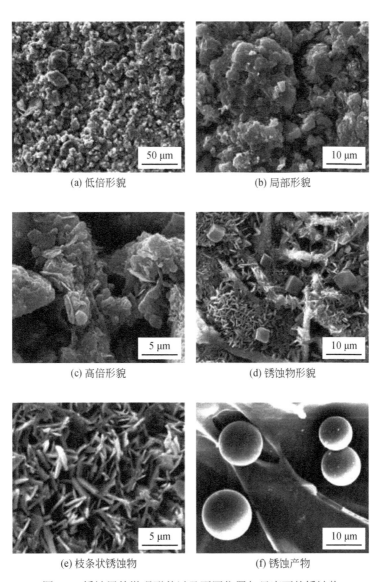

(a) 低倍形貌   (b) 局部形貌

(c) 高倍形貌   (d) 锈蚀物形貌

(e) 枝条状锈蚀物   (f) 锈蚀产物

图 4.1 锈蚀层的微观形貌以及不同位置与尺度下的锈蚀物

2. 表面污染物成分分析

由于矿工机械工作环境多样，所以其表面污染物成分较为复杂，采用能谱分析仪（EDS）测定待清洗样件表面主要的化学元素，测试样件表面形貌及主要化学元素组成如图 4.2 及表 4.1 所示。从图 4.2 和表 4.1 可知，其主要成分为锈蚀氧化物。同时受工作环境影响，其表面会存在少量有机成分和矿物质，即 C、Mg、Al、Si、Ca、Mn 等元素。

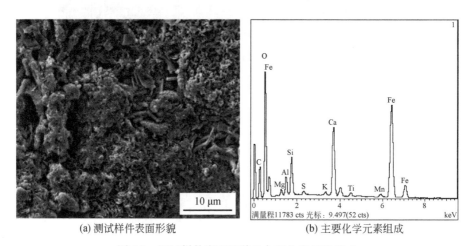

(a) 测试样件表面形貌   (b) 主要化学元素组成

图 4.2 测试样件表面形貌及主要化学元素组成

表 4.1 测试样件表面主要化学元素

元素	元素浓度/%	质量分数/%	原子分数/%
C	15.78	17.65	30.61
O	37.67	39.01	49.50
Mg	0.42	0.65	0.56
Al	1.24	1.57	1.21
Si	2.75	3.07	2.23
Ca	9.65	7.71	4.01
Mn	1.15	0.65	0.75
Fe	31.34	29.69	11.13

对表面污染物分别进行 X 射线衍射仪（XRD）分析和傅里叶变换红外光谱（FTIR）分析，其结果如图 4.3 所示，可以看出，污染物成分中除了锈蚀氧化物，还存在有机成分。图 4.4 为测试样件的剖面形貌图，可以看出，与金属基体黏结

层以及污染物表层均为铁氧化合物，中间夹层为有机成分，有机成分存在的主要原因和矿工机械工作的环境有关。考虑有机成分熔沸点较低，激光清洗过程中极易去除，因此，将有机成分去除后，对测试样件剖面的成分做进一步的分析。有机层去除后测试样件的剖面形貌，如图 4.5 所示。基体表层的不同污染物成分间存在明显的界限，即存在两层不同成分的氧化层。进一步采用 XRD 对各层的化合物相结构进行测定，测试角度为 0°～90°，测试速度为 4°/min。测试结果如图 4.6 所示。

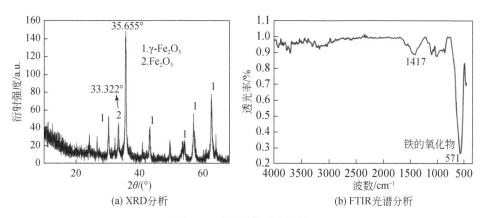

(a) XRD分析　　　　　　　　(b) FTIR光谱分析

图 4.3　表面污物成分分析

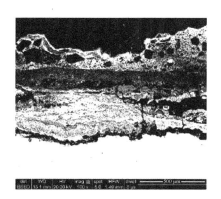

图 4.4　测试样件剖面形貌

由图 4.6 可知，矿工机械表面的锈蚀氧化物的主要成分为表层的 Fe_2O_3 层以及与基体黏结的 Fe_3O_4 层。此结果符合铁基材料表面锈蚀物的成分分布，存在外锈层和内锈层，即外锈层为稀疏的 Fe_2O_3，内锈层为 Fe_3O_4 与少量 FeO 的混合物。但工作状态的差异会导致氧化层的致密性等性质有所差异。

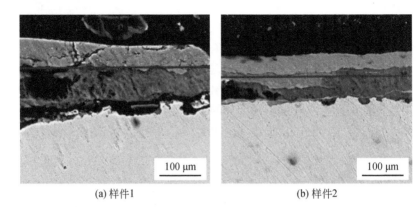

(a) 样件1　　　　　　　　　　　(b) 样件2

图 4.5　有机层去除后测试样件剖面形貌

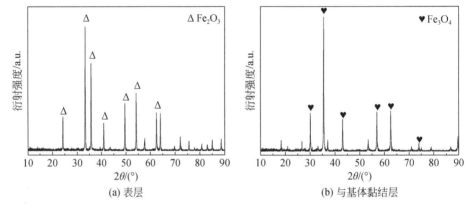

(a) 表层　　　　　　　　　　　(b) 与基体黏结层

图 4.6　各层化合物 XRD 测试结果

3. 激光吸收率的测定

1）测试方法

材料表面的锈蚀氧化层以及基体表面的光学吸收值（激光吸收率）是激光除锈过程中的重要参数，其高低决定了激光能量的有效转化率，激光吸收率越高意味着更多的激光能量作用于材料。对于同一种材料，其对不同波段光的吸收率不同；甚至固定波段下，同一材料的表面粗糙度、环境温度、表面涂层等条件的不同同样会导致激光吸收率存在一定差异。

目前，材料表面激光吸收率的测试方法包括积分球反射率测试法、集总参数法（饱和温度法）以及菲涅尔公式理论计算法等。积分球反射率测试法是利用反射率测量装置对各种材料的激光吸收率进行间接测量的方法；集总参数法是通过曲线拟合测试样件在自然条件下从饱和温度冷却下来的多个时间点温度的方法，因存在光热之间的转化，误差较大；菲涅尔公式理论计算法是利用变形后的菲涅尔公式得出优化后的吸收率计算式，如式（4.2）所示，计算结果与实际测试值存在一定差异。

$$A = 0.1457\sqrt{\frac{d}{\lambda}} + 0.09e^{-0.5\sqrt{\frac{\lambda - \frac{c}{N}}{d}}} + \frac{d}{N\lambda - 1\times10^{-6}} \qquad (4.2)$$

式中，A 为材料的吸收率；d 为材料的电阻率；λ 为入射波波长；N 为核外电子层数；c 为与材料固有频率有关的待定常数。

考虑测试结果的准确性，本书采用积分球反射率测试法，测试装置主要包括 PG200 光谱仪、白光光源、积分球、标准白板、待测样件以及计算机等，如图 4.7 所示。

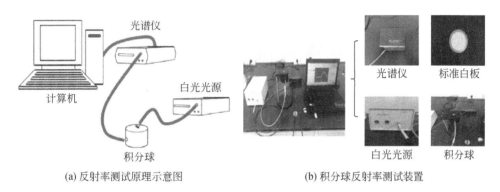

(a) 反射率测试原理示意图　　　　　　(b) 积分球反射率测试装置

图 4.7　积分球反射率测试法

测试原理与过程：将标准白板（全反射）和测试样件（部分反射）分别放在积分球的出口处，光束从积分球的入光孔进入。光源照射到标准白板和测试样件表面会发生反射，反射光在积分球内表面经过多次漫反射后非常均匀地散射在积分球的内部；然后光谱仪收集积分球内部的每个像素点的反射光强，并将信息传输至计算机进行积分处理，得出标准白板和测试样件表面随光的波长变化的反射率值（光强）曲线。最后，将标准白板 $I_{白}$ 和测试样件 $I_{污}$ 对应波段（1064 nm）的光强相减，得到的值与标准白板的光强值相比，比值大小即为材料对该波段激光的吸收率 A 大小，如式（4.3）所示。

$$A_i = \frac{I_{白} - I_{污}}{I_{白}} \times 100\% \qquad (4.3)$$

测试方法：基于矿工件锈蚀成分分析结果，需要对不同的氧化层分别进行激光吸收率的测量。表层 Fe_2O_3 氧化物直接放在积分球的出光孔处进行测量，而内层 Fe_3O_4 氧化物则通过控制激光清洗表层氧化物的去除厚度进行获取并测量，此方式相较于机械去除更符合实际情况。同时，为了保证测量结果的准确性，每组测试三次，取其平均值作为结果。

2）测试结果

（1）标准白板的反射光强数据测定。

选取 Morpho 软件对光强曲线进行处理，同时考虑激光清洗过程中激光波长为 1064 nm，因此，拟合 1064 nm 波长下的数值曲线。标准白板下的全波段及 1064 nm 波长段的光强曲线如图 4.8 所示。

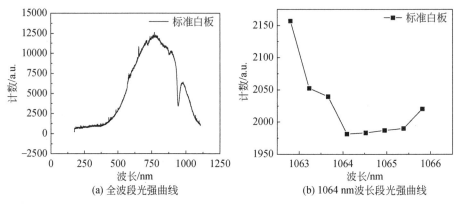

(a) 全波段光强曲线　　　　　　(b) 1064 nm 波长段光强曲线

图 4.8　标准白板下全波段及 1064 nm 波长段的光强曲线

（2）Fe_2O_3 层反射光强数值测定。

积分球反射率测试法下 Fe_2O_3 层的全波段及 1064 nm 波长段的光强曲线如图 4.9 所示。表 4.2 为表层氧化物 1064 nm 波长的反射光强值。

根据式（4.3），Fe_2O_3 层的激光吸收率 A_1 计算可得

$$A_1 = \frac{I_白 - I_{Fe_2O_3}}{I_白} \times 100\% = \frac{2026.425 - 838.908}{2026.425} \times 100\% = 58.6\%$$

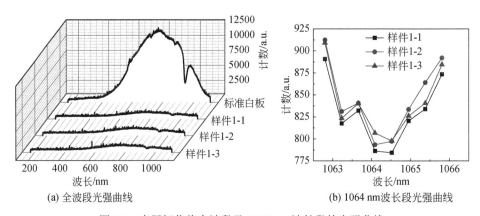

(a) 全波段光强曲线　　　　　　(b) 1064 nm 波长段光强曲线

图 4.9　表层氧化物全波段及 1064 nm 波长段的光强曲线

表 4.2 表层氧化物 1064 nm 波长的反射光强值

波长/nm	标准白板	样件 1-1	样件 1-2	样件 1-3
1062.80	2157.20	890.80	912.40	909.20
1063.23	2052.60	817.60	831.20	823.40
1063.66	2039.60	832.20	840.60	840.40
1064.09	1981.40	786.40	793.60	806.80
1064.52	1983.20	784.40	797.40	797.80
1064.95	1987.00	820.60	833.60	826.20
1065.38	1990.00	834.00	864.20	840.60
1065.81	2020.40	873.60	892.20	884.60

（3）Fe_3O_4 层反射光强数值测定。

积分球反射率测试法下 Fe_3O_4 层的全波段及 1064 nm 波长段的光强曲线如图 4.10 所示。表 4.3 为内层氧化物 1064 nm 波长的反射光强值。根据式（4.3），Fe_3O_4 层的激光吸收率 A_2 计算可得

$$A_2 = \frac{I_{白} - I_{Fe_3O_4}}{I_{白}} \times 100\% = \frac{2026.425 - 936.408}{2026.425} \times 100\% = 53.8\%$$

矿工机械基体材料主要为 Q345、Q235，其在 1064 nm 波长下的激光吸收率为 35.0%。因此，基于上述不同氧化层激光吸收率的测量，矿工机械样件可以视为三层模型（Fe_2O_3 层、Fe_3O_4 层以及铁基层），在 1064 nm 波长下，积分球反射率法测试的表层氧化物、内层氧化物以及基体层的激光吸收率分别为 58.6%、53.8%以及 35.0%。

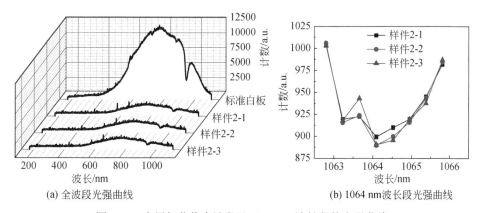

(a) 全波段光强曲线 (b) 1064 nm 波长段光强曲线

图 4.10 内层氧化物全波段及 1064 nm 波长段的光强曲线

表 4.3　内层氧化物 1064 nm 波长的反射光强值

波长/nm	标准白板	样件 2-1	样件 2-2	样件 2-3
1062.80	2157.20	1003.40	1006.00	1003.20
1063.23	2052.60	919.20	915.80	917.80
1063.66	2039.60	922.60	923.60	943.20
1064.09	1981.40	899.40	890.00	890.40
1064.52	1983.20	910.00	899.80	895.60
1064.95	1987.00	919.20	916.00	919.20
1065.38	1990.00	945.00	943.4	937.60
1065.81	2020.40	981.80	984.80	986.80

4. 物理去除模型的建立

基于上述对矿工机械表面污染物的成分组成等理化性质分析，建立了激光清洗分层模型，其示意图如图 4.11 所示。分层模型中，污染物表层以及与基体黏结层均为铁氧化物，中间层的主要成分为有机物。由于有机成分的熔沸点远小于锈蚀氧化物，激光清洗初期，有机层会率先分解气化，其所产生的气压会对表层氧化层的去除起促进作用，但反而将底层氧化物压实于基体表面，污染物与基体之间的结合力加大，从而去除难度增加。实际清洗过程中有机成分的含量较低且易于去除，后期试验和分析过程中仅考虑两层不同成分的氧化物层：Fe_2O_3、Fe_3O_4，建立的激光清洗的分层模型分为三层：两层不同性质氧化层（Fe_2O_3、Fe_3O_4）以及基体层（Fe）。分层模型的几何示意图如图 4.12 所示。

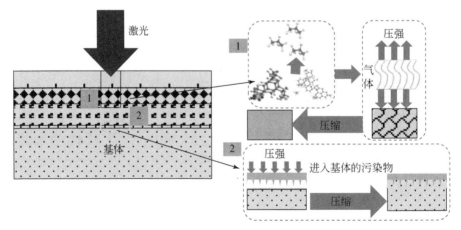

图 4.11　激光清洗的分层模型

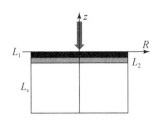

图 4.12　激光清洗的几何模型

为了描述激光能量在材料内部的热传导过程，进而分析清洗机理，做以下几点假设：

（1）光斑直径远小于模型的表面尺寸，仅考虑激光能量在 z 方向（深度）的传导；

（2）根据污染物性质分析，L_1、L_2、L_s 分别代表 Fe_2O_3、Fe_3O_4 和基体（Fe）层的厚度；

（3）$x\text{-}y$ 平面无限大且锈蚀氧化层和铁基体层两面绝缘；

（4）选用脉冲激光光源，忽略激光与材料作用过程的热对流和热辐射，仅考虑激光在材料中的热传导效应；

（5）z 方向（深度）服从吸收定律且各参数不随温度发生变化。

4.1.2　烧蚀去除机理

激光清洗时，极高的峰值功率密度加载到待清洗样件表面，会引起样件表层的温度值迅速升高至其自身熔点、沸点，从而导致污染物发生相变（熔化分解、气化去除等），同时污物因烧蚀效应而得到去除。

1. 烧蚀去除机理的理论分析

基于建立的矿工机械零部件清洗分层模型，激光清洗污染物的过程为逐层去除的过程。因此，可以分别对不同污染物（Fe_2O_3、Fe_3O_4）层单独分析温度分布情况。对于 Fe_2O_3 层及 Fe_3O_4 层而言，激光光源以能量密度形式加载到不同氧化物表面，遵循热传导公式，考虑污染物单次去除量较小，忽略吸收定律（朗伯-比尔定律）引起的热源在深度方向的分布。由一维热传导公式及相关边界条件即式（4.4）、式（4.5）、式（4.6）、式（4.7）可解出一维热传导公式中的二元函数 $T(z,t)$，如式（4.8）、式（4.9）所示。

$$\rho_i \cdot c_i \cdot \frac{\partial T(z,t)}{\partial t} = k_i \cdot \frac{\partial^2 T(z,t)}{\partial z^2} \qquad 0 \leqslant t \leqslant \tau \qquad (4.4)$$

式中，ρ_i 为各层材料的密度；c_i 为各层材料的比热容；k_i 为各层材料的热导系数；τ 为激光的脉冲宽度；$T(z,t)$ 为随空间和时间变化的温度函数。

$$-k_1 \cdot \frac{\partial T_1(z,t)}{\partial z}\bigg|Z = 0 = I_1 = A_1 \cdot I_0 \tag{4.5}$$

$$-k_2 \cdot \frac{\partial T_2(z,t)}{\partial z}\bigg|Z = 0 = I_2 = A_2 \cdot I_0 \tag{4.6}$$

$$\frac{\partial T_s(z,t)}{\partial z}\bigg|Z = -\left(L_1 + L_2 + L_s\right) = 0 \tag{4.7}$$

$$T_1(z,t) = \frac{2A_1 \cdot I_0}{k_1} \cdot \sqrt{a_t \cdot t} \cdot \mathrm{ierfc}\left(\frac{z}{2\sqrt{a_t \cdot t}}\right) \tag{4.8}$$

$$T_2(z,t) = \frac{2A_2 \cdot I_0}{k_2} \cdot \sqrt{a_t \cdot t} \cdot \mathrm{ierfc}\left(\frac{z}{2\sqrt{a_t \cdot t}}\right) \tag{4.9}$$

式中，$T_1(z,t)$、$T_2(z,t)$ 分别代表 Fe_2O_3、Fe_3O_4 层随时间、空间变化的二元函数；a_t 代表热扩散率，可以用材料的密度 ρ、比热容 c 以及热导率 k 表示，如式（4.10）所示；$\mathrm{ierfc}\left(\dfrac{z}{2\sqrt{a_t \cdot t}}\right)$ 为误差函数，其中 $\mathrm{ierfc}(z)$ 的函数表达如式（4.11）所示。

$$a_t = \frac{k}{\rho \cdot c} \tag{4.10}$$

$$\mathrm{ierfc}(z) = -z + z \cdot \mathrm{erf}(z) + \frac{1}{\sqrt{\pi}} \cdot e^{-z^2} \tag{4.11}$$

式中，$\mathrm{erf}(z)$ 为高斯误差函数，因选用的激光光源输出稳定，此项不予考虑，原式可简化为

$$T(z,t) = \frac{2A \cdot I_0}{k} \cdot \sqrt{a_t \cdot t} \cdot \left(-z + \frac{1}{\sqrt{\pi}} \cdot e^{-z^2}\right) \tag{4.12}$$

根据式（4.12）可以得出单个脉冲作用时间内温度的变化情况，对于锈蚀氧化物而言，表层的温度升高值最大，表层温升公式为

$$T(0,t) = \frac{2A \cdot I_0}{k} \cdot \frac{1}{\sqrt{\pi}} \cdot \sqrt{a_t t} \tag{4.13}$$

根据 Fe_2O_3、Fe_3O_4 层不同的热物性参数，可以得出各层随时间、空间变化的二元温度函数 $T(z,t)$。根据清洗阈值的判断条件，当 $T_{熔} \leqslant T(z,t) < T_{气}$ 时，氧化物会发生融化分解，同时因其结构的疏松性，导致部分激光直接作用于空隙中的空气，产生相爆炸过程，加速熔化分解物脱离基体；当 $T(z,t) \geqslant T_{气}$ 时，氧化物因达到自身汽化温度而产生汽化现象，从而达到去除效果。

为了解释氧化物清洗阈值与基体损伤阈值的界限，基于式（4.13），建立一维

表面温升模型，假设条件为：①激光能量纵向均匀分布；②锈蚀层氧化物组分均匀分布；③清洗过程中，基体（Q345）不产生相变；④材料的热物性参数不随温度发生改变；⑤激光功率保持恒定。

将式（4.13）进行整理和简化得

$$I_0 = \frac{T(0,t)}{b \cdot A} \quad \text{或} \quad T(0,t) = b \cdot A \cdot I_0 \tag{4.14}$$

$$b = \frac{2}{k} \cdot \sqrt{\frac{a_t \cdot t}{\pi}} \tag{4.15}$$

脉冲激光器的脉冲宽度一般取固定值，材料的各热物性参数为定值，此时，b 为常数。式（4.14）、式（4.15）简化为

$$I = \frac{T}{b \cdot A} \quad \text{或} \quad T = b \cdot A \cdot I \tag{4.16}$$

图 4.13 为激光峰值功率密度（I）与激光吸收率（A）的关系图。基于激光清洗要求，清洗过程中氧化层温升需要达到自身熔化温度或汽化温度，基体（Fe）温升低于自身熔点。假设一维表面温升模型中 T 仅与材料的激光吸收率 A 以及入射激光功率密度 I 有关，T_1、T_2 分别代表 Fe_2O_3、Fe_3O_4 层的熔点（气化点），T_s 代表基体（Fe）层的熔点，A_1、A_2、A_s 分别代表 Fe_2O_3、Fe_3O_4 和基体（Fe）层的激光吸收率，I_1、I_2、I_s 分别代表达到 T_1、T_2、T_s 所需要的入射激光功率密度。

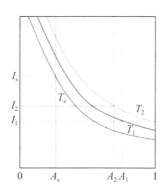

图 4.13 激光峰值功率密度与激光吸收率的关系图

考虑氧化物清洗阈值与基体损伤阈值的限制，Fe_2O_3 层的有效去除功率（$I_去$）需要大于等于 I_1，即 $I_去 \geqslant I_1$；Fe_3O_4 层的有效去除功率（$I_去$）需要大于等于 I_2，即 $I_去 \geqslant I_2$；结合基体损伤阈值下的最大激光入射功率 I_s，矿工机械零部件表面复杂氧化物的去除阈值（$I_去$）范围为：$I_1 \leqslant I_去 \leqslant I_s$。

综上所述，表层温升公式、一维表面温升模型对于解释激光烧蚀去除机理及实现氧化物的有效清洗具有一定意义。

2. 烧蚀去除机理的仿真研究

1）烧蚀去除机理仿真条件及原理

利用 Comsol Multiphysics 软件模拟激光清洗过程，并从温度场对清洗机理进行解释和说明。选用二维模型进行参数化定义，模型尺寸为 5 mm×1 mm 的铁基体、厚度为 100 μm 的 Fe_3O_4 层以及厚度为 100 μm 的 Fe_2O_3 层。各层材料形成联合体，且相邻材料之间为完全热传导，无能量损失。模型采用局部网格细化的划分模式，即模型表层激光直接作用区域网格较为密集，远离激光作用区域的网格为正常尺寸大小，如图 4.14 所示。仿真模型中所用到的铁基体、Fe_2O_3 以及 Fe_3O_4 层的热物理性能参数如表 4.4 所示。

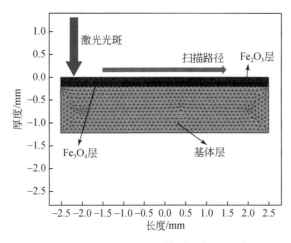

图 4.14　激光清洗的分层模型及有限元划分

表 4.4　基体上锈蚀氧化物的热物理性能参数

参数	Fe（Q345）	Fe_2O_3	Fe_3O_4
密度 ρ/(g/cm³)	7.86	5.24	5.18
比热容 c/[J/(kg·K)]	920	626	1350
热传导率 K/[W/(cm·K)]	0.52	0.04	0.02
热扩散率 α_d/(cm²/s)	0.072	0.012	0.003
熔化温度 $T_{熔}$/℃	1535	1565	1597
汽化温度 $T_{气}$/℃	2750	2700	3000
实际激光吸收率 A	0.350	0.586	0.538
弹性模量 E/(kN/mm²)	230	—	—
热膨胀系数 $l_{线}$/K⁻¹	$1.22×10^{-5}$	—	—

清洗过程中，激光以热流密度的形式施加于材料表面，其功率分布函数如式（4.17）所示：

$$I = \begin{cases} AP\left(f\tau\pi r^2\right)^{-1} \cdot \exp\left(-2 \cdot \dfrac{\left(x - v_x t\right)^2 - \left(y - v_y t\right)^2}{r^2}\right), (N-1)t_{\mathrm{p}} < t < (N-1)t_{\mathrm{p}} + \tau \\ 0, (N-1)t_{\mathrm{p}} + \tau < t < Nt_{\mathrm{p}} \end{cases}$$

$$(4.17)$$

式中，I 为激光的功率密度；v_x 为激光横向移动速度，即激光扫描速度；t_{p} 为脉冲激光的周期。

移动的周期性脉冲激光光源表达式由高斯光源函数和周期性函数共同组成，高斯光源模型如图 4.15 所示。激光脉冲宽度为 100 ns，作用周期为 100 μs（重复频率 10 kHz），占空比为 0.1%，如图 4.16 所示。

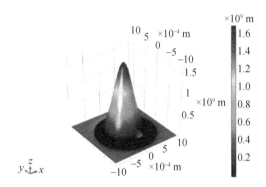

图 4.15　高斯光源模型

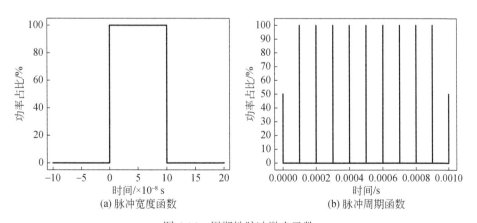

(a) 脉冲宽度函数　　　　　　　(b) 脉冲周期函数

图 4.16　周期性脉冲激光函数

2）激光峰值功率密度对温度场分布的影响

模拟过程中，设置光斑直径 D 为 0.5 mm，重复频率 f 为 10 kHz。激光的峰值功率密度 I_0 是体现激光载荷高低的主要形式，当脉冲宽度为固定值时，峰值功率密度的大小则取决于脉冲激光平均功率的大小。

激光以热流密度的形式施加于模型表面，施加的载荷大小为 $A \times I_0$，模型的最大温度值出现在模型表层位置，即氧化层表面。设置相邻光斑之间的搭接率为50%，不同峰值功率密度下氧化层的最高温度如图 4.17 所示。

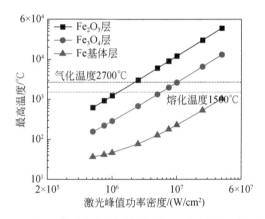

图 4.17　不同峰值功率密度下氧化层和基体层的最高温度曲线

可以看出，当相邻光斑之间的搭接率为 50% 时，随着峰值功率密度的增加，各层材料表面的最高温度逐渐增大。对于表层材料 Fe_2O_3 而言，激光直接作用于其表面，其温度最高，且随着材料厚度的增加，激光能量以指数倍数的衰减，Fe_3O_4 层的最高温度远小于 Fe_2O_3 层。Fe 基体远离激光作用区域，其最高温度变化较小，未超过自身的相变温度，因此，初始条件下激光能量不会对基材产生损伤。

由图 4.17 可知，当激光峰值功率密度小于 10^6 W/cm² 时，Fe_2O_3 层的最高温度为 1221.84℃，未达到其熔化温度（1500℃），材料表面无明显变化。随着峰值功率密度增加为 2.5×10^6 W/cm²，Fe_2O_3 层的最高温度增加至 3014.32℃，已经超过其熔化温度（1500℃）和汽化温度（2700℃），材料发生相变（熔化分解或者气化去除等），激光清洗显示去除效果。峰值功率密度增加至 5×10^7 W/cm² 时，表层材料的最高温度达到了 59776.16℃，此数值接近于理论计算值，证明模拟结果具有可信性。表层温度急剧上升的原因主要为 Fe_2O_3 层的热导率极低，脉冲激光能量作用时间为纳秒级别，短时间内能量聚集在锈蚀表层还未及时传导扩散，以至于温度瞬间上升至接近 6×10^4℃。

实际上，当激光能量使材料表面最高温度超过其自身熔化温度和汽化温度时，锈蚀层开始发生熔化分解和气化作用，如 Fe_2O_3 会发生分解，生成 O_2 和 Fe_3O_4，自身气化的同时，分解产物 O_2 也会带走部分氧化物。因此，当材料表面的最高温度超过其自身熔化或者汽化温度时，后续的温度上升没有任何实质意义。

3）扫描速度对温度场分布的影响

扫描速度的大小主要体现在相邻光斑之间的搭接率，扫描速度越大，光斑之间的搭接率越小。峰值功率密度为 2.5×10^6 W/cm² 时，不同扫描速度下氧化层和基体的最高温度变化曲线如图 4.18 所示。从图 4.18 可以看出，随着扫描速度的增加，各层材料表面的最高温度逐渐降低。如 Fe_2O_3 层，当扫描速度为 500 mm/s 时，其最高温度为 3150.97℃，且随着扫描速度增加至 2000 mm/s 时，其最高温度下降至 2764.09℃。这是由于随着扫描速度的增大，相邻光斑之间的搭接率降低，即同一区域激光能量的累积量减少，温升幅度降低。当扫描速度超过 1500 mm/s 时，由于光斑搭接率较低，Fe_3O_4 层和 Fe 基体层的最高温度基本保持恒定，变化范围极小。

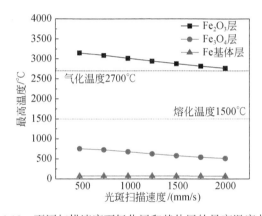

图 4.18　不同扫描速度下氧化层和基体层的最高温度曲线

基于建立的物理清洗模型，利用 Comsol Multiphysics 软件分别模拟了不同激光峰值功率密度和扫描速度下的材料表面的最高温度值。可以看出，两个参数都可以影响材料温度场的分布情况，温度值与峰值功率呈正相关关系，与扫描速度呈负相关关系。温度值体现材料的烧蚀特性，温度值越高，烧蚀现象越严重，烧蚀去除机理在清洗过程中占的比重越大。

3. 烧蚀去除机理的试验验证

激光清洗锈蚀氧化物的过程实际上是依靠光斑的往复移动，当氧化物层温度达到自身熔化或者汽化温度时，氧化层材料发生熔化分解、气化去除等效应，并实现逐层去除的过程[3,4]。

实际清洗过程中，当材料表面氧化物达到一定温度时，其表面会出现明显的烧蚀痕迹，即发生物相之间的转变：固体—液体—固体[5]。图 4.19 为实际激光清洗过程中材料表面微观形貌图，可以看出，该机理在清洗过程中起主要作用。

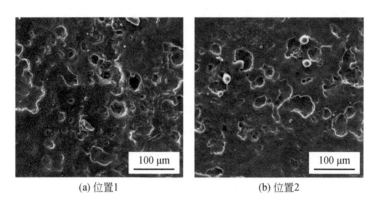

(a) 位置1　　　　　　　　　　　(b) 位置2

图 4.19　实际激光清洗过程中材料表面微观形貌图

4.1.3　热应力去除机理

当 Fe_3O_4 层剩余厚度较小时，除去氧化物反射与吸收的激光能量，大部分能量通过透射加载到基体（Fe）表面。此时，主要清洗机理发生变化，由烧蚀去除机理转变为热应力振动去除机理。

1. 理论分析

对于 Fe 基体和锈蚀氧化物，其线性膨胀系数差异较大。因此，可以将氧化层视为刚体，即污染物的去除主要依靠基体材料受热产生的热膨胀应力。假设基体的原始厚度为 L_s，受热产生的位移变化量为 l_s，根据形变公式，位移变化量 l_s 可表示为

$$l_s = \gamma_s \int_0^{L_s} [T(z,t) - T_0]\, \mathrm{d}z \qquad (4.18)$$

式中，γ_s 为基体材料的线性膨胀系数；$T(z,t)$ 为随时间、空间变化的温度函数；T_0 为起始环境温度，293 K。

基体材料受热产生的总位移变化量为 l_s，由式（4.18）可知，材料表层温度最高，位移变化量最大，假设其大小为 l_m。锈蚀层区别于油漆层，漆层与基体在界面处的结合强度（结合力）可以通过划痕试验机和拉脱试验进行直接测定，然后比较界面处的应力值与结合力大小即可，去除条件表示为

$$\sigma = E\varepsilon = E\frac{l_{\mathrm{s}}}{L_{\mathrm{s}}} \geqslant f_{\text{黏}} \qquad (4.19)$$

式中，σ 为界面处的应力大小；E 为基体材料的弹性模量；$f_{\text{黏}}$ 为界面处的结合力大小。

对于锈蚀氧化层而言，其多以细小颗粒物组成，界面处的结合力大小难以采用试验设备进行直接测量。研究表明，颗粒物与基体的结合力包括范德瓦耳斯力、毛细作用力及静电力等，其中范德瓦耳斯力起主要作用且远大于其他作用力。因此，底层氧化物去除条件改变为颗粒物因基体受热膨胀位移受到的向上作用力应大于界面处的结合力（范德瓦耳斯力）。图 4.20 为去除条件判断示意图。

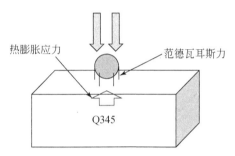

图 4.20　去除条件判断示意图

假设锈蚀颗粒物直径为 d，颗粒物密度取基体（Fe）密度值 ρ_{s}，单脉冲宽度 τ 作用范围内，因基体热膨胀导致颗粒物受到的向上作用力 $F_{\text{应}}$ 表示为

$$F_{\text{应}} = m_{\text{颗}}a = \rho_{\mathrm{s}}\frac{4}{3}\pi\left(\frac{d}{2}\right)^3\frac{\mathrm{d}^2 l}{\mathrm{d}t^2} = \rho_{\mathrm{s}}\frac{4}{3}\pi\left(\frac{d}{2}\right)^3\frac{2l_{\mathrm{m}}}{\tau^2} \qquad (4.20)$$

整理得

$$F_{\text{应}} = \frac{\rho_{\mathrm{s}}\pi l_{\mathrm{m}}d^3}{3\tau^2} \qquad (4.21)$$

锈蚀颗粒物与基体（Fe）间的结合力 $f_{\text{范}}$ 表示为

$$f_{\text{范}} = \frac{hd}{16\pi Z_{\text{距}}^2} + \frac{hr_{\text{触}}^2}{8\pi Z_{\text{距}}^3} \qquad (4.22)$$

$$r_{\text{触}} = \frac{3hd}{64E} \approx 0.5\%d \qquad (4.23)$$

式中，h 为范德瓦耳斯常数；d 为锈蚀颗粒物的直径；$Z_{\text{距}}$ 为颗粒物与基体（Fe）原子间的距离；$r_{\text{触}}$ 为颗粒物与基体间接触面的半径。式（4.22）中，第一项为球形颗粒物与基体表面点接触产生的范德瓦耳斯力，第二项为颗粒物与基体因接触变形而产生的附加力。

当温升在氧化物与基体间产生的去除力 $F_应$ 大于界面间的结合力 $f_范$ 时，则认为激光清洗过程中的热应力振动效应有能力去除基体表面的锈蚀氧化物。

综上所述，热应力振动去除机理作用过程为温升引起基体表层位移（热膨胀），进而在界面处生成向上的作用力，当作用力大于污物与基体间的结合力时，则能够有效去除表层污物。

2. 试验验证

平行轴系的振动信号模型比较简单，不涉及行星架旋转造成的振动信号调幅作用。结合平行轮系的时变啮合频率与四个齿轮的故障特征频率，可建立随机风速工况下的中速级和高速级平行轴系振动信号模型。

图 4.21 为厚度层较薄时的微观形貌图，可以看出，实际清洗过程中发现，当剩余氧化层厚度较薄时，表面氧化层会出现较多裂纹。这是由于更多的激光能量透过氧化层作用于基体表面，基体的线性膨胀系数远大于氧化层，温度变化引起其发生较大的热膨胀，从而使基体和氧化层的界面处存在热应力，导致氧化层产生较多的裂纹。

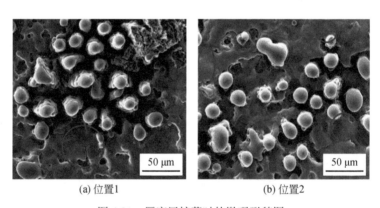

(a) 位置1　　　　　　　　　　(b) 位置2

图 4.21　厚度层较薄时的微观形貌图

为了计算应力值的大小，采用如图 4.22 所示的 NDT Xstress 3000 型应力分析仪对样件清洗前后的残余应力进行测量。表 4.5 为表层氧化物 1064 nm 波长的反射光强值。

激光清洗过程中氧化层会发生熔化、分解、冲击破碎等效应，此时将锈蚀层视为锈蚀颗粒物，颗粒物与基体层间的结合力主要为范德瓦耳斯力，其大小如式（4.22）所示。假设颗粒物直径 d 为 20 μm，$h = 8.9 \times 10^{-20}$ J，$Z \approx 4 \times 10^{-10}$ m，$r = 0.5\%d = 10^{-7}$ m，计算可得颗粒物与基体间的范德瓦耳斯力大约为 7.73×10^{-7} N。从表 4.5 可以看出，清洗过后基体表面的残余应力相差不大，最小值约为 109.8 MPa。

残余应力即热应力引起的界面处的去除力大小为 $F=P \cdot S \approx 3.45 \times 10^{-6} \, \text{N}$，考虑清洗过程中实时热应力要大于清洗后的残余应力，因此，热应力对锈蚀氧化物的去除起主要作用。

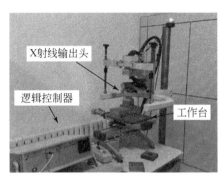

图 4.22　NDT Xstress 3000 型应力分析仪

表 4.5　表层氧化物 1064 nm 波长的反射光强值

峰值功率密度 /($\times 10^6 \text{W/cm}^2$)	扫描速度 /(mm/s)	应力/MPa	FWHM/(°)
2.5	1000	127.2±3.4	2.190±0.019
2.5	2000	109.8±4.0	2.220±0.030
3.0	1000	131.9±2.8	2.153±0.024
3.0	2000	127.8±4.2	2.190±0.026
3.5	1000	161.5±5.7	2.177±0.018
3.5	2000	141.3±10.3	2.235±0.021
对照组	对照组	49.0±17.2	1.975±0.023

通过上述分析和研究，得出如下结论：

（1）选用矿工机械零部件，采用扫描电子显微镜（SEM）、能谱分析仪（EDS）以及 X 射线衍射仪（XRD）等测试设备分别对其表面污染物的形貌、元素含量以及成分等进行了分析，污染物的主要成分包括 Fe_2O_3、Fe_3O_4 以及少量的有机成分。同时，基于污染物的性质分析，建立了激光清洗的分层模型。

（2）采用积分球反射率测试法对不同氧化层及基体材料的激光吸收率进行了测试，间接测出了表层氧化物（Fe_2O_3）、内层氧化物（Fe_3O_4）以及基体层的激光吸收率分别为 58.6%、53.8% 以及 35.0%。

（3）利用 Comsol Multiphysics 软件，结合污染物的相变温度，探究了激光峰值功率密度和扫描速度对模型温度场分布的影响规律。当污染物吸收激光能量后的温度高于自身熔点、沸点时，烧蚀去除机理在污染物去除中起主要作用，即污染物通过熔化分解、气化效应等过程得到了去除。

（4）基于激光能量的热传导特点，借助理论与试验相结合的方式，提出了烧蚀去除机理和热应力去除机理为激光清洗矿工机械表面污染物的主要机理。激光清洗初期主要为烧蚀去除机理（有机物和大部分锈蚀氧化物）；当 Fe_3O_4 剩余厚度较薄时，大部分能量作用于基体表面，产生膨胀位移，进而产生热应力，此时，热应力去除机理占主要作用地位。

4.2　自动化绿色激光清洗平台及控制搭建

已利用现有的废旧机床、电机和联轴器等部件来搭建清洗平台。图 4.23 为选用的废旧机床。

图 4.23　选用的废旧机床

4.2.1　大型冶金轴件激光清洗装备

自动激光清洗装备主要由视觉检测装置、激光清洗装置、相应的驱动装置与配套的传动机构系统等组成，其整体装备示意图如图 4.24 所示。

在激光清洗装备的设计当中，大多数装置是利用废旧传动零部件、废旧大型机床等废旧装备加工改造而成。其中以该激光清洗装备的驱动装置为例，整个装置是使用废旧冶金设备中的部件改造装配而成，既可实现所需的驱动作用，也能满足清洗场合低速重载的工况要求；激光清洗装置是安装在废旧机床的原刀架位置，为清洗装备提供清洗机位；清洗装备传动系统则是使用原废旧机床的丝杆传动机构，能自由调控并实现多自由度的运动进给。由于废旧大型冶金高值关键件多是应用于轧制、卷取等严苛工作场合，机械强度大，废旧或失效的设备经加工改造后不再需要进行强度设计计算与力学仿真就可满足使用要求；另一方面，使用废旧零部件能大幅度降低设备的研发成本，增强设备的互换性，便于更换设备的零件，降低后期维修与维护的成本，对实现固废资源化理念有重要意义[6]。

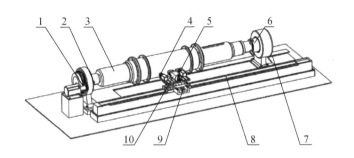

图 4.24　整体装备示意图

1. 驱动系统；2. 1 号卡盘；3. 大型冶金轴；4. 1 号相机；5. 2 号相机；6. 2 号卡盘；7. 滑轨；8. 1 号丝杆电机传动
机构；9. 2 号丝杆电机传动机构；10. 激光清洗机

　　清洗装备的驱动装置主要由废旧电机、废旧鼓形齿式联轴器与废旧轴承等组成，主要思路是通过废旧电机与废旧鼓形齿式联轴器的外齿轴套之间的配合应用从而制成简易的单级减速机，使用旧的卡盘执行相应的夹紧动作，其驱动装置示意图如图 4.25 所示。电机 1 将扭矩通过电机前端转轴传递给鼓形齿式联轴器的外齿轴套 2，从而带动联轴器外齿轴套转动，而联轴器内部与卡盘相连接，卡盘可起到固定轴端并执行周转运动的功能，以上三者通过轴承 3 安装在支座上。

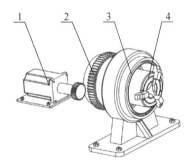

图 4.25　驱动装置示意图

1. 电机；2. 鼓形齿式联轴器；3. 轴承；4. 卡盘

　　其中，废旧鼓形齿式联轴器的结构如图 4.26 所示，鼓形齿式联轴器从结构上来看是对称的，联轴器最端端是两个外齿轴套，可通过键连接的方式压装到其他装置的轴头上，起到连接两装置的作用。而且比起其他类型的联轴器，鼓形齿式联轴器的载荷能力与传动效率要更高，在耐久、扭矩传递、吸收连接误差等方面

有着十分优越的性能，其良好的刚性与挠性可适用于对减震与缓冲要求不严格的
机械设备中，在本装置中所使用的就是废旧鼓形齿式联轴器的一个外齿轴套。

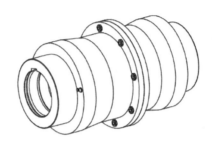

图 4.26　鼓形齿式联轴器

除去现有旧装置，清洗装备所新增的装置包括视觉检测装置[7]与激光清洗装
置。其中，视觉检测装置所涉及的检测动作主要分为两大步，第一步是激光清洗
前的轴体表面污染类型自动判定检测与获取轴体表面深度信息，第二步是清洗后
的轴体表面清洗质量的实时监测；激光清洗装置负责完成相应的清洗动作，两装
置皆由清洗平台下的丝杆电机传动机构所控制完成。图 4.27 为视觉检测装置与清
洗装置示意图。

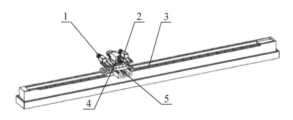

图 4.27　视觉检测装置与清洗装置示意图

1. 1 号深度相机；2. 2 号深度相机；3. 1 号丝杆电机传动机构；4. 激光清洗机；5. 2 号丝杆电机传动机构

视觉检测装置与清洗装置由深度相机、激光清洗机、丝杆电机传动机构、直
线滑轨、滑块等组成。传动装置由与待清洗轴体轴线方向一致的 1 号丝杆传动机
构和垂直于待清洗轴体轴线方向的 2 号丝杆传动机构组成，分别负责控制轴向与
径向两个方向上的运动进给，调节并把控清洗距离，使清洗装置能自适应于待清
洗轴体的不同阶梯轴段的径向尺寸，从而达到最佳清洗效果。其中滚珠丝杆作为
主动体，利用丝杆和螺母组成的螺旋副实现传动，工作原理是将螺母随着丝杆旋
转时转过的角度按照相应规格转化为直线运动，同时带动滑块组件上的 1 号深度
相机、2 号深度相机和激光清洗机在工作区内进行往复直线运动，完成实时检测
与修复。丝杆电机传动机构具有许多优良的性能，相比其他传动机构而言要更加

省电，扭矩与推力的高效转化使其传动效率高达 98%，传动灵敏且平稳，定位精度高与同步性能好。

图 4.28 为相机与周围环境的热量交换示意图。在没有隔热冷却装置时，相机直接暴露在环境温度下工作，如图 4.28（a）所示。此时相机本身产生的热量通过与周围环境的热量交换，最终其本身的温度会达到一个平衡点。当环境温度高于 50℃时，平衡点所对应的温度过高，会造成相机性能严重下降甚至烧毁[8]。

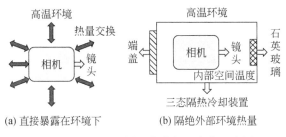

(a) 直接暴露在环境下 (b) 隔绝外部环境热量

图 4.28 相机与周围环境的热量交换示意图

高温环境下相机的冷却首先要隔绝外部环境的热量，通过端盖开合将相机放入三态隔热冷却装置内部，隔绝外界高温环境的热量，其效果示意图如图 4.28（b）所示。因此，本研究设计了一套符合图 4.28（b）示意图的三态隔热冷却装置。图 4.29 为带有支架的三态隔热冷却装置外观图。该装置的外观呈圆筒形，其内部结构呈对称形式。

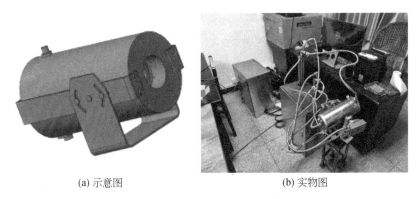

(a) 示意图 (b) 实物图

图 4.29 带有支架的三态隔热冷却装置外观图

图 4.30 为三态隔热冷却装置中隔热冷却结构的半剖示意图。其主要特点有：①按照先阻滞热量传递再进行冷却降温的思路，装置由外到内依次是隔热材料层、水冷却层、空气冷却层。首先隔热材料层利用耐高温隔热异型件具有极低的导热系数的特点，能够阻滞外界高温环境的热量传递。②水冷却层是该装置

的核心冷却层，通过设计好的特殊水流通道，让冷却水能够环绕地往返流动，最大限度地带走部分外界环境传递进来的热量。③最后一层则是单一方向的空气流动，能带走少部分热量，以及通过环形分布的出气口对石英玻璃起到清洁的作用。

图 4.30　三态隔热冷却装置中隔热冷却结构的半剖示意图

其中，线路通孔是套有隔热管的数据线和电源线连接内部设备和外部设备的通道，三态隔热冷却装置的内部空间基本可以视为相对封闭，为了在 300℃的工作环境中把装置相对封闭的内部空间温度降低到 50℃以下，以及保持玻璃的洁净度，使相机正常工作，环形隔热层材料由耐高温隔热异型件造型而来，在零件连接过程中就安装在隔热材料层；耐高温隔热异型件由玻璃纤维和高温树脂复合，经过特殊发泡工艺形成，是一种新型的耐高温隔热异型制品，其导热系数非常低，为 29～32 mW/(m·K)，可任意造型，按照需求做成复杂结构的隔热件，非常符合复杂结构以及较薄的隔热场合。

流体流动的过程具体如下：

（1）冷却水从进水口流入，流进环形的冷却水第一层通道，经冷却水第一层通道与冷却水第二层通道之间的键形孔，流入环形的冷却水第二层通道中，冷却水再经过出水口流出。

（2）空气由进气口进，流经环形的空气冷却层，再由石英玻璃附近的多个出气口流出。当装置未工作时，可单独将压缩空气的气管与进气口连接并增大进气压力，通过石英玻璃旁的出气口流出的空气对玻璃表面进行清洁。

4.2.2　基于 3D 视觉的清洗工艺跟踪反馈模型

1. 实验模拟

表面重建是指利用点云数据，使用特定的表面重建算法，对含有几何信息的拓扑结构恢复其实际的三维表面形状与纹理的技术，其中常见的表面重建算法主要被划分为插值法和逼近法两种[9-12]。

插值法是以原始点云数据为前提，通过其内插数据来形成三角化面片网格，获得相应的网格模型。插值法使用的是原始数据，重建精度较高，但是这就存在一个问题，需要获得精度较高的表面模型，这就要避免数据中的噪点，降低其信噪比，所以需要对数据进行平滑处理。

逼近法又称为拟合法，就是通过某些显性或隐式的方式或函数来拟合新的线性表面，由于这些表面在表现形式上是无限逼近原始数据的，所以可用其近似替换原始的重建表面。

为了对点云配准效果与表面重建结果进行校验，选取轴件上各轴段部分中直径与长度作为关键尺寸，分别选用三种不同规格的轴件零件模型关键位置尺寸与实验模型中对应的关键尺寸做比较，记做轴类零件 A、轴类零件 B 与轴类零件 C，同时标注其表面关键位置，对于不同的轴类零件，根据其特征分布，选取如图 4.31 所示的 6～8 处关键部位。根据投影三角化表面重建算法进行重建。图 4.32 为重建的轴类零件表面三维模型。

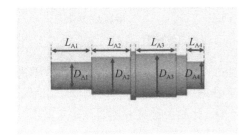

(a) 轴类零件A模型图

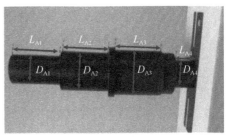

(b) 轴类零件A实物图

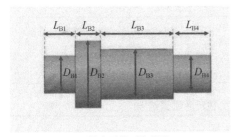

(c) 轴类零件B模型图

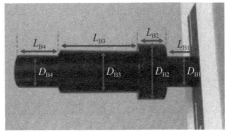

(d) 轴类零件B实物图

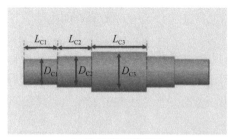 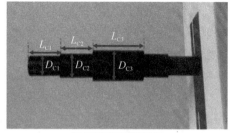

<table>
<tr><td>(e) 轴类零件C模型图</td><td>(f) 轴类零件C实物图</td></tr>
</table>

图 4.31　轴类零件关键尺寸标准

(a) 轴类零件A　　　　　　(b) 轴类零件B　　　　　　(c) 轴类零件C

图 4.32　重建的轴类零件表面三维模型

配准后的点云表面模型可以导入至 CloudCompare 或 MeshLab 等软件中进行关键部位的尺寸测量，分别对模型#A、模型#B 与模型#C 进行关键尺寸测量。表 4.6、表 4.7 和表 4.8 分别为轴类零件 A、B、C 的关键尺寸测量结果。其中，对

表 4.6　轴类零件 A 关键尺寸测量结果

序号	长度/mm				序号	直径/mm			
	重建值	实际值	误差值	误差/%		重建值	实际值	误差值	误差/%
L_{A1}	74.2	79.0	4.8	6.08	D_{A1}	41.9	44.0	2.1	4.77
L_{A2}	69.1	75.0	5.9	7.87	D_{A2}	58.7	60.0	1.3	2.17
L_{A3}	74.3	78.0	3.7	4.74	D_{A3}	66.9	70.0	3.1	4.43
L_{A4}	31.2	34.0	2.8	8.24	D_{A4}	42.7	44.0	1.3	2.95

表 4.7　轴类零件 B 关键尺寸测量结果

序号	长度/mm				序号	直径/mm			
	重建值	实际值	误差值	误差/%		重建值	实际值	误差值	误差/%
L_{B1}	44.9	48.5	3.6	7.42	D_{B1}	42.8	45.0	2.2	4.89
L_{B2}	38.2	40.0	1.8	4.50	D_{B2}	75.8	80.0	4.2	5.25
L_{B3}	102.6	109.0	6.4	5.87	D_{B3}	58.6	60.0	1.4	2.33
L_{B4}	55.1	59.0	3.9	6.10	D_{B4}	42.8	45.0	2.2	4.89

表 4.8　轴类零件 C 关键尺寸测量结果

序号	长度/mm				序号	直径/mm			
	重建值	实际值	误差值	误差/%		重建值	实际值	误差值	误差/%
L_{C1}	46.7	48.0	1.3	2.71	D_{C1}	26.1	28.0	1.9	6.79
L_{C2}	47.9	50.0	2.1	4.20	D_{C2}	31.7	34.0	2.3	6.46
L_{C3}	77.8	80.0	2.2	2.75	D_{C3}	41.3	44.0	2.7	6.14

表面重建值进行测量时，取三次测量值的平均值。图 4.33 为对点云模型的测量示意图，其中图 4.33（a）为径长测量，图 4.33（b）为轴长测量。

(a) 径长测量　　　　　　　　　　　　　(b) 轴长测量

图 4.33　对点云模型的测量示意图

　　测量结果表明，通过 Kinect V2 相机采集与处理后形成的数字化模型与实物近乎相似，但还是不可避免地有些许误差。由测量结果可知，本节所获的三维模型精度平均能达到 95%左右，其中轴类零件 A 中 D_{A1}、D_{A2}、D_{A3}、D_{A4} 处的误差在 5%以下，L_{A1}、L_{A2}、L_{A3}、L_{A4} 处的误差在 5%～8%之间；轴类零件 B 中 D_{B1}、D_{B3}、D_{B4} 处的误差同样处在 5%以下（D_{B2} 误差为 5.25%），L_{B1}、L_{B2}、L_{B3}、L_{B4} 处的误差在 5%～7%左右；轴类零件 C 中 D_{C1}、D_{C2}、D_{C3} 处的误差在 6%左右，L_{C1}、L_{C2}、L_{C3} 处的误差在 2%～4%之间。综上分析，轴长比轴径上的误差稍微高，可能在滤波处理阶段或平面分割阶段出现了过分割的情况从而影响了精度，但总体上来看误差在合理范围之内，基本符合实验要求。另一方面硬件设备的不足也会造成不可忽略的误差，Kinect V2 相机自身的采集误差在 2 mm 左右，考虑到本节实验对象多为小型的轴件模型，其径向尺寸较小，则细节与边缘处在采集时就更会造成尺寸精度上的误差，若对于大型物体的数据采集时就会避免这种情况。

　　如果需要更加精细的重建精度，除了在采集设备上进行更高规格的更换，还需要将采集帧数增多，即旋转采集角度缩小，相同视角下就可以比原来采集到的点云帧数更多，这样一来就可以有效提升重建的精度[13,14]。

2. 作业流程

基于所设计的自动激光清洗装备，其激光清洗时的具体作业流程与步骤如图 4.34 所示。进行激光清洗前，首先将待清洗的大型冶金轴件吊装至清洗装备上方，清洗装备的右侧支座是可移动式，可由底部滑轨控制，当轴体下降到清洗作业区间时，天车控制轴体向左侧靠拢，由左侧驱动装置上的卡盘进行夹紧，同时清洗装备底部的滑轨带动右侧支座向左侧移动，直至右侧支座的卡盘夹紧轴体右轴端，接下来启动视觉检测装置与清洗装置，前相机执行检测动作，通过计算机来规划清洗平台在工作区域内的行进路径，后相机执行监测动作，清洗机沿轴线方向从前到后进行一定激光幅值宽度内的清洗，如图 4.35(a)所示；当清洗平台行进到轴体末端时，轴体以顺时针方向转动所设定的角度，使工作区内呈现下一条状待清洗区域，此时清洗平台反向退回，依次循环往复清洗，如图 4.35(b)所示。

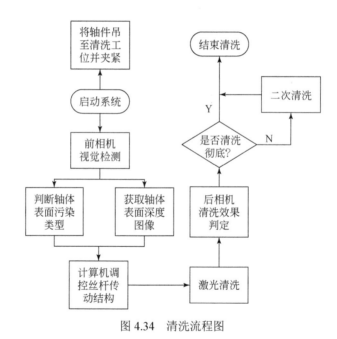

图 4.34　清洗流程图

视觉检测装置是实现自动化清洗的核心，获取表面污染信息与深度信息也是进行清洗作业的重要前提条件[15]。激光清洗装备的清洗对象是废旧大型冶金轴件，其表面分布着孔、键、槽等复杂特征以及轴向与径向尺寸变化较大，在清洗之前，需要准确知道它们的尺寸、表面特征与所处位置信息等，尤其要感知复杂

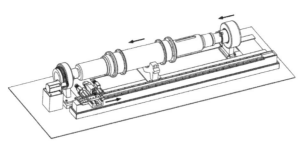

(a) 夹紧轴体，清洗平台右侧进给清洗

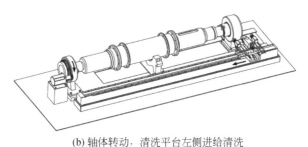

(b) 轴体转动，清洗平台左侧进给清洗

图 4.35　激光清洗自动作业过程

曲面上的污染层信息，这就要在其清洗的过程中进行实时监测，给出最佳清洗路径和清洗工艺参数，直至完全清洗。具体实现是前相机获取轴体的表面图像与深度图像，经图像处理操作之后，使计算机指导丝杆传动机构的运动来保证清洗工作的正常进行，后相机则对清洗后的区域进行在线检测，旨在用来判定是否存有某些区域未彻底清洗，若存在，控制清洗装置移至该区域进行二次清洗，实现自动化清洗工艺。

3. 控制流程

　　根据所述激光清洗装备的各项装备构成及其工作流程，可知其控制系统主要包含主轴夹紧与旋转的控制动作、激光清洗装置的控制动作与视觉检测装置的控制动作。其中，清洗装置与视觉装置安装在滑台上，同主轴夹紧与旋转部分的电机均采用变频器控制；丝杆传动机构的电机运动使用步进驱动器完成对步进电机的控制，同时用编码器精确记录其位移。

　　为了更好地实现自动化清洗，需要对激光清洗装备的控制系统进行设计，采用 S7-200PLC 和 S7-300PLC 系列相结合的方式进行控制系统的设计。该系统的硬件组成主要包括导轨、电源模块（PS）、中央处理模块（CPU）、接口模块（IM）、输入和输出模块（即信号模块，SM）、功能模块（FM）、通信模块（CP）及其他

模块等，可通过 MPI 接口与编程器和其他 S7 系列 PLC 相连，其系统框图如 4.36
所示。其中，S7-200PLC 主要负责激光清洗装置的各项运动，其余运动机构均由
S7-300 系列来控制完成；S7-300PLC 与 S7-200PLC 之间的通信通过 Profibus-DP
系统来完成，只需要在 STEP7 软件中对 S7-300 站进行组态并设置正确的地址，
同时将需要通信的数据存放在 V 存储区内即可。

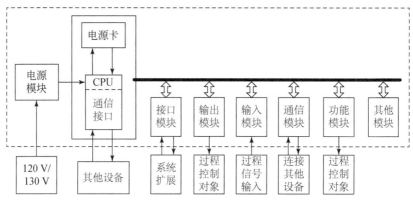

图 4.36   控制系统框图

控制系统是通过总站 PLC 来实现各项专机动作控制的，再加以继电器与相关
传感器的配合使用，能够实时读取各工位的作业数据信息并在触摸屏上显示，还
可以将指令传递给相关作业单元，完成大型冶金轴件的自动清洗，图 4.37 为所设
计的清洗装备系统操作界面。

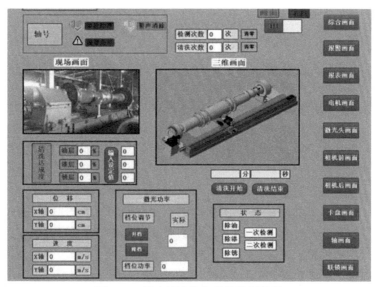

图 4.37   激光清洗装备系统控制界面

4.3　智能成套激光清洗装备研制及可靠性验证

重载、高温、高冲击、重腐蚀、磨损等严苛环境下服役的重型装备典型高值关键件表面容易形成厚腐蚀层、厚氧化层等污染特征，以及海洋环境下需对厚污染物在湿环境下清洗，因此千瓦级激光清洗机的成功研制，为后续进一步的研究和应用打下了良好的设备基础。

一台完整的激光清洗设备主要包括激光器系统、光束调整传输系统、移动平台系统以及检测控制系统这四个部分，为了满足矿用设备行业激光高效精密清洗的需要，对激光器系统、光束调整传输系统、移动平台系统进行必要的改进。本项目采用全固态准连续波（QCW）激光器及半导体二极管列阵侧面泵浦 Nd∶YAG光纤耦合输出的技术方案，实现了高功率、高效率的准连续激光输出。成套激光清洗设备的研发路线如图 4.38 所示。

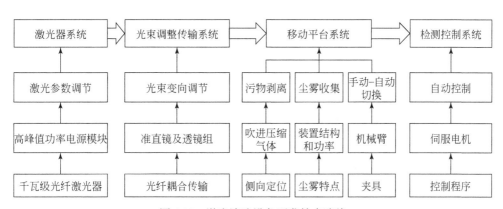

图 4.38　激光清洗设备研发技术路线

4.3.1　成套清洗设备的参数设计

1. 高峰值功率激光光源

图 4.39 为激光器采用的主振荡器功率放大器（MOPA）的结构示意图。振荡器谐振腔的设计是采用动态稳定腔，该腔型既能保证有比较好的激光输出模式，又可具有较高的功率，并且镜片的失调灵敏度较低[16]。激光器的泵浦模块为半导体侧泵的 Nd∶YAG 模块，晶体棒的直径为 3 mm，长度为 200 mm，掺杂浓度为 1.8%，泵浦模块为 4×8 阵列的巴条，动态稳定腔的两个腔镜为平面反射镜，一端为全反镜，臂长 d_1=350 mm；一端为输出镜，反射率为 60%，臂长 d_2=300 mm。

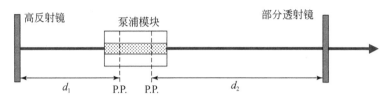

图 4.39　激光器采用的 MOPA 的结构示意图

图 4.40 为振荡器光束质量分析结果,即振荡器的工作稳区图和输出功率随泵浦功率的关系图。经过设计,将振荡器的工作点设计在稳区 2 的中心线附近,这样可以保证激光器的稳定性。从图中可以看出,随着泵浦功率增加,激光器会出现两个稳区。第一个稳区(区域 1)可以输出约 600 W 的激光;第二个稳区(区域 2)可以输出约 1000 W 的激光。

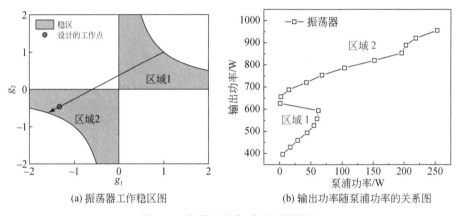

(a) 振荡器工作稳区图　　　　　(b) 输出功率随泵浦功率的关系图

图 4.40　振荡器光束质量分析结果

经过调 Q 后,激光的平均功率和脉宽与重复频率之间的关系如图 4.41 所示。图 4.41 中振荡器输出的激光耦合到放大器中,模块 2 与模块 1 完全相同,模块 2 到输出镜的距离 d_3=350 mm,这样设计既能使光斑填满激光晶体棒的有效区域,增加放大器抽取效率,又可以避免激光光斑过大,使激光二极管(laser diode,LD)损坏。由放大器输出的激光经过反射镜和耦合头,耦合到激光输出头(quick beam handling,QBH)光纤内。

经过放大器后激光器的功率随皮泵浦电流的变化测试中,先将放大器电流设置为 35 A,再逐渐增加振荡器泵浦功率。由图 4.42 可知,稳区 1 中可以输出功率可达 600 W 的激光,稳区 2 可以输出功率可达 1000 W 的激光。

图 4.43 为激光放大器输出的激光光束质量,其中激光光束质量 M^2 为 22 左右,并且较稳定;光斑呈近似圆形,并且中心亮度较高。

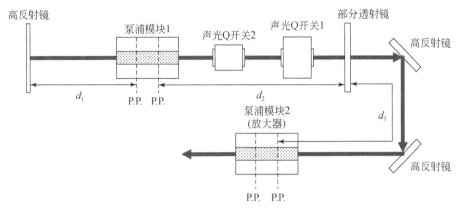

图 4.41　放大器原理图

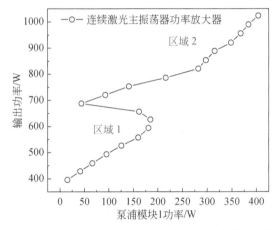

图 4.42　经过放大器后激光器的功率随泵浦电流的出光能力曲线

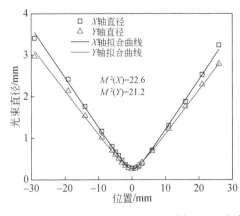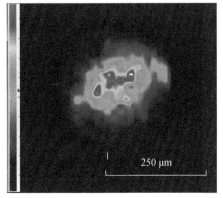

图 4.43　光束质量分析

激光器的光路组装设计如图 4.44 所示，图中有激光全反镜、振荡器泵浦模块、正交声光 Q 开关、45°全反镜、45°全反镜、激光输出镜、45°全反镜、45°全反镜、放大器泵浦模块、45°全反镜、45°全反镜、QBH 耦合头。在耦合头前放置红光指示灯和激光功率计。

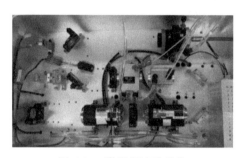

图 4.44　激光器光路组装

光纤耦合输出的激光参数在重频 20 kHz 时，输出的激光平均功率为 1000 W，激光器的脉宽为 100 ns，单脉冲能量为 50 mJ，峰值功率可达 500 kW。随着重频的降低，峰值功率仍可以提高，为了减少脉冲对激光耦合头的损伤，应工作在 20 kHz 以上。

图 4.45 为清洗用激光二极管泵浦脉冲固体激光器，通过持续优化的大能量固体激光器谐振腔设计，并结合光纤耦合输出的柔性传导优势，使该装置拥有远高于市面同等功率激光设备的超高峰值功率和广泛的易用性。其峰值功率远超过同等功率光纤激光器，设备性能可与进口设备媲美。设备可配合机床或机械臂自动化操作，适用于工业元件的精确清洗和脱漆处理，且不会对工件基体产生损伤。

图 4.45　清洗用激光器

2. 光束变向扫掠柔性调节装置

激光清洗头的设计，不需要组装上生产线进行自动化运行清洗，而是采用人工手持式清洗，本研究模拟了多种结构，发现枪型结构最省力，也最为人所接受。针对小巧灵活的要求，设计的激光清洗头结构如图 4.46 所示。

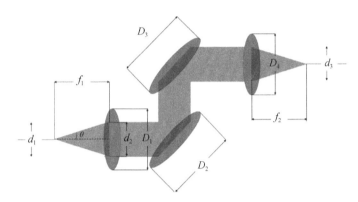

图 4.46　激光清洗头设计原理

图 4.46 中，D_1 为准直镜通光孔径，D_2 为 45°反射镜通光孔径，D_3 为高频振镜通光孔径，D_4 为场镜通光孔径。已知光纤芯径 d_1=300 μm，NA=0.22，激光从数值孔径 0.22 的光纤传出后，经"准直镜—45°反射镜—单轴振镜—场镜"后可形成焦距 120 mm，扫描线宽 1～10 cm 可调，点光斑面积小于 0.5 mm^2 的输出，要求整体尺寸及光斑面积越小越好，通过初步参数的计算（以下讨论所用单位全部为 mm），求出优化半径要求最大值（0.4）：

$$r = \sqrt{\frac{s}{\pi}} = 0.4 \left(s = 0.5 \right) \tag{4.24}$$

由 f_2、幅面，推算出场镜扫描角度为 22.6°：

$$\theta = \tan^{-1} \frac{f_2}{\frac{1}{2}\text{幅面}} = 22.6° \tag{4.25}$$

由 f_2=120、幅面、扫描线宽 100，求出最小输入光斑（EP=8）。

$$\omega = \frac{4\lambda f M^2}{\pi \omega_0} \tag{4.26}$$

EP=2ω_0=8（波长 1064 nm；多模激光光束质量 M^2 取 8 左右；ω=r）。

由 EP 选出反射镜大小，镜片倾斜放置，口径需>$\sqrt{2}$EP，并留出余量，暂取12.7，由 EP 推出 f_1=18.2。

$$\frac{1}{2}\text{EP} = f_1 \times 0.22 \left(\text{NA} = 0.22\right) \tag{4.27}$$

由 f_1 进行准直镜设计，由准直镜设计平衡后的新结果给出 f_1、EP、场镜设计。模拟设计结果如图 4.47 所示。

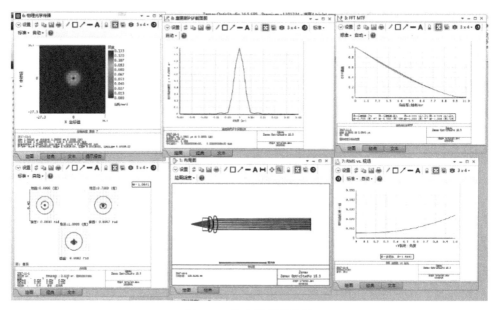

图 4.47　准直镜设计结果

经过设计要求、加工难度、结构配合平衡后得到准直镜的设计结果为：三片准直物镜，材料 bk7，光斑达到衍射极限，相差平衡。准直镜 EFL=25.4 mm；BFL=30.42 mm；物方 NA=0.22；镜组统一外径 20 mm；镜组总厚度约 17 mm。反射镜：出射光斑直径 13.2 mm；可取 EP=14 mm；反射镜口径取 20 mm 或 25.4 mm，厚度 5 mm。

设计 EP=14 mm；f=120 mm；扫描角度 22.6° 的扫描场镜。由图 4.48 可知，扫描透镜设计为三片结构（不算保护玻璃），读出聚焦光斑大小约为 40 μm，畸变 5%，EFL=126 mm，BFL=147 mm，EP=14 mm，入瞳距 16.6 mm。

扫描振镜采用的是市面成熟振镜产品，该振镜电机为动磁式结构，结合国际最先进的光电式传感技术和脉冲密度调制（pulse density modulation，PDM）控制方式，采用工业级的技术和工艺研制而成，运行稳定性好、定位精度高、速度快。激光从数值孔径 0.22 的光纤传出后，经"准直镜—45°反射镜—单轴振镜—场镜"后可形成焦距 160 mm，扫描线宽 1～10 cm 可调，点光斑面积小于 1 mm 的输出，要求整体尺寸及光斑面积越小越好。

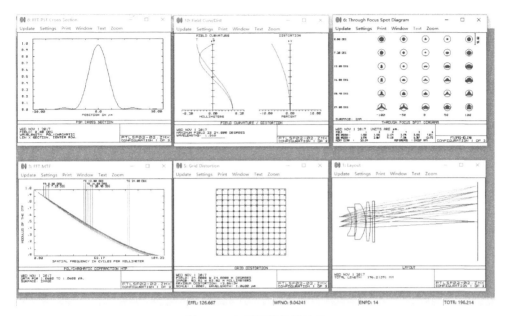

图 4.48　扫描透镜设计结果

抗干扰能力强。该振镜对 20 mm 镜片进行精确负载设计,最大扫描角为 ±15°,这使得光束的最大扫描角为 ±30°,对于焦距为 F 的聚焦镜,对该电机实测接入信号发生器产生的模拟信号,使其以最大角度来回振动,电机最大能接受锯齿波信号而不发生尖锐鸣叫,则其速度最快为 100 F。

处于最外端的聚焦镜场镜直接暴露在现场是最易损坏的部件,同时针对不同的聚焦要求,需要现场更换聚焦场镜。因此设计了简单易拆卸的聚焦镜场镜模块,根据实际清洗需求,可以安装焦距分别为 63 mm、100 mm 以及 150 mm 的聚焦场镜,得到焦平面上聚焦光斑大小分别为 0.72 mm、1.14 mm 以及 1.71 mm。

3. 自动控制系统

该控制系统的构建分为强电和弱电两部分。图 4.49 为激光清洗设备控制设计原理图。强电接三相电,为整个设备提供电源保障,其中包括制冷机的供电、激光模块的供电、调 Q 电机变频器的供电以及核心控制部分开关电源的供电。强电部分控制设计原理图如图 4.50 所示。其中制冷机、激光模块和调 Q 电机变频器等的供电通过电磁继电器由核心控制模块通过弱电控制。

弱电部分为核心控制模块,其信号分数字信号输入和数字信号输出两部分。数字信号输入包括急停,各种报警信号诸如水流报警、气压报警、调 Q 故障报警,以及自动运行触发报警;数字信号输出包括制冷系统启动、调 Q 启动、吹气启动、激光启动、光闸开关、扫描启动以及自动运行启动指示。

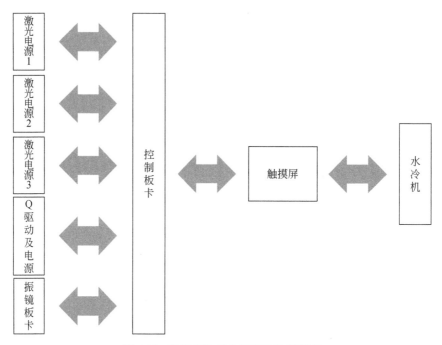

图 4.49 激光清洗设备控制设计原理图

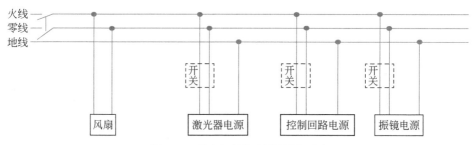

图 4.50 强电部分控制设计原理图

核心控制模块直接采用市面成品核心开发板。这类开发板的主要特点是直接板载微控制器单元（microcontroller unit，MCU）的基本电路，包括晶振电路、通用串行总线（universal serial bus，USB）控制电路、USB 接口等，并引出了所有输入/输出（input/output，IO）资源，能非常便捷应用于控制系统开发。核心控制模块直接利用这些资源作为数字信号的输入和输出。而人机交互方面，则采用工业用电阻式触摸屏，与核心控制板采用协议传输数据，直观高效便于操作。

人机界面总方案主要包括登录界面、用户界面、调试界面、状态查询、报警查询、故障查询六个主要界面：

（1）登录界面：有"管理员""用户"两个权限，"用户"无密码不能登录调试界面。

（2）用户界面：用户操作界面，可通过界面实现本地/远程操作切换。

（3）调试界面：工程师调试光路、激光器、功能部件及整机。

（4）状态查询：查询清洗机各个检测状态，包括检测值及报警指示灯。

（5）报警查询：查询当前报警记录及历史报警记录，并可进入故障查询界面。

（6）故障查询：查询报警对应的故障问题，便于检修。

激光清洗机的报警状态基本均与水冷机相关，而水冷机运行在进入用户界面/调试界面后才能控制，因此登录时自检只检查输出头的开关是否断开。

如果自检时检测到输出头开关处于闭合状态，则"登入"开关被锁，即不能登入系统进行后续参考，且提示断开输出头开关；检测输出头开关处于断开状态，则"登入"开关可操作，如图 4.51 所示。

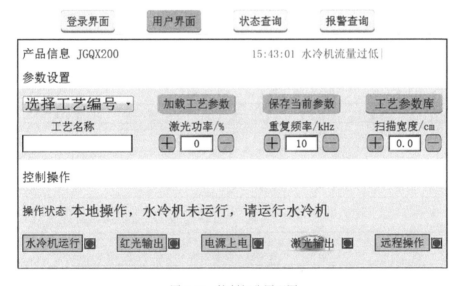

图 4.51　控制部分原理图

表 4.9 为激光清洗设备控制界面的功能介绍。表 4.10 为激光清洗设备控制操作的逻辑情况。表 4.11 为激光清洗设备控制操作时的参数设置情况。图 4.52 为激光清洗设备清洗工艺参数库示例。表 4.12 为激光清洗设备操作状态的解释。

表 4.9　界面功能

区域	部件	功能
产品信息	文字显示	显示产品型号
	走马灯	报警时提示报警信息

续表

区域	部件	功能
参数设置	下拉菜单	选择工艺配方编号
	加载工艺参数	将所选工艺编号对应的参数加载到参数输入框
	保存当前参数	将当前参数输入框内参数保存至工艺参数库
	工艺参数库	进入工艺参数库，可查看当前工艺库内所有参数
	工艺名称	可为当前参数组命名，最多输入 7 个汉字
	激光功率	可输入或加/减激光功率百分比
	重复频率	可输入或加/减 Q 驱重复频率
	扫描宽度	可输入或加/减激光扫描宽度
控制操作	操作状态	根据开关状态显示当前操作状态并提示进一步操作
	水冷机运行	控制水冷机上电/断电
	红光输出	控制红光指示灯输出红光
	电源上电	控制激光器电源、Q 驱电源（软件）、Q 驱运行、振镜运行"电源断电"时除了控制以上部件，内部重置"激光输出"
	激光输出	控制激光器输出激光
	远程操作	切换本地操作和远程操作
	开关指示灯	指示对应操作状态

表 4.10　操作逻辑

部件	状态	操作逻辑
水冷机运行	0	可操作，无锁
	1	电源上电=1 时，水冷机不能停止运行，锁住
电源上电	0	水冷机运行=0 时，电源不能上电，锁住
	1	可操作，无锁
激光输出	0	水冷机运行=1、电源上电=1、远程操作=0 时，无锁、可操作
	1	其他情况，激光输出被锁，不可操作（激光输出均为 0）

表 4.11　参数设置

参数	范围	步长	说明
功率百分比	75%～100%	5	占设备总激光功率的百分比
重复频率	7～15 kHz	1	Q 驱重复频率，对应 PWM 频率
扫描宽度	1～10 cm	0.5	振镜扫描线宽，对应三角波幅值

表 4.12　操作状态

水冷机运行	电源上电	激光输出	远程操作	手柄开关	操作状态
0	0锁	0锁	0	X	本地操作，水冷机未运行，请运行水冷机
1	0	0锁	0	X	本地操作，水冷机已运行，请操作电源上电

续表

水冷机运行	电源上电	激光输出	远程操作	手柄开关	操作状态
1	1	0	0	X	本地操作,电源已上电,请操作激光输出
1	1	1	0	X	本地操作,激光已输出
0	0锁	0锁	1		远程操作,水冷机未运行,请运行水冷机
1	0	0锁	1		远程操作,水冷机已运行,请操作电源上电
1	1	0锁	1		远程操作,电源已上电,请操作手柄开关

激光清洗工艺参数库

ID	激光功率	重复频率	扫描线宽	工艺名称
1	100	10	5.0	工艺1
2	100	9	5.0	工艺2
3	0	0	0.0	工艺3
4	0	0	0.0	工艺4
5	0	0	0.0	工艺5
6	0	0	0.0	工艺6
7	0	0	0.0	工艺7
8	0	0	0.0	工艺8
9	0	0	0.0	工艺9
10	0	0	0.0	工艺10

返 回

图 4.52　工艺参数库

　　远程操作主要是指在输出头上设置参数激光功率、重复频率、扫描宽度,控制红光指示灯,控制激光输出(二位开关)。远程操作与本地操作逻辑如表 4.13 所示。远程操作切换为本地操作时,屏上"激光输出"肯定为 0,因此不存在安全问题,所以可以随意切换。本地操作切换为远程操作时,输出头开关可能为 1,为了安全,不能操作,"远程操作"被锁。此外,对于报警处理和故障查询也制定了相应分类情况。表 4.14 为报警处理结果。图 4.53 为故障查询结果。

表 4.13　远程操作

操作模式	远程操作		本地操作	
	界面	输出头	界面	输出头
参数设置	被锁，只能显示，不能设置	可以设置	可以设置	只能显示，不能设置
红光指示灯	置位、被锁，不能操作	可以操作	可以操作	操作无效
激光输出	置位、被锁，不能操作	可以操作	可以操作	操作无效

表 4.14　报警处理

报警事件	报警范围	报警处理
水冷机流量报警	≤12	触发脚本，设置"激光输出"=0、"电源上电"=0 软件断 KA8
水冷机水温报警	15～30℃	触发脚本，设置"激光输出"=0、"电源上电"=0 软件断 KA8
耦合头温度报警	≥40℃	触发脚本，设置"激光输出"=0
泵浦 1 温度报警	≥40℃	触发脚本，设置"激光输出"=0
泵浦 2 温度报警	≥40℃	触发脚本，设置"激光输出"=0
凝露报警	查表	触发脚本，设置"激光输出"=0、"电源上电"=0 软件断 KA8
功率误差报警	≥10 W	触发脚本，设置"激光输出"=0、"电源上电"=0

故障查询

1、水冷机流量报警：（1）水冷机未运行；（2）水冷机流量不足；（3）水冷机故障。

2、水冷机水温报警：（1）水冷机故障。

3、耦合头温度报警：（1）激光耦合出现问题；（2）水冷机制冷出现问题。

4、泵浦1温度报警：（1）泵浦1器件损坏；（2）水冷机制冷出现问题。

5、泵浦2温度报警：（1）泵浦2器件损坏；（2）水冷机制冷出现问题。

6、激光器凝露报警：（1）水冷机水温与激光器腔内温差较大。

7、功率误差报警：（1）PD器件故障；（2）光学器件故障；（3）光路异常。

返　回

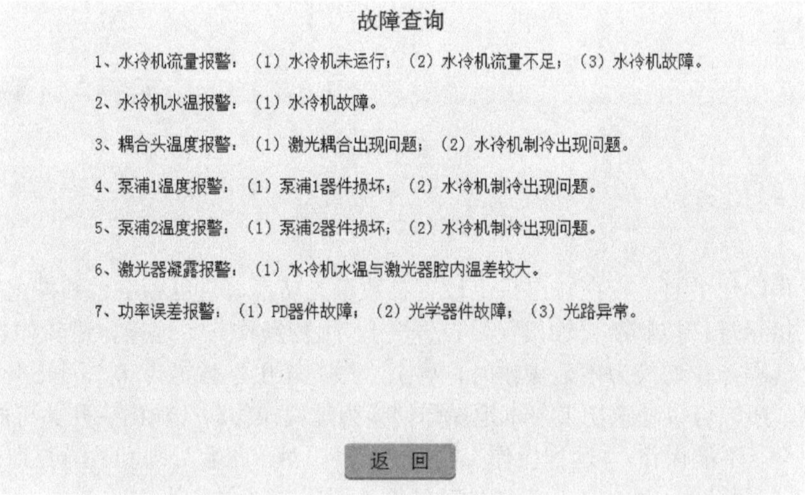

图 4.53　故障查询

4.3.2 整机开发及可靠性验证

激光清洗设备从使用上来说有一定特殊性。首先,激光器件是较为精密的光学器件,对于使用环境有一定要求,在使用中的振动和碰撞等对于其中的光学部件都会造成一定的影响,从而影响器件的激光输出;其次,激光清洗过程又常常是在露天环境等外场作业环境下进行的,温度、湿度以及环境污染都是潜在的影响设备工作的实际因素,因此激光清洗设备在设计和制造过程中应当考虑这些因素,优选要采用一次成型的套机结构,并且对于内部和外部的污染隔离、热隔离以及减震要求作出相应的设计。从以上的角度出发,我们设计和制造了适应于外场作业的激光清洗机,通过光学区和控制区的隔离首先对于振动和污染的防控,一定程度上提高了整机的可靠性,并满足一些特殊使用场合的要求。

确定上述的几个模块后,需要进一步对这些模块进行整机组装。为了使得整个设备既小巧灵活机动,又稳定抗干扰,需要对设备的整体硬件作出合理布置,如水电分离、强电弱电分离、激光器独立隔离光路密封等。基于这个布置,利用 Solidworks 设计了整机柜,并进行钣金加工,如图 4.54 所示,结合万向轮,方便设备灵活移动。整机组装完成后,对设备的稳定性进行拷机测验。

图 4.54 激光清洗装备

　　在拷机的过程中，让设备运行在高功率、调 Q 电机高转速、扫描振镜最大偏转角、上限频率下振动，持续运行时间为每天两小时连续运行，运行前后用手持式功率计初步测量清洗头聚焦镜出光口处功率大小。

　　根据激光清洗设备的参数设置能力要求，对其开展相关测试，测试结果效果良好。分别研究了在浮锈与铜板氧化层两种条件下，1000 W 激光清洗机与 500 W 激光清洗机清洗效率的对比，结果如表 4.15 所示。

表 4.15　1000 W 与 500 W 清洗设备清洗效率对比

序号	要求	设备功率 /W	清洗效率 /（m²/h）	备注
1	浮锈清除效果 sa3 级	500	8~13	/
		1000	20~30	
2	铜板氧化层、油污去除	500	不满足使用要求	要求有效清洗焦深 ≥20 mm，基材无损伤
		1000	3~5	

　　如果不涉及特殊要求，500 W 设备在大部分作业场合效率只有 1000 W 设备一半左右，但是遇到有色金属（对激光 1064 nm 波段高反射材料）的清洗作业，1000 W 设备可以解决 500 W 设备无法解决的技术难题（同等聚焦光斑的情况下，1000 W 设备单位面积内的峰值功率、平均功率都是 500 W 的 2 倍）[17, 18]。在成本方面 1000 W 级设备成本并没有比 500 W 设备昂贵很多，如表 4.16 所示。在清洗效果方面，同等材料在相同的工作环境下，1000 W 级设备清洗效果要更好，如表 4.17 所示。

表 4.16　1000 W 与 500 W 清洗设备成本对比

序号	设备功率	激光器型号	成本
1	500 W	IPG	约 130 万元
2	1000 W	IPG	约 180 万元

表 4.17　1000 W 与 500 W 清洗设备清洗效果对比

序号	设备功率	清洗后实物照片	说明
1	500 W		同等状况下清洗一遍的效果
2	1000 W		

4.4 绿色表面清洗质量与效果评价

运用机器视觉技术可对激光清洗后表面质量进行主观评价[19, 20]。经过视觉系统处理后，四端面清洗率分别为 25.24%、66.54%、14.78%、28.06%，算法耗时分别为 0.14 s、0.13 s、0.16 s、0.15 s。从以上结果可以看出，此视觉系统得出的清洗率准确、耗时短，可以满足对精度及效率性的要求。

4.4.1 清洗质量评价软件设计

1. 软件体系构架

设计的激光清洗软件系统是在 Visual Studio 2017 开发环境下，基于 MFC 开发框架，使用 C++语言设计开发的 PC 端上位机软件，系统架构由设备实体层、通信链接层、数据存储层、软件驱动层、业务逻辑层和用户表示层等 6 层组成，如图 4.55 所示。

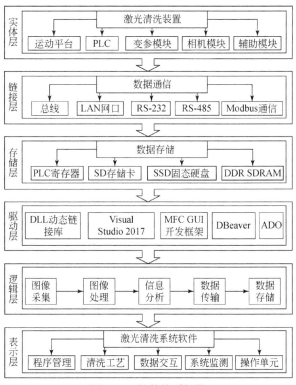

图 4.55 软件体系架构

设备实体层由三轴运动平台、PLC、变参模块、相机模块、辅助装置、电脑终端等硬件设备构成。电脑终端为激光清洗控制系统的大脑，下发指令至系统各个模块；三轴运动平台实现激光清洗过程中的位置变换，带动激光器完成清洗工作；变参模块实现激光器的激光参数配置；相机模块负责待清洗工件信息采集；辅助装置提供照明、吸尘等外部支持，辅助清洗完成。

通信链接层依托 Modbus 通信协议实现上位机与下位机之间的数据交互。通过总线实现激光清洗装置内外部通信；通过 LAN 网口实现 PC 端软件与 PLC 的数据通信；通过 RS-232 串口实现 PLC 梯形图代码下载；通过 RS-485 串口实现外部输入显示设备的数据传输。

数据存储层实现实时和历史数据的存储。DDR SDRAM 和 SSD 固态硬盘分别实现用户操作及软件运行产生的数据的动态随机存储、非易失性存储；PLC 寄存器实现除锈过程中运动机构产生指令数据的存储；SD 存储卡实现软件初始化程序和历史数据的存储。

软件驱动层基于 Visual Studio 中的 MFC 框架设计开发出 PC 端软件并生成动态链接库，通过 ADO 进行数据库连接，通过 DBeaver 进行数据库可视化操作，实现业务逻辑层的除锈逻辑和用户表示层的功能应用，完成对激光清洗硬件系统的驱动。

业务逻辑层是软件系统的根本规则，它指导软件各功能模块的逻辑调用，进行待清洗图像采集与处理、清洗原点设定、激光器运动及其参数配置、清洗路径计算和规划等，并给出清洗效果图以及计算清洗率。

用户表示层实现用户与软件系统的交互，操作人员可以通过 PC 端软件界面中的功能选项对某些流程进行指令发布或干预。

2. 软件界面及功能设计

软件界面由最上方的工具栏，其下左右两块图像显示栏、参数显示栏，右侧参数设置栏，最下方信息通知栏组成，如图 4.56 所示。

为了实现软件系统功能多样性与鲁棒性，保证不同情况下的清洗作业，软件系统采用模块化开放式设计思路，进行包括图像综合、程序管理、清洗工艺管理、报警监测等四个模块的功能设计，如图 4.57 所示。

3. 软件功能实现

1）图像综合模块

图像综合模块的功能界面设计如图 4.58 所示，具体包括记录快照、外部通信、

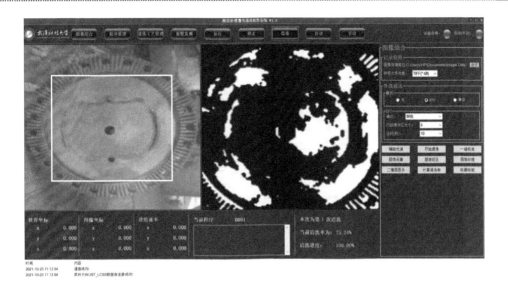

图 4.56　软件界面

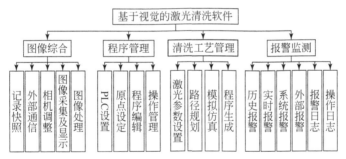

图 4.57　软件功能模块图

相机调整、图像采集及显示、图像处理、计算清洗率和轮廓绘制等功能。

　　快照记录可以设置图像存储路径以及图像文件类型；外部通信常用 IPC 模式，将视频信号编码压缩成数字信号，实现网络通信功能。在采集图像前，打开辅助光源，开启摄像，此时左侧屏幕显示图像，对相机位置角度进行调整；接着采集图像，将采集后的图像进行标定矫正、算法处理，右侧屏幕显示二值图，其下方展示栏显示清洗率。

2）程序管理模块

　　程序管理模块具有清洗原点设定、PLC 设置、程序编辑、操作管理等功能。操作人员可以通过原点设定手动调整或重设清洗原点；程序编辑对激光器运动、出光等进行控制；操作管理对激光器进行手动控制。程序管理模块如图 4.58 所示。

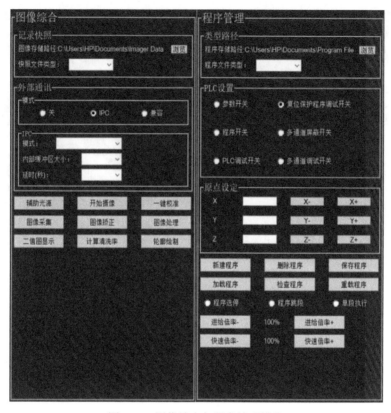

图 4.58　图像综合与程序管理模块

3）清洗工艺管理模块

不同的锈蚀等级对应着不同的图层设置以及默认的最优激光器参数，操作人员可以参照激光器技术指标根据实际需求更改激光参数设置。通过对不同轮廓图层指定序号来实现顺序清洗，通过设置第一条轮廓的原点完成清洗原点设定。清洗工艺管理模块设计如图 4.59 所示。

4）报警监测模块

报警监测模块对系统运行、人员操作、程序执行等进行实时监测并生成日志，异常情况实时显示在信息通知栏，根据异常情况的大小可以立即停止系统运行，发出警报，以确保软件系统的正常运行。其功能模块设计如图 4.59 所示。

4. 软件关键技术

1）锈蚀等级判断与轮廓分割绘制技术

针对激光清洗的行业应用，将锈蚀等级分为浮锈、轻锈、中锈和重锈 4 个等

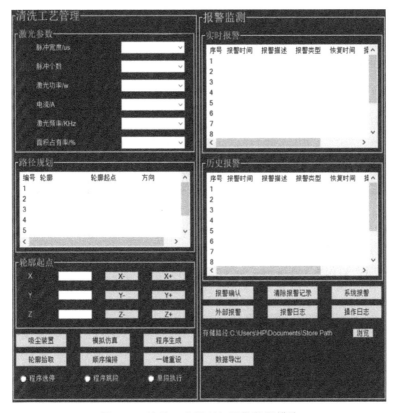

图 4.59　清洗工艺管理与报警监测模块

级，并分别对其设置了对应的图层。每层图层都设置了对应的最优激光参数，组成激光清洗各级锈蚀的工艺参数库。

针对不同等级锈蚀，对 4 个等级的锈蚀颜色所对应的 HSV 值进行划分，使用算法完成对锈蚀等级的判断以及轮廓的分割绘制。

2）坐标转换与协调控制技术

在激光清洗过程中，激光器配合工作台运动发射工作激光，其出光频率与工作台的运动速率相配合，完成对工件指定位置的清洗。实现软件系统时，使用相机标定进行图像矫正，完成世界坐标系到相机坐标系，再到图像坐标系的转换，使世界坐标系与图像坐标系一一对应。当软件实时读取的激光器位置坐标与指定的图像坐标系位置坐标相匹配时，控制激光器出光，进行激光清洗。此技术方法相较传统的时间控制法更为精确、直接，进一步满足激光清洗的高精度、高可靠性需求。

3）清洗效果模拟仿真技术

由于直接目视激光对人眼有害，而通过监控又不易实时观察到激光清洗的效果。因此，本研究在设计软件时，特别增设清洗效果预览功能，系统根据实时清洗情况，生成清洗过程示意图，对清洗效果进行模拟仿真；清洗结束后，再次采集并处理图像得到清洗效果，跟模拟的清洗效果进行对比，更新模拟仿真情况，便于操作人员在清洗后对清洗效果进行评估以及及时调整不恰当的工艺参数。

4.4.2　软件验证

软件系统先进行初始化，检查通信链接与数据库连接是否成功，打开辅助光源，进行相机姿态、焦距等调整，进行图像采集、矫正以及处理，计算清洗率，如果达标，则程序结束，反之，则进行轮廓绘制，根据轮廓的图层不同进行激光参数和原点设置，选择清洗顺序、打开吸尘装置以及摄像模拟双屏模式，开始激光清洗，清洗结束后，再次进行图像采集，计算清洗率，达标则结束，不达标则重复上述流程再次进行清洗。运行流程如图 4.60 所示。

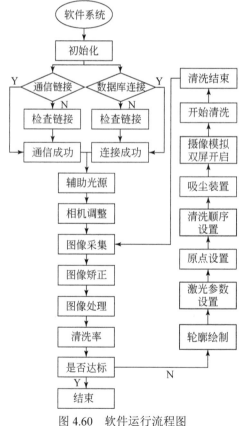

图 4.60　软件运行流程图

应用激光清洗软件系统，对大轴端面锈蚀进行多组激光清洗，并对软件功能进行多组测试验证。大轴端面采集图如图 4.61 所示。

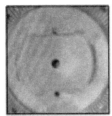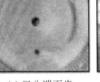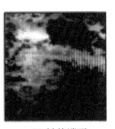

    (a) 叉头端面齿　 (b) 托架端面1　 (c) 托架端面2　 (d) 轴体端面

图 4.61　大轴端面采集图

表 4.18 为对图 4.61 中的大轴端面进行多次激光清洗后得到的清洗率情况。测试结果表明，激光清洗软件系统运行稳定流畅，界面友好直观，操作简单可靠，人机交互性良好，可以完整地实现激光清洗任务，使清洗效率得到提高。

表 4.18　采集图像的多次清洗率

清洗次数	采集图像			
	(a) 叉头端面齿	(b) 托架端面 1	(c) 托架端面 2	(d) 轴体端面
第一次清洗率/%	25.24	66.54	14.78	28.06
第二次清洗率/%	68.37	98.33	81.37	53.21
第三次清洗率/%	83.62	—	98.79	79.44
第四次清洗率/%	95.06	—	—	95.41

参 考 文 献

[1] 朱国栋, 张东赫, 李志超, 等. 激光清洗技术研究进展及挑战(特邀). 中国激光, 2024, 51(4): 97-120.

[2] 张飞, 陈泽伟, 张智宁, 等. 激光清洗技术原理及其应用进展. 有色金属加工, 2024, 53(1): 38-42.

[3] 刘宏伟, 杨文光, 彭珍珍, 等. 激光能量密度对 TWIP 钢表面氧化物清洗效果及机理的影响. 热加工工艺, 2024(16): 101-105.

[4] 孟宇帆, 张丽君, 何长涛, 等. 基于图像处理的激光清洗飞机蒙皮特性和机制研究. 激光技术, 2024, 48(3): 303-311.

[5] 陈国星, 魏少翀, 陆海峰, 等. 激光清洗对不同基体材料损伤行为研究. 南京理工大学学报, 2023, 47(4): 523-532.

[6] 张金星. 激光清洗技术在汽轮机叶片除锈中的应用. 设备管理与维修, 2023(18): 114-115.

［7］陈偲, 杨金堂, 周诗洋, 等. 大轴激光清洗的视觉检测方法研究. 机械设计与制造, 2023(6): 1-4.

［8］宋峰, 陈铭军, 陈旭, 等. 激光清洗研究综述(特邀). 红外与激光工程, 2023, 52(2): 28-49.

［9］易锐, 王春明, 张威, 等. 基于 MLP 神经网络的激光除锈检测系统. 激光与光电子学进展, 2023, 60(23): 259-266.

［10］赵勇, 郭江, 冯健, 等. 面向金属基材的清洗技术及清洁度评价方法研究新进展. 机械工程学报, 2023, 59(13): 290-313.

［11］郭嘉伟, 蔡和, 韩聚洪, 等. 基于热烧蚀效应的激光清洗仿真模型研究(特邀). 红外与激光工程, 2023, 52(2): 139-147.

［12］王凯, 李多生, 叶寅, 等. 航空铝合金表面涂层无损激光清洗研究. 红外与激光工程, 2022, 51(12): 163-171.

［13］李富强, 王俊, 王辛, 等. 基于机器视觉和激光清洗的制动梁轴端除锈研究. 机车车辆工艺, 2022(6): 30-32.

［14］刘伟军, 孙明阳, 卞宏友, 等. 基于机器视觉的激光分区清洗轮廓识别方法. 应用激光, 2022, 42(11): 84-91.

［15］熊娟, 张荣, 詹文赞, 等. 基于机器视觉的大轴激光清洗控制系统研发. 机床与液压, 2022, 50(13): 97-101.

［16］万磊, 王裕光, 左小艳, 等. 激光清洗 5083 铝合金表面漆层的数值模拟与试验研究. 激光与红外, 2022, 52(6): 803-813.

［17］张众, 孙兴伟, 杨赫然, 等. 钢板锈蚀层激光清洗的热力学分析研究. 制造技术与机床, 2022(6): 108-112.

［18］李思凡, 王春明, 张威. 基于激光清洗技术的船舶绿色清洗方法研究. 应用激光, 2022, 42(5): 168-177.

［19］王春生, 王洪潇, 徐惠妍, 等. 车轴激光清洗表面质量分析及在线评估. 中国激光, 2022, 49(8): 49-59.

［20］叶德俊, 黄海鹏, 郝本田, 等. 基于深度残差网络的激光除漆视觉判别研究. 应用激光, 2022, 42(3): 111-118.

第5章

再制造成形关键技术及装备

5.1 纳米电刷镀技术

　　纳米电刷镀技术是一种表面处理技术，结合了纳米技术和传统的电镀过程。这种技术主要用于在各种基材上沉积金属或合金涂层，以提高材料的耐腐蚀性、耐磨性、导电性等性能。纳米电刷镀技术的基本原理是通过电解作用在物体表面镀上一层金属的过程。它通常需要将待镀物品作为阴极（负极），在电镀液中通过施加电流使金属离子沉积在物体表面。在电刷镀中，纳米技术的应用主要体现在使用纳米级的金属粒子或化合物作为电镀液的组成部分，这使得镀层具有更好的精细度和均匀性。该技术的精度和均匀性高，物理性能强，环境友好，适用性广，在航空航天、汽车制造、电子产品、医疗器械等领域应用较多。纳米电刷镀技术作为一种先进的表面处理技术，其发展和应用正逐渐拓展，为材料科学和工程领域带来新的机遇。随着技术的不断进步和成本的降低，它的应用范围有望进一步扩大。

5.1.1 纳米电刷镀笔设计与开发

　　传统电刷镀笔一般采用石墨阳极，并在外面裹上脱脂棉和涤棉套（见图5.1）。这种刷镀笔具有设计简单、通用性强、灵活便捷等优点，在传统手工刷镀阶段发挥了不可替代的作用。但是这种刷镀笔不适合自动化生产的长时间作业。

图 5.1　传统电刷镀笔

依据零件特点和自动化要求，在传统镀笔的基础上设计出内孔电刷镀笔，如图 5.2 所示。但在进行自动化刷镀实验时，由于刷镀的对象是批量化的零件，这种镀笔暴露出一些问题：

图 5.2　内孔电刷镀笔

（1）包套寿命短。随着刷镀层的增厚和变得粗糙，包套很容易被刮破，不仅易造成阳极与工件表面短路烧伤，而且刮下的包套和脱脂棉经常造成镀层夹杂。

（2）镀液浪费严重。随着刷镀时间的延长，镀液中的金属离子浓度下降，当金属离子浓度下降到原浓度的 40%左右时，便无法继续得到合格的镀层，这种情况下镀液就不得不报废，而此时镀液中还有 40%左右的金属（一般是镍）没有利用，造成很大的浪费。

（3）需多次更换镀笔。电刷镀工艺过程包括电净、强活化、弱活化、打底层和镀工作层等多步工序，由于镀液之间不能互相混淆，而镀笔包裹材料中的残液很难清除干净，因此刷镀过程中每步工序都需要更换镀笔，不利于实现自动化刷镀。

（4）零件装夹精度要求高。由于包套内的棉花弹性很小，因此必须要求镀笔与工件之间有很高的配合精度，否则就会造成镀笔与工件之间压力分布不均，压力大的地方电流密度大，镀层沉积快，反之，压力小的部分电流密度小，沉积速度慢，最后的结果是刷镀偏心，而且压力大的部分因沉积速度快而导致镀层局部太厚，并十分粗糙。在后期加工时，当磨到要求尺寸时，镀层薄的区域已几乎磨到基体，而厚的区域的粗糙颗粒还没有磨掉，因此成为废品。就连杆等零件而言，由于其尺寸的不规则性，装夹精度问题几乎是无法解决的，因此必须要从技术的角度入手，降低对装夹精度的要求。

（5）刷镀温度过高。在刷镀镀液要求的刷镀电压进行刷镀，其电流密度范围是 $1\sim2$ A/cm^2，在进行内孔零件刷镀时，由于镀笔与零件接触面积较大，如按照要求的电压进行刷镀，其电流将达到上千安培甚至数千安培，必将产生大量的热能。同时又由于此种镀笔刷镀时零件内所盛装的镀液量很少，镀液循环不畅，因此刷镀产生的热量无法及时释放和冷却，造成温度迅速升高，烧伤镀层。

（6）成本较高。镀笔是个消耗品，在刷镀过程中阳极会逐渐损耗，使用一段时间后由于尺寸不够就不得不更换，而且阳极所使用的高纯石墨价格较贵，因此镀笔的更换成本很高。

5.1.2 新型镀笔设计方案

按传统方式设计镀笔已无法满足内孔自动化刷镀的要求，需要对其进行改进和提高。综合对镀笔的分析，拟从以下两方面改进：一是选用可溶性阳极取代石墨阳极，以补充镀液中金属离子的消耗，延长镀液的使用寿命；二是选用弹性更好、耐磨性更强的材料取代棉花和涤棉套。对于镍镀液来说选择金属镍即可取代石墨作为镀笔的可溶性阳极，解决向镀液中补充金属离子的问题。而选择棉花和涤棉套的替代材料，是设计新型镀笔的一个技术难点。

棉花和包套的作用有以下三点：一是储存并提供镀液，二是阻隔阳极与工件直接接触，三是清除镀层表面的杂质和气泡。而刷镀内孔类零件时其内部是充满镀液的，因此就不需要提供储存镀液的功能，只需阻隔和清除的作用。另外，对摩擦材质还要求不导电、弹性好和耐酸碱腐蚀。设计选用几种不同强度的柔性摩擦材质，如人造聚合物（PA、PP）、生物鬃（猪鬃、马鬃）和天然纤维（山棕）制成的毛刷来取代棉花和包套。在保持一定毛长的情况下，毛刷有很好的弹性并且耐磨性好，制作镀笔刷时预留一定的尺寸，少量的磨损依然可以使用，将延长其使用寿命。可溶性阳极置于镀笔的中间，并与待镀零件表面保持一定的距离，即使阳极与待镀零件存在微小偏心也不会明显地影响其电流的分布，从而降低了对零件装夹精度的要求。

电刷镀工艺过程包括电净、强活化、弱活化、打底层和镀工作层等多步工序，传统手工刷镀每步工序都需要更换镀笔，不利于自动化刷镀。为了减少更换镀笔次数甚至不更换镀笔，本研究对镀笔进行了集成和改进，得到了 NKSD 型镀笔，如图 5.3 和图 5.4 所示。

不锈钢板毛刷与套筒连接，芯轴与镍板连接；此两部分通过绝缘套筒和绝缘垫圈相互绝缘。电净和活化时，套筒通电，芯轴不通电，即不锈钢板毛刷带电，不锈钢板是电极，毛刷起阻隔（防止短路）和清洁作用。此时中心镍板不起作用。镀工作层时，芯轴通电，套筒不通电，即中心的镍板成为阳极，不锈钢板不起作用，毛刷起清洁镀层表面的作用。各工序之间用清水冲洗，由于镀笔的阳极包套改成了毛刷，其储存液体的能力很弱，经过清水冲洗后，上一步工序的溶液残留得很少，基本不会对下一步工序的溶液产生影响。

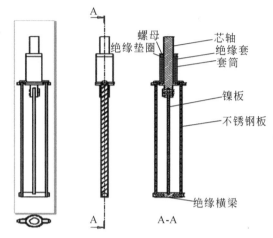

图 5.3 NKSD 型镀笔结构图

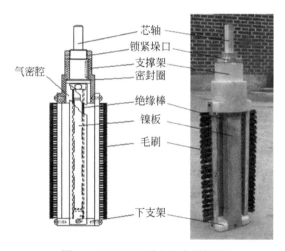

图 5.4 NKSD-I 型内孔专用镀笔

此种电刷镀纳米晶镀笔无论在结构还是在实用性方面，相比于传统电刷镀笔都有了很大提升，完全可以实现一支镀笔完成刷镀全过程。但是，在使用过程中还需注意两个问题。一是阳极的切换。在前处理过程中将阳极切换到套筒（刷板）上，在沉积镀层时，将阳极切换到芯轴（镍板）上。二是不锈钢刷板的侧面和背面（无毛一面）需要进行绝缘保护，否则在沉积镀层过程中，刷板侧面和背部会与周围的镀液直接反应，并对镀液中镍离子的传递造成阻隔，使镍离子在刷板背面发生电沉积，而栽有刷毛的刷板正面的金属（主要是铁）发生溶解，不仅缩短了毛刷的使用寿命，而且对镀液也造成了污染。

　　一般认为，采用优化设计的 NKSD 型电刷镀纳米晶镀笔后，前处理工序不会对阳极镍板造成污染，因此不会污染镀液。其主要原因为：①强活化液和弱活化液中的阳离子（主要是钠离子和氢离子）不会在镍板上发生沉积；②强活化和弱活化的时间都很短（1～2 min 左右），刻蚀下来的基体金属很少，其金属离子在活化液中的浓度很低，并且大部分存留在活化液中，在镍板上发生的主要还是析氢反应；③采用的镍镀液成分简单，抗污染能力强，少量的杂质金属离子不会对镀液的性能造成影响，而且在长时间的电沉积过程中还会与镍离子一起发生共沉积，逐渐消耗，不会积攒在镀液中。

5.1.3　电化学微增材再制造工艺设计

　　如果想在金属零件表面制备出合格的镀层，首先要对零件表面进行前处理。电刷镀技术主要有电净（电化学除油）、强活化（电化学强浸蚀）和弱活化（电化学弱浸蚀）三步工艺。采用电化学的方法进行前处理具有速度快、效果好、前处理液浓度低、利用率高等特点。内孔电化学微增材再制造也采用电化学的方法进行处理，具体的各处理溶液组成和工艺规范如表 5.1 所示。

表 5.1　电化学微增材再制造的各处理溶液组成和工艺规范

工序名称	配方	工艺规范	主要作用
表面准备			打磨抛光去除工件表面锈蚀和疲劳层，绝缘防护未沉积部位
电化学除油	NaOH 25 g/L Na_2CO_3 22 g/L $Na_3PO_4 \cdot 12H_2O$ 50 g/L NaCl 2.5 g/L	室温 pH 11～13 i_c 8～15 A/dm² 1～2 min	采用电化学阴极析氢和化学方法去除工件表面油污
强活化	体积分数 36% HCl 25 ml/L NaCl 140 g/L	室温 pH 0.2～0.8 i_a 10～15 A/dm² 0.5～1.5 min	去除基体表面的氧化层及锈蚀产物等
弱活化	$Na_3C_6H_5O_7 \cdot 2H_2O$ 140 g/L $H_3C_6H_5O_7 \cdot H_2O$ 95 g/L $NiCl_2 \cdot 6H_2O$ 3 g/L	室温 pH 3.5～4 i_a 5～10 A/dm² 1～1.5 min	去除基体表面氧化膜
电刷镀镍	$NiSO_4 \cdot 6H_2O$ 250～300 g/L $NiCl_2 \cdot 6H_2O$ 30～60 g/L H_3BO_3 30～40 g/L	20～60 ℃ pH 4.0～4.4 i_c 1～13 A/dm² 0.5～90 min 0～200 r/min	电沉积镍镀层

5.2　热喷涂技术

热喷涂技术是一种表面涂层技术，通过在基材表面喷射热源将涂料材料熔化，形成一层坚固的涂层。这种技术主要用于提高材料的耐磨性、耐腐蚀性、热障性和机械性能。根据热源的不同可分为：火焰喷涂（flame spraying）、等离子体喷涂（plasma spraying）、电弧喷涂（arc spraying）、冷喷涂（cold spraying）等。其中，火焰喷涂使用氧燃气火焰或其他燃烧气体加热涂料材料；等离子体喷涂使用等离子体火焰将涂料材料加热至熔点；电弧喷涂使用电弧产生的高温将涂料材料熔化；冷喷涂使用高速气体流将室温下的粉末喷射到基材上。热喷涂技术广泛应用于航空航天、汽车、能源、化工等行业，提供了一种有效的方式来改善材料表面的性能和耐久性。以上传统热喷涂技术在学界已经进行了广泛的研究，相关机理趋于成熟，目前已经在工业界取得了广泛的应用。本节将重点介绍目前热喷涂领域的新方向和新的理念。

5.2.1　低温高速火焰喷涂技术

低熔点金属材料在超音速火焰喷涂等热喷涂工艺中容易出现过熔、氧化等现象，不利于高质量涂层的形成。现有的冷喷涂工艺虽不会使涂层发生组织变化，但很难同时获得具有高速度和高温度的粒子。而低温高速火焰喷涂技术作为填补超音速火焰喷涂与冷喷涂之间技术空缺的新型喷涂手段，对制备高质量低熔点金属涂层具有重要意义。目前在超音速火焰喷涂技术的基础上引入惰性气体，进而降低焰流温度，以匹配合适的涂层成形条件，进行低熔点金属涂层的制备是热喷涂技术目前的研究热点，不过该技术目前还处在研究阶段。关于低温高速火焰喷涂焰流的气体射流动力学、燃烧动力学及粒子飞行行为，以及低温高速火焰喷涂系统的集成开发还需要进一步研究。

图5.5为典型低温高速火焰喷枪。该喷枪采用氮-氧双气流煤油雾化技术与二次高压氮气切向注入技术，这两项技术也是该喷枪实现低温喷涂功能的核心单元。图5.6为低温高速火焰喷涂原理图（后续研究中涉及轴向距离的图表均参考此图）。通过双气流煤油雾化喷嘴注入煤油、氧气和一次氮气，通过二次高压氮气切向注入技术注入二次氮气，两次注入的氮气与燃烧气体掺混并通过拉瓦尔喷嘴加速至超音速状态，粉末粒子利用下游侧向双孔注入技术从喷管直管段的欠膨胀低压区送入，在轴线方向高压高温气体的推动下，以熔融或半熔融形态沉积在基体表面上，形成致密度高、牢固性好、功能性强的涂层。

图 5.5 　低温高速火焰喷枪模型

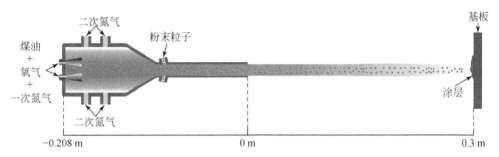

图 5.6 　低温高速火焰喷涂原理图

　　双气流雾化喷嘴由中心锥和内、外套筒组成，原理图如图 5.7（a）所示。内套筒与中心锥体构成主腔体，主腔体后端通入高压氧气，内套筒壁上附有进油孔，煤油从进油孔进入主腔体并在套筒壁面上铺展成油膜，高压氧气高速冲击油膜，并将其带至喷口喷出；从副腔体注入的一次氮气在喷口处与氧气及其携带的煤油相遇，发生剪切作用，将燃油破碎、雾化。二次高压氮气切向注入技术原理图如图 5.7（b）所示。二次氮气从燃烧室下端注入，经过两圈细小孔道沿燃烧室壁面切向注入燃烧室，在喷枪内壁形成旋转推进的高压气体，可以看成具有冷却效果的气膜，有效阻隔高温燃烧气与燃烧室壁面的接触，避免燃烧室经受高温烧蚀。

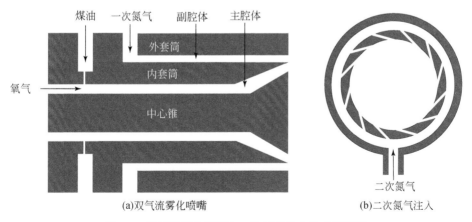

(a)双气流雾化喷嘴　　　　　　　　　　　(b)二次氮气注入

图 5.7 　双气流雾化喷嘴与二次氮气注入技术原理图

低温高速火焰喷涂的流体域模型可分为三个部分：燃烧室流体域、喷管流体域、外部空气流体域，如图 5.8 所示。在燃烧室流体域中，煤油、氧气和一次氮气从双气流雾化喷嘴射入燃烧室内部，二次氮气通过燃烧室周围的两圈圆形小孔切向注入燃烧室内部；在喷管流体域中，将不同尺寸、形状的粒子从喷管两侧注入，通过调整粒子载气的压力控制粒子的注入速度；在外部空气流体域中，设置为成分、比例与空气相同的静态流域，最大程度还原喷口外部的自由射流区。

图 5.8　流体域网格模型

5.2.2　工艺参数对火焰束流的影响

· 氮气压力对焰流特性的影响

为进一步分析燃烧状态下一次氮气压力对焰流特性的影响，目前主要利用 Realizable k-ε 湍流模型与涡耗散模型（EDM）组分燃烧模型，计算低温高速火焰喷涂焰流的温度、速度及压力。为此，忽略二次氮气对内部焰流的干扰有助于更好地分析一次氮气对焰流特性的影响。在上一节基础上，对不同一次氮气压力情况下的流体域进行了数值模拟与对比分析，相关喷涂工艺参数如表 5.2 所示。

表 5.2　燃烧状态中不同一次氮气压力下的喷涂参数

煤油流量	氧气流量	一次氮气压力	二次氮气压力
10 L/h	20 Nm³/h	2~4 MPa	0 MPa

1）一次氮气压力对焰流温度的影响

以 2 MPa 一次氮气压力为例对焰流温度进行分析，如图 5.9 所示。在只注入一次氮气的情况下，燃烧室内部温度区呈现双圆锥扩散状变化，其中雾化喷嘴射流区温度最高，并向轴心与燃烧室两侧方向逐渐减小。

根据温度沿轴心方向的变化趋势，燃烧反应主要分为三个区域：预热雾化区、升温雾化-燃烧区、高温燃烧区。在预热雾化区中，煤油利用雾化喷嘴的双气流射流破碎机理分裂成粒径呈高斯分布的微小液滴。此区域中温度较低，主要以煤油雾化现象为主。在升温雾化-燃烧区中，粒径偏小的液滴雾化后在燃烧室中上游与氧气接触迅速燃烧，使燃烧室内部温度快速提高；粒径稍大的液滴在此区域中因高温而破碎，继续其雾化过程。在高温燃烧区中，粒径稍大的液滴逐渐破碎成多个小液滴，在燃烧室中下游燃烧殆尽。此区域温度上升缓慢，最终达到峰值温度 3326 K。

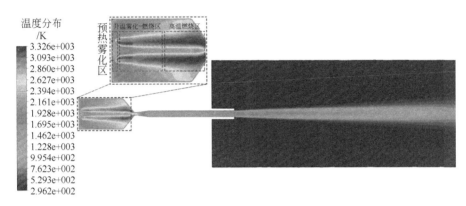

图 5.9　2 MPa 一次氮气注入的温度场

图 5.10 为不同一次氮气压力下焰流温度与轴向距离的关系。从图 5.10 中可以看出，增大一次氮气压力能够提升一次氮气入口的氮气流量，更多的氮气将在燃烧室内部参与掺混，因此喷枪焰流温度得到降低。另一方面，受一次进氮口尺寸的限制（水力直径较小），焰流温度降低程度并不大。值得注意的是，在燃烧室上游近壁面处温度上升较为缓慢，这是因为双气流煤油雾化技术产生的低速回流区使该区域的氮气不断旋转、掺混，从而降低了燃烧室和雾化喷嘴近壁面的温度，保护其不被高温烧蚀。

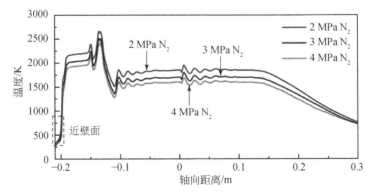

图 5.10　不同一次氮气压力对焰流温度的影响

　　图 5.11 为不同一次氮气压力下的燃烧室内部温度云图，可以更直观地解释上述分析。一方面，一次氮气压力的增加减少了燃烧室内部中高温区域的面积；另一方面，燃烧室上游雾化喷嘴近壁面区域的温度在不断下降，同时低温区也在不断向燃烧室中游扩展。综上所述，双气流雾化喷嘴技术可以在降低焰流温度的同时避免雾化喷嘴被高温烧蚀，且一次氮气压力越大，对雾化喷嘴近壁面的降温效果越好。

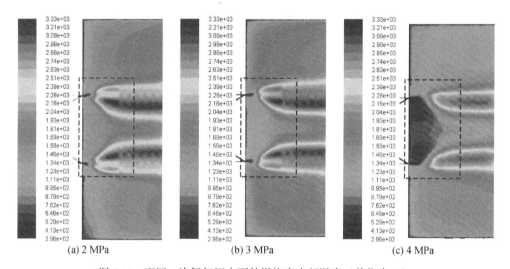

(a) 2 MPa　　　　　　(b) 3 MPa　　　　　　(c) 4 MPa

图 5.11　不同一次氮气压力下的燃烧室内部温度（单位为 K）

2）一次氮气压力对焰流速度的影响

　　以 2 MPa 一次氮气压力为例对焰流速度进行分析，如图 5.12 所示。煤油和氧气在燃烧室内部发生燃烧反应，使内部气体受热快速膨胀，当气体进入拉瓦尔喷嘴后，其速度迅速提高至超音速，在不注入二次氮气时速度最高可达 2239 m/s。随后，超音速气流快速从喷管直管段喷出，进入外部空气域，并在喷口处生成 5～6 个明显的马赫锥。从气体的自由射流阶段可以看出，超音速焰流与空气间存在很大的速度梯度。这些速度梯度交界面处因流场的失稳现象会将常温的空气卷入高温气体中，加速了空气与焰流掺混的现象，导致焰流速度随着喷涂距离的延长不断下降。

　　图 5.13 为不同一次氮气压力下焰流速度值与轴向距离的关系。图中速度曲线在拉瓦尔喷嘴扩张段和喷口自由射流区前段发生起伏波动。这是由于拉瓦尔管的喉径与喷管直管的口径较小，气体因压力梯度过大表现为欠膨胀状态，导致两个区域段激波的产生。此外，气体在拉瓦尔扩张管之后至 0.1 m 喷涂距离之前具有较好的速度保持性，有助于该距离段粒子的飞行与加速。在 0.1 m 喷涂距离之后，

焰流速度的下降幅度随喷涂距离的变远而不断增大。

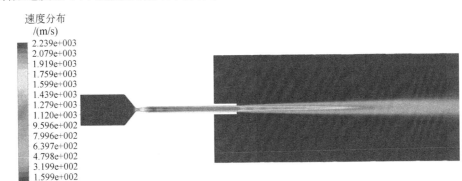

图 5.12 2 MPa 一次氮气注入的速度场

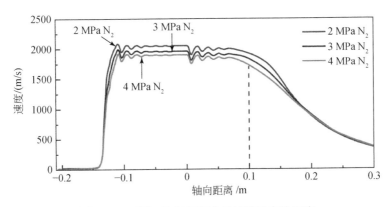

图 5.13 不同一次氮气压力对焰流速度的影响

从一次氮气压力角度来看，较大的一次氮气压力虽然能够提升一次氮气的流量，但会降低整体的焰流速度，这归因于拉瓦尔喷嘴喉部的气体速度 V_{t} 与温度 T_{t} 的函数关系 $V_{t}=(\gamma R T_{t})^{0.5}$。根据函数可知，通过拉瓦尔喷嘴气体速度随气体温度的升高而增大，通过拉瓦尔喷嘴喉部的气体流量也随之增多。因此，较大的一次氮气压力虽然降低了焰流的温度，同时也造成了焰流速度的损失，而焰流速度会直接影响粒子速度，从而影响涂层质量。

5.2.3 低温高速火焰喷涂非晶纳米晶涂层特征分析

1. 非晶纳米晶涂层微观组织结构

低温高速火焰喷涂具有低温特性，在非晶涂层的制备领域具有较大应用前景。

采用典型的四元、五元、六元非晶合金粉末，使用高速火焰喷涂技术制备非晶纳米晶涂层。在喷涂前，使用丙酮超声波清洗基体后烘干，去除基体表面的油污等杂质。然后对基体进行喷砂处理，使基体表面粗糙，喷砂气压为 0.7 MPa，喷砂距离为 100 mm，喷砂角度为 70°～80°。为了保证非晶纳米晶涂层的非晶含量，喷涂技术参数为：空气 85 psi，丙烷 74 psi，氮气 23 psi，氢气 10 psi，喷涂距离 200 mm，偏移间距 5 mm，扫描速度 1000 mm/s，送粉量约 15 g/min。采用日本理学 Ultima IV 型 X 射线衍射仪检测涂层的相结构，选用 Cu 靶的 K_α 射线扫描范围为 10°～80°，扫描速度为 2°/min，步长为 0.02°。图 5.14 为非晶纳米晶涂层的 XRD 图谱。从图中可知，三种涂层在 $2\theta=34$°～48°存在一个明显的漫散射峰，这是典型的非晶特征，说明涂层主要是非晶态的，同时涂层中产生了晶化物和氧化相。经计算，四元、五元和六元涂层非晶含量分别约为 85%、96% 和 90%。涂层的高非晶含量是由于低温高速火焰喷涂过程中以氮气代替氧气作为载入气体，提供的冷却速率高于非晶形成的临界冷却速率，以及降低了涂层的氧化物和晶化相的含量。

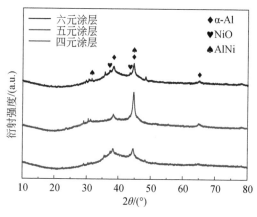

图 5.14　三种涂层的 XRD 图谱

图 5.15 为三种涂层横截面照片。可以看出，涂层的厚度均在 350～400 μm，与基体结合紧密，在结合处没有明显的缝隙。使用灰度法测得涂层孔隙率分别约为 0.44%、0.33% 和 0.39%，除了涂层存在少量裂纹和喷涂不均匀的区域，三种涂层结合较为致密。这是由于较快的喷涂速度使颗粒以扁平化的形态与基体接触，增大了接触面积，使熔融的颗粒散热速率加快，减小了晶粒形核生长的概率，提高了涂层的致密性。

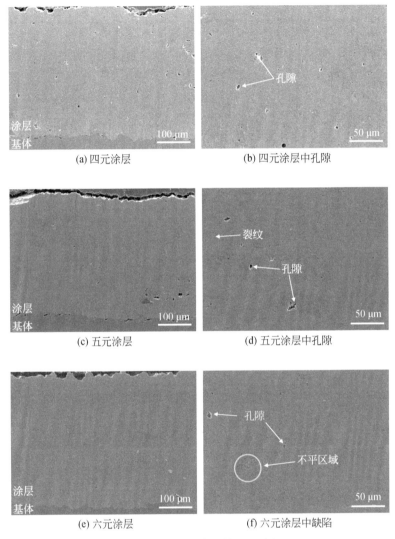

图 5.15　三种涂层的 SEM 图

　　图 5.16 为涂层背散射电镜图。三种涂层均呈现典型的层状结构，层与层之间搭接紧密，存在少量孔隙、裂纹和未熔化粉末等缺陷。涂层主要由类似于 B 区和 C 区的组织构成，并有少量 D 区深色组织，A 区的亮白色点状组织仅微量分布。对涂层成分分析后认为，A 区 Al 元素较多，且存在一定的 O 元素，主要是 Al_2O_3 和其他晶化相析出的区域；B 区以 O 元素居多，其次是 Al 元素和其他元素，该区域的氧化物含量较高，为 Al_2O_3、NiO 和 Y_2O_3 等氧化物聚集区；C 区为涂层最多的组织，O 含量极低，为非晶及纳米晶主要存在区域；除了五元涂层的 D 区域

氧含量较高外,四元和六元涂层的 D 区成分与 C 区类似,区别在于元素分布不同。

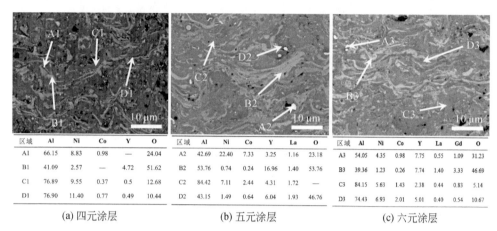

区域	Al	Ni	Co	Y	O
A1	66.15	8.83	0.98	—	24.04
B1	41.09	2.57	—	4.72	51.62
C1	76.89	9.55	0.37	0.5	12.68
D1	76.90	11.40	0.77	0.49	10.44

(a) 四元涂层

区域	Al	Ni	Co	Y	La	O
A2	42.69	22.40	7.33	3.25	1.16	23.18
B2	53.76	0.74	0.24	16.96	1.40	53.76
C2	84.42	7.11	2.44	4.31	1.72	—
D2	43.15	1.49	0.64	6.04	1.93	46.76

(b) 五元涂层

区域	Al	Ni	Co	Y	La	Gd	O
A3	54.05	4.35	0.98	7.75	0.55	1.09	31.23
B3	39.36	1.23	0.26	7.74	1.40	3.33	46.69
C3	84.15	5.63	1.43	2.38	0.44	0.83	5.14
D3	74.43	6.93	2.01	5.01	0.40	0.54	10.67

(c) 六元涂层

图 5.16　三种涂层的背散射 SEM 图

图中数据单位为原子百分数（%）

　　图 5.17 为三种涂层的差示扫描量热（DSC）曲线。一般 DSC 曲线上存在表示玻璃化转变的吸热峰和发生晶化的放热峰,但铝基非晶合金的非晶形成能力（GFA）较小,属于边缘性非晶合金,涂层没有明显的玻璃化转变温度 T_g [1,2]。涂层的第一放热峰分别始于 215.8 ℃、237.6 ℃ 和 236.3 ℃,表明涂层具有一定的抗结晶性。第一晶化温度较高表明涂层不易发生晶化。如果温度超过 200 ℃,这些涂层会很快结晶,关键性能会恶化。该温度对在工业应用中判断结晶反应和高温稳定性具有重要意义。

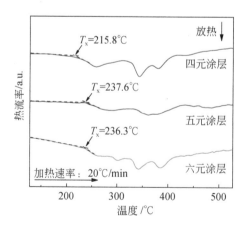

图 5.17　三种涂层的 DSC 曲线

2. 非晶纳米晶涂层的显微硬度和结合强度

图 5.18 为涂层截面显微硬度沿深度方向分布情况。从图 5.18 可以看出,四元、五元和六元涂层的平均显微硬度值分别为 320 $HV_{0.1}$、410 $HV_{0.1}$ 和 330$HV_{0.1}$,高于45 钢($205HV_{0.1}$)和一般铝合金。其中,五元涂层硬度最高,约为纯铝涂层($66HV_{0.1}$)的 7 倍。

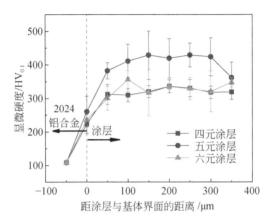

图 5.18 三种涂层沿深度方向的硬度分布

根据 GB/T 8642—2002 标准对三种涂层的拉伸结合强度进行了测试。将涂层直接喷涂在直径为 25.4 mm 的圆柱棒上,喷涂前对圆柱棒进行除油除锈喷砂预处理,喷涂厚度约为 150 μm。喷涂后将试样与对偶件用高强度 FM1000 胶同心黏结,采用特制的卡具保证两根试样棒的同心度,确保拉伸试验的准确性。把黏结好的试样棒在真空干燥箱内加热 100 ℃,保温 4 小时。在万能拉伸试验机上进行测试时,每组试样至少 5 个,并取其平均值。经测试,四元、五元和六元涂层的平均结合强度值分别为 71.3 MPa、76.6 MPa 和 74.1 MPa。图 5.19 为三种涂层的断面形貌照片。

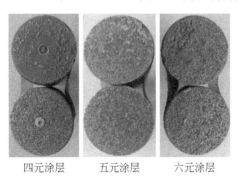

四元涂层　　　　五元涂层　　　　六元涂层

图 5.19 三种涂层结合强度断面形貌

对于涂层内聚强度的测试，将一对圆柱试样对接在一起，用紧固螺栓紧固。圆柱试样外表面喷涂前进行精加工，除油除锈，喷砂后精确测量圆柱试样直径 D_0。在圆柱试样外表面喷涂涂层，然后去掉紧固螺栓，两个圆柱试样只有涂层连接。测量圆柱棒直径 D_s，根据两者差值精确计算出涂层厚度和涂层连接的横截面积 S。在圆柱棒中插入拉伸螺栓，在万能拉伸试验机上根据已知的接触面积 S 测试涂层的内聚强度。两个试样只有涂层相连，测试得到的结果就是涂层内部的结合强度。测试装置原理示意图及实例如图 5.20 所示。四元、五元和六元涂层的内聚结合强度值分别为 263 MPa、261 MPa 和 267 MPa。

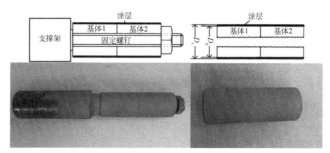

图 5.20　拉伸试样示意图及实例

3. 涂层的耐腐蚀性能

图 5.21 为三种涂层和 2024 铝合金、45 钢在 3.5% 的 NaCl 溶液中的动电位极化（Tafel）曲线。表 5.3 为对应 Tafel 曲线拟合出的极化结果。45 钢没有钝化行为，表现为活性溶解；2024 铝合金钝化电流密度大约在 $10^{-2} \sim 10^{-1} \mathrm{A/cm^2}$，不易发生钝化；非晶涂层表现出较为明显的钝化区，均在自腐蚀电流密度为 $10^{-5} \mathrm{A/cm^2}$ 左右出现钝化区。

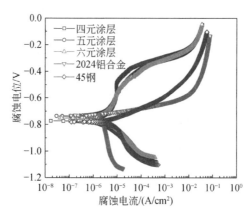

图 5.21　涂层、2024 铝合金、45 钢在质量分数为 3.5% 的 NaCl 溶液中的 Tafel 曲线

表 5.3　试样在质量分数为 3.5% 的 NaCl 溶液中的 Tafel 曲线的拟合结果

	E_{corr}/V	i_{corr}/(μA/cm^2)	R_p/(kΩ/cm^2)
四元涂层	-0.773	2.981	13.309
五元涂层	-0.736	3.498	11.905
六元涂层	-0.752	3.718	11.002
2024 铝合金	-0.735	2.230	7.301
45 钢	-0.781	7.506	3.763

　　自腐蚀电位（E_{corr}）表示金属的腐蚀难易程度，其值越正即越难被腐蚀；自腐蚀电流密度（i_{corr}）是表征材料腐蚀速率的参数，其值越低即材料的耐腐蚀性能越好。四元、五元和六元涂层的 E_{corr} 值分别为 -0.773 V、-0.736 V 和 -0.752 V，比 45 钢的高，略低于 2024 铝合金，涂层表现出较好的防腐蚀倾向，其中五元涂层的腐蚀倾向最小。四元、五元和六元涂层的 i_{corr} 值分别为 2.981 μA/cm^2、3.498 μA/cm^2 和 3.718 μA/cm^2，为 45 钢的一半，与 2024 铝合金相近。同时，极化电阻（R_p）也是反映材料腐蚀情况的重要参数，其值越大即材料越不容易发生腐蚀。四元、五元和六元涂层的 R_p 值分别为 13.309 kΩ/cm^2、11.905 kΩ/cm^2 和 11.002 kΩ/cm^2，约是 2024 铝合金 2 倍，约是 45 钢 3 倍。

5.3　激光熔覆技术

　　激光熔覆成形制造技术是将选定的涂层材料通过不同的填充方法，利用高能量密度激光照射，使涂层材料和基体表面上的薄层同时熔化并迅速凝固，形成与基体成冶金结合良好的表面涂层的工艺方法。根据激光的光斑形貌，可以将激光熔覆技术分为传统激光熔覆和环形激光熔覆技术。传统激光熔覆的激光一般位于中间，而粉路分布于四周。因其结构简单，目前已经取得了较为广泛的应用。环形激光熔覆技术是一项利用中空环形的聚焦高能激光束和光内输送的熔覆材料同轴耦合作用于基体表面的典型材料沉积加工技术。与传统激光熔覆技术相比，它在激光能量利用率、熔覆材料沉积率、光料耦合精度、熔覆过程稳定性及熔覆层结合质量等方面均有大幅度提升，因此备受关注。该技术可实现优异的耐磨、耐高温和耐腐蚀性能；易实现工艺数字化、自动化控制，可用于结构复杂、难加工以及薄壁零件的加工制造。

5.3.1　激光熔覆技术的基本原理和工作过程

　　激光熔覆是一种先进的表面处理技术，其基本原理涉及使用高能激光束熔化表面材料并在其上沉积新材料，以改善材料表面性能或修复损坏的部分。这项技术包括以下几个关键步骤：

（1）能量转换：激光熔覆系统利用激光器产生高能激光束。这束激光在材料表面聚焦，转换为热能。

（2）熔化材料：高能激光束的能量使表面材料迅速升温，超过其熔点。这导致表面材料瞬间熔化或部分熔化。

（3）材料沉积：同时，通过喷射或传送供给新材料（通常是粉末或线材），这些材料以精确的速度和位置沉积到熔化的表面上，形成新的涂层。

（4）合金化/合成：在激光熔覆的过程中，熔化的原始材料与添加的新材料混合，从而产生新的合金结构或复合材料。这种合金化过程有助于提高表面的硬度、耐磨性、耐腐蚀性等特性。

工作过程：

（1）准备表面：表面清洁和预处理是关键的第一步，以确保激光可以准确地作用于表面，并确保涂层的附着力和质量。

（2）激光照射：激光束被聚焦到工件表面的特定区域，产生高能密度的热源，使该区域的材料迅速升温并熔化。

（3）材料喷射/沉积：同时，新材料以粉末或线材的形式被喷射或传送到熔化的表面上，与熔化的基材相结合。

控制与移动：这一过程通常由计算机控制，以确保精确的涂层厚度、化学成分和结构。工件通常在激光照射下以精确速度移动，以获得所需的形状和厚度。

激光熔覆技术的灵活性和精确性使其在各种工业应用中得到广泛使用，涵盖了从修复磨损零件到改善材料表面性能的广泛领域。总体而言，激光熔覆技术在制造业的各个领域都有望继续发展，为生产过程带来更高效、灵活和创新的解决方案。未来，随着技术的不断推进和新应用领域的发现，激光熔覆有望成为制造业中不可或缺的一部分。

5.3.2　环形激光熔覆加工头设计开发

1. 光路设计原则

主流环形激光熔覆加工头内部光路结构特点是基于光内同轴送粉作用的反射-透射式环形光路结构，并对各光学元件的尺寸进行理论计算以获得光束传播的边界限制条件，同时对反射-透射式环形光路进行模型建立等工作。激光熔覆的核心在于如何为熔覆材料和基体材料合理分配激光能量，而处理好这一问题的基础在于加工头可以输出一束能量均匀、形态适合的聚焦激光束。

典型的环形激光熔覆加工头内部光路为反射-透射式环形光路,如图 5.22 所示,分别由准直单元、反射面元件、W 形轴锥镜、分束棱镜组、光学平面反射板、合束棱镜组以及聚焦透镜组成。图中粗线条表示熔覆工作时的激光束,细线条表示同轴送粉管,设计激光束波长为 1080 nm。从激光器发射的激光束是具有一定发散角的非平行光束,且出射光束的光斑直径大、光斑能量密度低、能量分布不均匀。由图 5.22 可以看到,出射的激光被准直单元整形成为平行光束,然后通过 W 形轴锥镜将实心准直光束转换为环形光束,并利用反射面元件完成传播方向的折转,随后经过分束棱镜组将完整的环形光束分为两束形态对称、中间留有间隙的半环形光。两束半环形光经平面反射板发生转向,其间隙用于同轴放置送粉管。达到光粉同轴耦合的目的后,两束被分开的半环形光束经合束棱镜组合并为一个完整的环,最后经过聚焦透镜会聚在工作面。

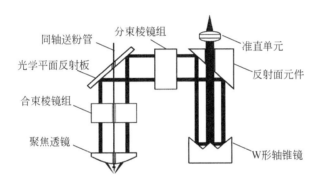

图 5.22　反射-透射式环形光路结构示意图

确定光路中光学元件的数量、相关参数以及光学元件间的距离是光路设计的关键工作之一。首先,根据光束传输的边界限制条件对各光学元件的尺寸进行确定。其次,为了将模拟结果贴近实际情况,在构建光路模型时使用透镜设计的实际尺寸。图 5.23 为反射-透射式环形光路的二维模型和三维模型。为了获得激光在传输过程中的光束形态和能量分布状态,在光路各关键位置设置了探测器,探测器可以根据追迹分析光线所积累的能量显示出光束在该位置下的光斑形态、能量分布状态等信息。如图 5.23(a)所示,该光路结构中共设置了六组探测器,因此可以获取光束在相应距离范围内的传输信息。如图 5.23(b)所示,探测器 1～5 显示了光路中光束在不同位置由实心圆心转换为中空环形的过程。

2. 环形激光熔覆光斑形态

在光路模型中添加光源面,将光源类型设置为高斯型光源,例如光源能量为

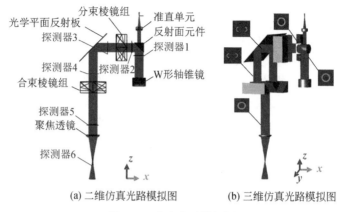

(a) 二维仿真光路模拟图   (b) 三维仿真光路模拟图

图 5.23　仿真光路模拟图

1000 W，在光路传输路径上设置不同类型的探测器，最后对模型进行光线追迹。重点关注环形光束在传输路径和聚焦路径的面探测器和体探测器，在离焦量（$F\pm4$）mm 范围内。图 5.24 为在聚焦透镜前完成合束的环形光束图。由图 5.24 可得，环形光束的能量呈现双峰状分布，能量变化连续。

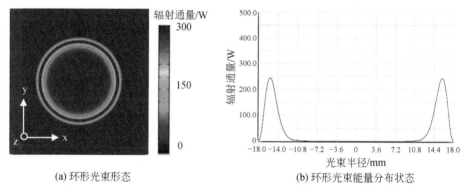

(a) 环形光束形态   (b) 环形光束能量分布状态

图 5.24　传输路径的环形光束光斑形态与能量分布状态

图 5.25 显示了传统激光焦点位置处光斑形态与能量分布状态。光斑直径为 375 μm，能量呈现"高斯型"分布。

可以看出，平顶型激光源经几何光学元件输入所形成的环形光斑能量分布存在骤变特点，并且正负离焦位置能量分布状态相反；与此相比，输入高斯型激光源所形成的环形光斑能量分布均匀，正负离焦位置的能量分布状态相对称。除此之外，使用高斯光源输入所形成的环形聚焦光斑尺寸更小。

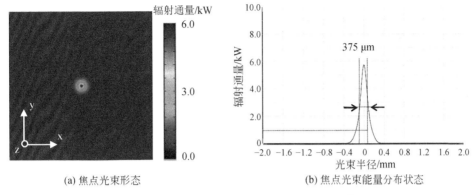

(a) 焦点光束形态　　　　　　　　　(b) 焦点光束能量分布状态

图 5.25　焦点位置的光斑形态与能量分布状态

3. 环形激光熔覆层基本形貌表征分析

典型单道熔覆层的横截面几何特征如图 5.26 所示，W、H 和 D 分别代表着熔覆层截面的宽度、高度和深度，θ_1 和 θ_2 分别代表熔覆层左右两侧的成形角度。熔覆层的稀释率 η 用熔深与熔覆层厚度（熔高和熔深之和）的比值来近似计算。

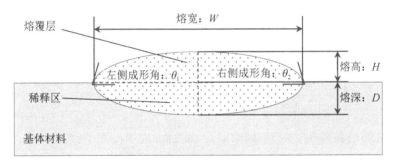

图 5.26　熔覆层尺寸特征示意图

激光熔覆工艺参数对熔覆层的形貌有很大的影响，如环形激光熔覆加工头离焦量调节至-0.5 mm，对应光斑外径为 0.5 mm，准单模激光功率为 1000 W，送粉速率为 5 g/min，扫描速度为 3 mm/s，载粉气流量与保护气流量数值进行相应设置。图 5.27 分别为单道熔覆层的宏观形貌和金相形貌。由图 5.27（a）可知，熔覆层的外表面没有黏接未熔粉末颗粒，熔覆层的表面光滑平整。由图 5.27（b）可知，熔覆层的熔宽为 400.8 μm，熔高为 200.8 μm，熔覆层宽高比为 1.99。可见环形光内同轴中心送粉熔覆过程中送粉管位于激光束的几何中心，实现了光粉同轴耦合的目标。由于粉束垂直喷射，所以粉束流不存在汇聚焦点，但受环境气氛影响，粉束流在喷射过程中会有一定的发散，但在环形保护气的作用下，粉束可以被充分包裹在环形气帘内部。通过对粉管直径和聚焦光斑负离焦量的调节，粉束流可以完全被激光束包覆，进而光粉耦合过程在很大程度上不会出现粉末散落在激光外侧的情况。从图 5.27 中可以看到熔覆层的外表面不仅光滑，而且熔覆层整体立体感更强。

 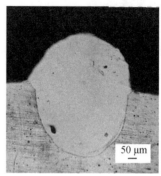

(a) 熔覆层宏观形貌　　(b) 熔覆层金相形貌

图 5.27　环形激光单道熔覆层形貌

与传统圆形高斯光斑、激光光外侧向同轴送粉熔覆方式相比，采用环形激光光内同轴中心送粉熔覆方式进行熔覆可以有效改善熔覆层外表面粗糙的现象。同时环形激光光内同轴中心送粉加工技术的环形光斑外径更小，所形成的熔覆层宽度更小，熔覆层形态更加立体。这更有利于成形尺寸较小、形状复杂的精密零件。

参 考 文 献

［1］Kramer J. Der amorphe Zustand der Metalle. Zeitschrift für Physik, 1937, 106(11): 675-691.

［2］张志彬, 梁秀兵, 陈永雄, 等. 热喷涂工艺制备铝基非晶态合金材料研究进展. 材料工程, 2012, 2: 86-90.

第6章

严苛环境下重型装备损伤检测与评价技术

6.1 常用在役设备损伤检测技术

6.1.1 涡流检测技术

在 19 世纪早期，人们对电和磁的认识尚处于初步阶段。然而，丹麦物理学家奥斯特在 1820 年的一项重大发现改变了这一切。他发现当电流通过导体时，会在其周围产生磁场。这是历史上首次证明了电与磁之间的直接联系。在 1831 年，英国科学家法拉第又有了进一步的重大突破。他在实验中观察到，如果在一个闭合导体内改变磁场，则会在导体内产生变化的电流，并把这种变化的电流称为感应电流，即电磁感应现象。直到 1873 年，麦克斯韦系统地对前人的工作进行总结，并在此基础上提出了麦克斯韦方程组，方程组的微分形式为

$$\nabla \times H = J + \frac{\partial D}{\partial t} \tag{6.1}$$

$$\nabla \times E = -\frac{\partial B}{\partial t} \tag{6.2}$$

$$\nabla \cdot B = 0 \tag{6.3}$$

$$\nabla \cdot D = \rho \tag{6.4}$$

式中，H 为磁场强度；J 为电流密度；D 为电位移密度；t 为时间；B 为磁感应强度；E 为电场强度；ρ 为自由电荷密度。

麦克斯韦方程组能够用来描述任一闭合曲线的面积内或任一闭合曲面中的场与场源随时空变化的关系。为了更加具体地展现这一特性，可以将其转化为积分形式的表达方式，以更好地理解场源和电磁场之间的相互作用。

$$\oint_S D \mathrm{d}S = q \tag{6.5}$$

$$\oint_S B \mathrm{d}S = 0 \tag{6.6}$$

$$\int_l H \mathrm{d}l = \oint_S \left(J + \frac{\partial D}{\partial t} \right) \mathrm{d}S \tag{6.7}$$

$$\int_l E dl = -\oint_S \frac{\partial B}{\partial t} dS \tag{6.8}$$

麦克斯韦方程组是电磁学的基本理论框架，其中包括四个定律：全电流定律表明通过任意封闭曲线的总电流（包括传导电流和位移电流）是恒定不变的，而且位移电流也可以产生磁场；法拉第电磁感应定律揭示了电场的旋度与磁通密度的时间变化率之间的关系，说明变化的磁场会导致电流的变化；高斯磁定律表示磁力线由一个封闭曲线构成；最后，高斯定律指出闭合曲面上的位移电流等于曲面内部的所有电荷密度的总和。通过这四大定律，可以深入了解电磁场的本质以及它们之间的相互作用，并且能够掌握电磁场的计算方法和应用技巧。

在电磁学中，电磁感应原理阐述了电流产生的磁场是如何与导体中的变化电流相互作用的，如图 6.1 所示。电流 I_1 进入激励线圈后会在线圈周围产生变化的磁场 B_1（初级磁场），导体内部在初级磁场作用下会产生一个变化的电流 I_2，该电流就是涡流，涡流又会产生一个磁场 B_2（次级磁场）。接收信号装置接收的磁场 B 是初级磁场和次级磁场的总和。如果在物体内部存在缺陷或其他因素引起磁场的变化，那么磁场的连续性就会受到影响。这意味着次级磁场会发生相应变化，最终导致总磁场发生变化。当接收装置为磁传感器时，总磁场信号会转化为感应电压信号，对感应电压信号进行数据处理和信号分析即可了解试件内部的缺陷状况。

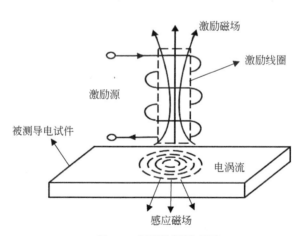

图 6.1　涡流检测原理图

此外，在电磁场中，需要对介质特性方程进行描述，当介质为线性或各向同性材料时，本构方程为

$$D = \varepsilon E \tag{6.9}$$

$$B = \mu_0 (H + M) \tag{6.10}$$

$$J = \gamma E \tag{6.11}$$

式中，ε 为介质的介电常数；μ_0 为真空磁导率，其值为 $4\pi \times 10^{-7}$ H/m；γ 为介质的电导率。

介质的相对磁导率 μ_r 计算式为

$$B = \mu H = \mu_0 \mu_r H \tag{6.12}$$

联立式（6.12）和式（6.10）可得，

$$\mu_r = \frac{B}{\mu_0 H} = 1 + \frac{M}{H} \tag{6.13}$$

式中，μ 为介质的绝对磁导率；μ_r 为介质的相对磁导率；H 为磁场强度；M 为磁矩。

依照麦克斯韦方程组，电场和磁场随着时间变化相互激励时会产生电磁波，同时向外传输时变电磁场的能量，当介质满足线性和各向同性时，时变电磁场的总电磁场能量密度表示为

$$w = w_m + w_e = \frac{1}{2} \left(H \cdot B + E \cdot D \right) \tag{6.14}$$

其中，磁场能量密度 w_m 表示为

$$w_m = \frac{1}{2} H \cdot B \tag{6.15}$$

电场能量密度 w_e 表示为

$$w_e = \frac{1}{2} E \cdot D \tag{6.16}$$

引入坡印廷定理表征电磁场能量守恒的关系，表达式为

$$-\nabla \cdot (\vec{E} \times \vec{H}) = \frac{\partial}{\partial t} \left(\frac{1}{2} \vec{E} \cdot \vec{D} + \frac{1}{2} \vec{H} \cdot \vec{B} \right) + \vec{E} \cdot \vec{J} \tag{6.17}$$

式（6.18）表示进入体积 V 的能量等于体积 V 增加的能量与损耗能量之和。在涡流检测当中，$\vec{E} \cdot \vec{J}$ 表示涡流损耗总功率。

求某点的场量在 t 时刻，x 位置瞬时能量流密度矢量的表达式为

$$\vec{S}(x,t) = \vec{E}(x,t)\vec{H}(x,t) \tag{6.18}$$

由式（6.19）可知，当 $\vec{E}(x,t)$ 和 $\vec{H}(x,t)$ 同时成为最大值时，能量流密度值为最大值。

时变电磁场在频域中为不同频率下时谐电磁场的叠加。通常表征一个周期 T 内的平均坡印廷矢量（平均能量密度矢量）$\vec{S}_{av}$ 比研究瞬时状态下更有意义，表达式为

$$\vec{S}_{\text{av}} = \frac{1}{T} \int_0^T S \mathrm{d}t \tag{6.19}$$

在涡流检测领域，根据激励信号的形式把涡流划分为三个主要类别：单频涡流、多频涡流和脉冲涡流，如图 6.2 所示。

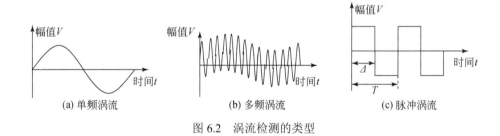

(a) 单频涡流   (b) 多频涡流   (c) 脉冲涡流

图 6.2   涡流检测的类型

1）单频涡流

当线圈内通入一个正弦信号，线圈周围会产生一个初级交变磁场，而交变磁场又会在试件的内部产生一个交变电流。所产生的交变电流进一步产生次级交变磁场。次级磁场总会阻碍磁通量的变化，进而引起线圈阻抗的变化，此时检测线圈接收到的信号仍为单个正弦波。

在单频涡流当中，涡流密度可以表示为

$$J_x = J_0 \mathrm{e}^{-\sqrt{\pi f \sigma \mu} x} \tag{6.20}$$

式中，J_x 为涡流密度 x 分量；J_0 为导体表面涡流密度；x 为距离表面的深度；f 为激励频率。

随着距离表面深度的增加，涡流密度以指数方式逐渐减小。涡流检测深度直接影响检测效果，这种现象称为趋肤效应。通常，将感应电流密度衰减到 $1/\mathrm{e}$ 时的深度定义为标准趋肤深度 δ。

$$\delta = \frac{1}{\sqrt{\pi \mu \sigma f}} \tag{6.21}$$

2）多频涡流

多频涡流指往线圈同时激励多个不同频率的正弦信号，待测试件因缺陷存在或者厚度变化影响输出信号变化，输出多个不同频率的正弦信号相叠加的信号。虽然该方法可收集更多种类的信息，但也需要相应的硬件和软件工具去分离信号，以便从中提取出有意义的信息。

3）脉冲涡流

脉冲涡流指在线圈中通入方波信号或阶跃信号，在脉冲涡流信号作用下，线圈周围会产生感应脉冲磁场，进而在试件上产生脉冲电流，从而产生感应磁场，接收线圈感应出脉冲电压[1]。当输入信号为方波信号时，其频谱由无数个谐波分量组成。脉冲涡流的频域信号十分丰富，可在试件内部进行深度渗透。

方波信号的傅里叶展开式为[2]

$$F(t) = A_0 + \sum_{n-1}^{\infty} A_n \sin(n\omega t + \varphi) \tag{6.22}$$

式中，ω 为基波频率；φ 为相位；A_0 为直流分量；A_n 为频谱振幅。

其中，振幅谱 A_n、基波角频率 ω 和谐波角频率 ω_n 计算式为

$$\begin{cases} A_n = \dfrac{2V}{n\pi} \left| \sin\left(\dfrac{n\pi\Delta}{T}\right) \right| \\[3mm] \omega = 2\pi f = 2\pi \dfrac{1}{T} = \dfrac{\pi}{\Delta} \\[3mm] \omega_n = n\omega_0 = n\dfrac{\pi}{\Delta}, n = 1,3,5,7,\cdots,\infty \end{cases} \tag{6.23}$$

式中，T 为周期；Δ 为脉冲宽度；V 为振幅。

脉冲涡流的渗透深度计算式为

$$\delta = \sqrt{\dfrac{2\Delta}{n\pi\mu\sigma}}, n = 1,3,5,7,\cdots,\infty \tag{6.24}$$

当 $n=1$ 时，脉冲涡流的基波频率分量的趋肤深度为

$$\delta = \sqrt{\dfrac{2\Delta}{\pi\mu\sigma}} \tag{6.25}$$

除此之外，根据涡流的激励接收方式可分为远场涡流、阵列涡流、涡流热成像技术等。远场涡流具有低频涡流的特点，它可以穿透结构厚度，通过检测穿过厚度并从返回的磁场信号来实现对结构厚度、缺陷的测量；阵列涡流指通过多个相互独立的线圈进行检测，这种检测方式主要可以实现大范围广角度缺陷检测；涡流热成像是利用电磁学中的涡流现象与焦耳热现象相结合来进行缺陷检测的实时成像技术。通过这些涡流技术，可以深入地检测试样内部的结构状态，为后续工作提供必要的数据支撑。

6.1.2 微米压入技术

微米压入力学性能评价技术可将载荷-深度曲线与材料的宏观拉伸性能[3-5]、断裂韧性[6-8]、残余应力[9-11] 等参量相关联，对材料微区宏观力学参数进行可靠提取，实现小尺寸样品、焊接多元结构及再制造构件再制造区等准无损评价，也可用于服役装备力学性能在线监测。微米压入技术早期仅用于测试材料的弹性模量与硬度，随着技术的进展，目前已可对材料屈服强度、抗拉强度、应变硬化指

数、断裂韧性和残余应力等参量进行评价[12]。

1. 单轴拉伸性能评价

微米压入测试技术可以在准无损条件下对材料微区拉伸性能进行有效评价，现有压入技术中，纳米压入技术虽然能实现微介观尺度力学性能评价，但往往需要取样，且对测试条件要求苛刻，无法进行现场评价[13]。微米压入技术对测试条件容忍度较高，可实现微米尺度下力学性能的现场准无损评价，目前已经有大量学者对金属材料拉伸性能的微米压入评价技术开展研究，提出了以经验方法、数值方法、解析方法为主的多种研究方法。

1）经验方法

1992 年，Oliver 等[14] 提出了通过压入实验仪器计算被测试样硬度和弹性模量的方法，标志着压入实验测量材料力学性能正式进入人们的视野。经过广泛的研究和改进，Oliver 等[15] 重新定义了无量纲参数，修正了接触刚度、有效弹性模量和接触投影面积的关系式，为

$$S = \beta \frac{2}{\sqrt{\pi}} E_{\text{eff}} \sqrt{A} \tag{6.26}$$

式中，S 为接触刚度；β 为修正因子，对于 Berkovich 压头为 1.034，对于 Vickers 压头为 1.012，对于球压头为 1；A 为接触投影面积，E_{eff} 为有效弹性模量，定义为

$$\frac{1}{E_{\text{eff}}} = \frac{1-v^2}{E} + \frac{1-v_{\text{i}}^2}{E_{\text{i}}} \tag{6.27}$$

式中，E 和 E_{i} 分别为材料和压头的弹性模量，v 和 v_{i} 分别表示材料和压头的泊松比。

随后，Byun 等[16] 和 Murty 等[17] 提出通过球压头连续压入试验获取材料拉伸性能的新方法，制造出了第一台连续球压入试验机并申请了美国专利。该项试验机将球压头按照一定速率垂直加载在材料表面并形成压痕，当压入深度到达待定值时，卸载部分载荷后再加载，不断重复此过程，同时通过位移传感器和载荷传感器分别记录压入深度和载荷大小，得到位移-载荷曲线，如图 6.3 所示。此位移-载荷曲线可以通过公式转化为材料的真应力-真应变曲线，被命名为自动球压入检测技术（automated ball indentation technology，ABI 技术）。

在上述理论中，材料的表征应变 ε_{R} 和表征应力 σ_{R} 可由以下方程式得出：

$$\varepsilon_{\text{R}} = 0.2 \frac{d_{\text{p}}}{D} \tag{6.28}$$

$$\sigma_{\text{R}} = \frac{4P}{\pi d_{\text{p}}^2 \omega} \tag{6.29}$$

式中：d_{p} 为卸载后的压痕塑性直径，D 为球压头直径，P 为压入载荷，ω 为压头下

与材料塑性区相关的约束因子。ABI 方法包括 n 次加载循环，可获得 n 组表征应力与表征应变数据，之后对得到的应力–应变数据进行幂函数拟合，即可得到材料塑性变形阶段的应力-应变曲线。

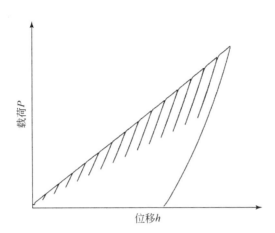

图 6.3　连续球压入试验压入位移–压入载荷曲线图

Hill 等[18]针对压入试验中材料出现的堆积/凹陷现象（如图 6.4 所示），提出了用系数 c^2 表征材料的堆积与凹陷程度。

$$c^2 = \frac{5(2-n)}{2(4+n)} = \frac{a_c^2}{a^2} \tag{6.30}$$

考虑到压入试验中堆积/凹陷现象的影响，Ahn 等[19]用压痕接触面积的投影半径代替卸载后的压痕塑性直径，重新定义了材料的表征应力与表征应变计算方程。

$$\varepsilon_R = \frac{\alpha}{\sqrt{1-(a_c/R)^2}} \frac{a_c}{R} \tag{6.31}$$

$$\sigma_R = \frac{P}{\pi a_c^2 \psi} \tag{6.32}$$

式中：a 为未考虑堆积/凹陷现象的材料压痕接触面积的投影半径；a_c 为考虑堆积/凹陷现象的材料压痕接触面积的投影半径，可联立式（6.31）和压痕形貌的几何方程求出；R 为压头半径；α 为应变约束因子，取值为 0.14；ψ 为应力约束因子，在球压入试验中取值为 3。

近年来，测试材料拉伸性能的经验方法得到了改进与验证[20-22]，伍声宝等[23]研究了连续球压入试验中试样厚度和球压头直径对拉伸性能测试的影响，结果表明试样厚度在远大于压头半径的情况下对试验结果影响很小，使用直径分别为 0.5 mm 和 1 mm 的球压头进行试验，屈服强度和抗拉强度评价结果相较于拉伸试

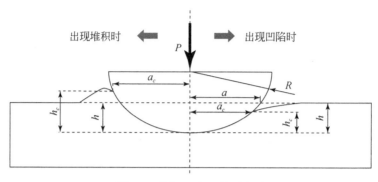

图 6.4　堆积/凹陷现象示意图

验结果的最大误差分别为 6.8% 和 1.9%；Xu 等[24] 通过大量的分析计算，建立了应变约束因子 α 和应力约束因子 ψ 与材料塑性参数之间的数学关系，方程显示 α 取决于材料的应变硬化指数，ψ 取决于材料的应变硬化指数和屈服应变；2018 年，Chang 等[25] 基于 Tabor 方程对应力约束因子 ψ 进行了实验研究，提出当 $\psi=0.32$ 时可以获得更精确的应力-应变曲线。经验法成功用于铝合金、钢及钛合金等多种类型金属材料的拉伸性能评估，应用场景包括块体金属、焊接接头、表面加工层等，比如 Pamnani 等[26] 采用 ABI 方法测量了高强度钢焊接接头不同区域（母材、热影响区、焊缝金属）的力学性能，将表面轮廓仪与光学图形获取的塑性直径与 ABI 实验计算的塑性直径进行了对比，发现具有相似性，证明了 ABI 方法测试焊缝力学性能的可行性。Li 等[27] 将 ABI 方法应用到材料加工损伤层的力学性能变化测量，有效地避免了加工影响层深度浅，传统拉伸测试方法难以测量的缺点。但应该注意的是，上述研究大量集中于实验室研究，大规模工程化应用仍有许多基础工作有待开展。

2）数值方法

基于有限元模拟的数值方法依靠 ABAQUS 等软件对球压入试验建立有限元模型，通过模拟构建"位移-载荷"曲线与材料屈服强度、应变硬化指数等力学性能的无量纲函数。1999 年，Cheng 等[28] 建立无量纲函数分析了有限元模拟的数据，之后的研究学者们也多采用有限元分析与无量纲函数结合的方法来获取材料的力学性能。在数值方法中，将压入载荷 P 与几个相关参数相关联，如被测材料的杨氏模量 E、泊松比 v、屈服应力 σ_y、应变硬化指数 n、压头的杨氏模量 E_i 与泊松比 v_i、压入深度 h、压头半径 R，可得到压入载荷表达式（6.33）。

$$P = f(E, v, E_i, v_i, \sigma_y, n, h, R) \tag{6.33}$$

选取以上参数中的几组参数作为基本物理量，对压入载荷表达式进行简化，最终得到压入载荷的无量纲函数。之后建立压入试验模型，模拟不同材料预设参数下的球压入试验，确定无量纲函数中存在的附加参数。由于压头形状与无量纲函数中所选参数的不同，近代研究学者们提出了许多可以表征金属材料弹塑性行为的分析表达式，其中以韩国 Lee 的研究最多[29-32]，他考虑到经验方法的局限性（堆积/凹陷系数 c^2 不仅与应变硬化指数 n 有关，还与压入深度 h 和屈服应变 ε_y 有关），基于有限元模拟建立了可以准确预测金属材料应力-应变曲线的无量纲函数，并将这种方法推广到薄膜材料且取得了较高的精度。量纲分析方法仅需要一次加载，在材料遵循某一特定的本构模型（幂硬化材料、线性硬化材料）时，这种方法获取的材料力学性能具有较小的误差，但这也是该方法的局限所在，即只能预测单一本构模型的材料，对于焊缝、新型材料等不知道其本构模型的材料，其适用性将大大降低。

根据近几年的研究发现，基于量纲分析的数值方法在测试精度上会高于经验方法，Dao 等[33]建立了锥形压痕参数与材料弹塑性性能的正、反两种分析算法，使用 6061 和 7075 铝合金进行验证，结果发现正向分析对拉伸性能参数计算误差均在 5%以内，反向分析对弹性模量的预测较为准确。Hyun 等[34]通过双锥形压痕有限元分析建立了双压痕角与材料力学性能的映射函数，在 SCM4、SS400 等材料上进行验证，结果显示弹性模量、屈服强度以及应变硬化指数平均误差均小于 5%。Beghini 等[35]建立位移-载荷曲线与材料弹塑性参数的关联函数，对 C40、6061 铝合金等材料进行验证，计算得到的材料应力-应变曲线与理论曲线误差在 4%范围内。

3）解析方法

对于理想弹塑性材料，在球压入试验中球压头所取代的材料会向周围材料扩展。1970 年，Johnson 等[36]为研究被球压头取代的材料与弹性扩展所容纳的材料体积之间的相关性，提出了针对理想弹塑性材料压入应力的膨胀孔模型（expanding cavity model，ECM），如图 6.5 所示。

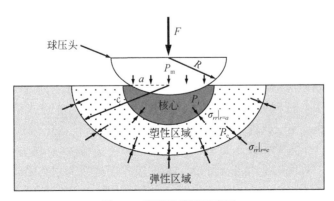

图 6.5　膨胀孔模型示意图

该模型假设球压头被半球形符合流体静力学的核心所包裹，根据球压头下所受应力的不同，将材料分为核心区、弹塑性区、弹性区，这与有限元模拟的压痕区域应力状态基本一致，因此在解析方法中得到了广泛的应用[37, 38]。基于 von Mises 屈服强度准则和体积守恒准则，研究人员在此模型的基础上推导出幂硬化材料的弹塑性区域在内压作用下的应力、应变和位移分量并对材料的压痕响应进行研究，通过理论分析与数学计算推导出材料的压痕控制方程，如 Gao 等[39] 提出式（6.34），Kang 等[40] 提出式（6.35）来表征材料的流动特性。

$$\frac{P_\mathrm{i}}{\sigma_0} = \frac{2}{3}\left\{1 + \frac{1}{n}\left[\left(\frac{1}{4}\frac{1}{\varepsilon_0}\frac{a}{R}\right)^n - 1\right]\right\} \tag{6.34}$$

$$P_\mathrm{i} = \frac{2\sigma_0}{3}\left[1 + \frac{1}{n}\left(\frac{1}{4}\frac{E}{\sigma_0}\frac{a}{R} - 1\right)\right] \tag{6.35}$$

式中，P_i 为核心边界的等效压力，σ_0 为应力比例极限，ε_0 为应变比例极限，a 为接触半径。

膨胀孔模型广泛地应用于解释球形压痕下的应力场，通过分析压痕下的应力场和位移变量获取的回归方程具有明确的物理意义，因此解析法近年来得到了迅速的发展。基于膨胀孔模型的解析方法在分析球压头下的应力场时一般与有限元模拟一起使用，其结果具有较高的一致性，其应用范围由完全弹塑性材料逐步扩展到线性硬化材料和幂硬化材料，并出现了多种针对不同应变硬化特性的表征模型。Narasimhan[41] 应用膨胀孔模型研究了弹塑性金属材料在静水压力下的压痕响应，结果显示随着材料压力敏感指数的增大，膨胀孔模型中塑性区域尺寸也在增大；Gao 等[42, 43] 考虑到压痕尺寸效应和材料的应变硬化特性，针对幂硬化材料和线性硬化材料建立了两种膨胀孔模型，分析结果表明材料的硬度会随着材料杨氏模量和应变硬化指数的增加而增加；Zhang 等[44] 基于膨胀孔模型发现迈耶指数和半深度能量率的关系可以作为线性硬化材料和幂硬化材料的识别方法，提出识别因子 D 作为材料应变硬化模型的判断准则，并在四种材料上得到了验证。Zhan 等[45] 将各向异性屈服准则与材料堆积/凹陷效应引入到膨胀孔模型中，建立了一种能够识别塑性各向异性材料的反求算法。蔡力勋团队[46-48] 提出了一种基于能量中值密度等效假定的半解析压入理论，该理论根据积分中值定理与 von Mises 等效原理，将压入过程的应变能表示为变形区域的应变能密度平均值与有效变形区域体积的乘积。基于该理论建立了球压入试验中应变能与压头直径、压入深度、应变硬化指数、强度系数、载荷-位移曲线简化方程相关联的半解析球压入（semi-analytical spherical indentation，SSI）模型，之后利用有限元模拟得出 SSI 模型的表达式参数。对铝材和钢材的试验验证结果表明，该模型的计算结果比 ABI 方法更接近拉伸试验。

2. 基于压痕法的延性金属断裂韧性评价方法

1）压痕启裂能模型

1998 年，Byun 等[49]基于球压入试验的深度–载荷曲线数据，发展出一种将临界载荷压痕能与材料断裂能联系起来的压痕启裂能（indentation energy to fracture，IEF）模型，临界压痕启裂能定义为

$$W_{IEF} = \frac{4}{\pi d_f^2} \int_0^{h_f} P dh \qquad (6.36)$$

式中，h_f 为临界压入深度，d_f 为启裂时临界压入直径。由于深度–载荷曲线是接近线性的，则 $P=Lh$，L 为加载斜率，对上式积分得

$$W_{IEF} = \frac{2}{\pi L}\left(\frac{P_f}{d_f}\right)^2 \qquad (6.37)$$

式中，P_f 为临界压入载荷。压入法测试断裂韧性的关键是确定裂纹发生的起始点。在此模型中，Byun 等假想材料在最大接触压力 P_{max} 处到达材料的断裂应力，即 $P_{max}=\sigma_f$，而 σ_f 为断裂应力，可由拉伸试验或断裂韧性模型获得。Byun 等将最大接触压力 P_{max} 与临界平均接触压力 P_m^f 之比 u 定义为断裂依据，平均接触压力的定义为 $P_m^f=4P_f/\pi d_f^2$，根据迈耶定律求得 $P_f/d_f^2=\sigma_y(d_f/D)^{m-2}$，其中 m 为迈耶定律指数。求出 P_f 和 d_f 后代入式（6.37）得

$$W_{IEF} = \frac{2A^2D^2}{\pi S}\left(\frac{\pi\sigma_f}{4u\sigma_y}\right)^{(2m-2)/(m-2)} \qquad (6.38)$$

对于延性材料，单位面积的断裂能可由式（6.39）表示。

$$W_f = W_0 + W_T \qquad (6.39)$$

W_0 由单位面积内的表面能和弹性能决定，W_T 由单位面积的温度决定，由于 W_{IEF} 被认为只与温度有关，则 $W_f=W_T=W_{IEF}$。

对于无限长平板中长度为 $2a$ 的裂纹，其断裂韧性由下式表示：

$$K_{IC} = \sigma_F\sqrt{\pi a} \qquad (6.40)$$

式中，σ_F 为断裂时的拉应力，根据 Griffith 理论 $\sigma_F = \sqrt{\frac{2EW_f}{\pi a}}$，代入式（6.40）即可得到材料的断裂韧性 K_{IC}，其表达式为

$$K_{IC} = \sqrt{2EW_f} \qquad (6.41)$$

IEF 模型拉开了压痕法测试材料断裂韧性的帷幕，Haggag 等[50]改进了 IEF 模型，将材料塑性应变达到 12%或应力达到 800 MPa 的压入深度作为材料断裂时的临界压入深度，应变和应力的计算式分别为式（6.28）和式（6.29）。随后，Byun

等[51]基于 IEF 模型，对压力容器钢的断裂韧性转变曲线进行了分析，结果验证了 IEF 的正确性。然而压痕启裂能模型需要额外的拉伸试验且断裂判据设置缺乏物理基础，其适用范围受到限制。

2）临界压痕能模型

2006 年，Lee 等[52]通过有限元分析结果，发现球压头下的应力三轴度绝对值与传统断裂韧性测试中裂纹尖端开口位移（crack tip opening displacement，CTOD）测试样品的裂纹尖端应力三轴度绝对值相似，推测压痕到达裂纹启裂点时所吸收的能量与材料的断裂能有关，根据连续损伤力学的概念，提出一种利用球压痕技术测试材料断裂韧性的临界压痕能（critical indentation energy，CIE）模型。Lee 等利用有限元模拟了材料裂纹尖端和球压痕下的应力三轴度，模拟结果表明临界压入深度单位面积吸收的能量与断裂起始所需的断裂能有很大的相似性。

在 Lee 等的模型中，W_f 的方程式为

$$2W_f = \lim_{h \to h^*} \int_0^h \frac{4P}{\pi d^2} \mathrm{d}h \qquad (6.42)$$

式中，d 为压痕投影直径，h^* 为启裂点对应的压入深度。

与 IEF 模型类似，压痕启裂点的确定至关重要，由于在实际实验过程中断裂起始点的压入深度 h^* 无法测量，Lee 采用连续损伤力学的概念，引用了损伤变量 D，定义为微裂纹或者空洞在材料体积中所占的比例，D 由 Lemaitre 等[53]提出的等效应变原理表示，具体为

$$D = 1 - \frac{E_D}{E} \qquad (6.43)$$

式中，E_D 和 E 分别为材料损伤后的弹性模量和未损伤的弹性模量。

E_D 可由 Oliver 和 Pharr 提出的公式表示为

$$E_D = \frac{1 - v^2}{\left(\frac{2\sqrt{A}}{\sqrt{\pi} S} - \frac{1 - v_i^2}{E_i} \right)} \qquad (6.44)$$

对于不同的压入深度可以得到不同的 E_D 值，最终通过拟合可得到 h-E_D 的相关曲线。

根据连续损伤力学，球压头下的材料受到压力会产生局部剪应力，随着剪应力的增大，材料会逐渐形成孔洞。假设这些孔洞均匀分布，间隙为 l，则利用孔洞半径 r 和孔洞体积分数 f 即可计算出 D，其式为

$$D = \frac{\pi}{\left(\frac{4}{3} \pi \right)^{\frac{2}{3}}} f^{\frac{2}{3}} \qquad (6.45)$$

1977 年，Andersson 等[54]通过有限元模拟证实了 f=0.25 可以作为韧性材料裂

纹稳定扩展的临界孔洞率，将其代入方程式（6.43）和式（6.45）即可求得临界损伤变量 D^* 和临界损伤弹性模量 E_D^*，之后通过 h-E_D 曲线即可确定断裂的临界压入深度 h^*，代入式（6.41）和式（6.42）得到材料的断裂韧性 K_{IC}。之后，Lee 等[52]采用 CIE 模型评估了四种金属材料断裂韧性，并与传统断裂韧性测试结果进行了对比，如图 6.6 所示，结果显示 CIE 模型的测试误差均在 10%以内，证明了其可靠性。

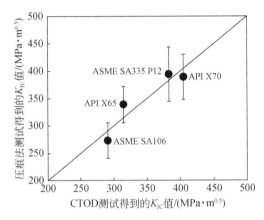

图 6.6　CTOD 试验和压入试验中断裂韧性比较

　　CIE 模型率先将压痕启裂点用临界损伤参数来量化，基于连续损伤力学的概念，许多研究将压入技术应用到预测金属材料的断裂韧性。Ghosh 等[55]基于 CIE 模型研究了预应变对高强度低合金结构钢断裂韧性的影响。Amiri 等[56]研究了Al6061-T6 在压入试验中有效弹性模量的演化规律，结果表明压入试验中材料有效弹性模量和压入塑性深度为指数关系。Li 等[57]提出了一种新的韧性材料临界损伤变量 D^* 的计算式，并评估了不同状态下 7050 铝合金的断裂韧性。邹镔等[58]将 CIE 模型得到的材料断裂韧性与三点弯试验得到的断裂韧性数据加以对比，结果发现两种方法测得的材料断裂韧性误差均在 10%以内，并通过观察分析了"堆积"与"凹陷"现象对试验的影响，证明了 CIE 模型的可靠性。Yu 等[59, 60]研究了应力三轴度对高强度钢轨断裂应变和损伤变量的影响，结果表明当应力三轴度增加时，材料断裂应变减小，临界损伤变量增加，随后提出一种基于连续损伤力学的钢轨断裂韧性测试方法，并对 6 种高强度钢轨进行了测试。张国新等[61]用碳素结构钢板 Q235B 也证明了 CIE 模型的适用性。

3）临界应力-应变模型

2016 年，Jeon 等[62]基于断裂力学和接触力学分别建立了脆性金属材料和韧性金属材料的临界应力-应变模型（critical stress-strain model，CSS 模型）。脆性金属材料的裂纹尖端在屈服后几乎不会发生塑性变形，当局部应力足够大，脆性材料就会产生裂纹，因此 Jeon 将临界平均应力作为脆性材料裂纹扩展的判据。根据膨胀孔洞模型，材料视为理想弹塑性，临界平均压力由下式得出

$$p_\mathrm{m}^\mathrm{c} = 4.83 \cdot \sigma_y \tag{6.46}$$

通过材料的应力-应变曲线获得对应的临界压入深度，因此脆性金属材料的 J 积分如式（6.47）所示，结合式（6.48）即可得到材料的断裂韧性。

$$J_\mathrm{C} = \int_0^{h^*} \frac{P_\mathrm{max}}{A_\mathrm{C}} \mathrm{d}h \tag{6.47}$$

$$K_\mathrm{IC} = \sqrt{\frac{J_\mathrm{C} E}{1 - v^2}} \tag{6.48}$$

对于塑性金属材料，在裂纹扩展过程中，J 积分与裂纹尖端处的塑性行为、塑性区大小和形状有着密切关系。Jeon 等假设 J 积分与裂纹尖端塑性功相等，即

$$J_\mathrm{C} = W_\mathrm{P} = 2r_\mathrm{C} \left(\frac{\mathrm{d}W}{\mathrm{d}V} \right) \tag{6.49}$$

式中，r_C 为临界塑性区半径，$\mathrm{d}W/\mathrm{d}V$ 为应变能密度，可以表示为真应力-真应变曲线下的面积，近似计算方法为

$$\frac{\mathrm{d}W}{\mathrm{d}V} = \frac{R_\mathrm{eL} + R_\mathrm{m}}{2} \varepsilon_\mathrm{f} \tag{6.50}$$

式中，R_eL 为屈服强度，R_m 为抗拉强度，ε_f 为真实断裂应变，Jeon 将材料的真实断裂应变 ε_f 与均匀应变 ε_u 联系起来，对 27 种材料拟合得到材料断裂韧性为

$$\varepsilon_\mathrm{f} = 0.08388 + 1.36553 \cdot \varepsilon_\mathrm{u} \tag{6.51}$$

r_C 可由拉伸试验获得的回弹率 U_R 求得，Jeon 对 13 种材料进行拟合得

$$\sqrt{r_\mathrm{C}} = 0.10947 \cdot U_\mathrm{R}^{0.3594} \tag{6.52}$$

最终的断裂韧性的表达式为

$$K_\mathrm{IC} = 0.10947 \cdot (U_\mathrm{R})^{0.3594} \cdot \sqrt{\frac{2 \cdot E \cdot \dfrac{R_\mathrm{eL} + R_\mathrm{m}}{2} \cdot (0.08388 + 1.36553 \cdot \varepsilon_\mathrm{u})}{1 - v^2}} \tag{6.53}$$

临界应力-应变模型不人为设置断裂判据，而是将断裂应变同平均应变拟合关联，该模型有较多的拟合参数，使其适用范围受到限制，且操作较为复杂。

4）能量释放率评价方法

2019 年，Zhang 等[63]研究了有缺口试样与无缺口试样断裂机理的异同，通过对球压入试样断面的扫描电镜观察发现试样在沿加载轴方向几乎没有空洞产生，而在加载轴 45°到 60°的方向观察到许多楔形空洞，证明球压入试验中材料的损伤是由剪应力集中导致的。根据 Zhang 的研究，Ⅱ型断裂韧性加载试验中材料的损伤是由剪应力控制的。扫描电镜观察发现，两种试验材料的断裂皆是由孔洞

累积导致孔洞之间的材料不能承受剪应力导致的，两者的损伤机理可能相同。因此基于压入试验裂纹不明显扩展假设，Zhang 等提出了能量释放率模型（energy release rate model，ERR 模型）。

在压入实验中，材料的损伤应变能如图 6.7 所示。其中，OA 为压入试验的加载段，AB 为卸载段，斜率为 S，可由实验获得；BC 为假设的再加载段，在此阶段中不考虑材料的损伤，弹性模量恢复为 E，斜率为 S_0，可由改进的 Pharr-Oliver 模型[64]求得

$$E = \frac{1-v^2}{2\sqrt{\dfrac{h_r R_0 R}{R_0 - R}}\big/ S_0 - (1-v_{ind}^2)/E_{ind}} \tag{6.54}$$

式中，R_0 为残余压痕半径，h_r 为重新加载深度。由于材料损伤而增加的损伤应变能的计算公式为

$$U_D = \frac{1}{2}P_{max}\left(h_{max} - h_p - \frac{P_{max}}{S_0}\right) \tag{6.55}$$

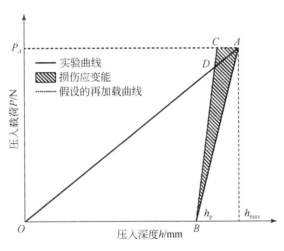

图 6.7　损伤应变能示意图

此外，等效断裂面积 A_{eq} 由下式计算

$$A_{eq} = \pi a_{eff}^2 D \tag{6.56}$$

式中，a_{eff} 是压头有效接触直径，可由下式求得

$$a_{eff} = \sqrt{\frac{hRR_0}{R_0 - R}} \tag{6.57}$$

能量释放率 J_{SIT} 由损伤应变能与等效断裂面积之比表示

$$J_{SIT} = dU_D / dA_{eq} \tag{6.58}$$

因为压入试验与II型断裂试验中材料均处于低应力三轴度状态，损伤机理为孔洞的位错堆积，因此压入试验的能量释放率与II型断裂试验的 J 积分相同，即 $J_{IIC}=J_{SIT}$，则II型断裂测试的临界应力强度因子和断裂韧性可分别由下式表示：

$$K_{IIC} = \sqrt{\frac{E}{1-v^2} J_{SIT}} \tag{6.59}$$

$$K_{IC} = \frac{K_{IIC}}{\alpha} \tag{6.60}$$

式中，a 为最大剪应力与最大正应力的比值，一般取 0.35。

能量释放率模型不需要人为设置断裂判据，且考虑了压入过程楔形孔洞损伤的物理本质，具有更为坚实的物理基础，对于钢铁、铝合金等常规工程材料的测试结果同传统断裂韧性测试结果较为一致，但仍存在较多未经验证的假定，该模型在 TC4 等材料上未应用成功。

3. 基于压痕法的延性金属残余应力评价方法

在提出可以用压痕法测试材料的硬度和弹性模量后，许多研究学者也将压痕法推广到材料的残余应力测试上。早在 1994 年，Pharr 等[65] 研究了应力对 8009 铝合金硬度和弹性模量的影响，通过对 8009 合金进行纳米压痕试验发现，无论是残余拉应力或残余压应力，随着应力的升高，材料的弹性模量和硬度都会随之降低。而这与有限元模拟结果是相悖的，主要原因是压应力会使材料发生堆积，拉应力会使材料发生凹陷，因此不能准确地获得压痕试验的有效接触面积。1996 年，Tsui 等[66] 和 Bolshakov 等[67] 再次采用有限元模拟研究了残余应力对 8009 铝合金硬度和弹性模量的影响，结果证实了在计算接触面积时应当考虑材料的堆积/凹陷现象，当采用正确的接触面积计算时，材料的弹性模量和硬度均不随着残余应力大小显著变化。对这些试验结果的总结为后续使用压痕法测试残余应力提供了新思路。

1998 年，Suresh 等[68] 提出了一种测试材料表面残余应力和塑性应变的方法，该方法基于 Tsui 和 Bolshakov 得到的材料的硬度不随着残余应力大小变化的结论，利用固定压入载荷或固定压入深度下，有无残余应力状态下压痕尺寸的不同，通过分析压入深度或接触面积比值与残余应力的关系，得到了残余应力的计算式：

$$残余拉应力 \quad \frac{h_0^2}{h^2} = 1 - \frac{\sigma_r}{H} \tag{6.61}$$

残余压应力　　　$\dfrac{h_0^2}{h^2} = 1 + \dfrac{\sigma_r \sin\alpha}{H}$　　　　(6.62)

式中，h 和 h_0 分别为有无残余应力状态下的压入深度，H 为材料硬度，α 是尖压头与材料表面之间的夹角，σ_r 为材料的残余应力。

2001 年，Carlsson 等[69, 70] 通过理论和有限元模拟分析，研究了材料的残余应力和残余应变场下的压痕响应。使用堆积/凹陷系数 c^2（考虑堆积/凹陷现象的接触面积与不考虑堆积/凹陷现象的接触面积之比）作为测试材料残余应力的分析参量，得到的残余应力计算式为

$$c^2 = c_0^2 - 0.32\ln\left(1 + \dfrac{\sigma_r}{\sigma_y}\right)$$　　　(6.63)

式中，c^2 为残余应力状态下的堆积/凹陷系数，c_0^2 为无残余应力状态下的堆积/凹陷系数。

2002 年，Lee 等[71] 采用纳米压痕技术分析了薄膜材料的残余应力，认为残余应力对压痕曲线的主要影响是压痕斜率的变化，提出在固定压入深度下，通过计算有无残余应力状态下最大压入载荷的差值来计算残余应力，即

$$\sigma_r = \dfrac{L_r}{A_C}$$　　　(6.64)

式中，L_r 为固定深度下，残余应力状态下最大载荷与无残余应力状态下最大载荷的差值，A_C 为实际接触面积。

2003 年，Lee 等[72] 基于剪切塑性理论，将等双轴残余应力分解为静水应力和偏应力，其中只有偏应力沿压痕方向作用于压应力，得到改进后的残余应力计算式：

$$\sigma_r = \dfrac{3}{2}\dfrac{L_r^2}{R_3 L_T^4 + (R_2 - R_3 L_0)L_T^3 + (R_1 - R_2 L_0)L_T^2 + (R_0 - R_1 L_0)L_T - R_0 L_0}$$　　(6.65)

式中，L_T 为固定深度下，残余应力下的最大载荷；L_0 为固定深度下，无残余应力下的最大载荷；R_0、R_1、R_2、R_3 为接触面积的三次多项式拟合系数。

2004 年，Lee 等[73] 提出的非等双轴残余应力计算式为

$$\sigma_{\mathrm{mod},x}^{\mathrm{ind}} = \dfrac{2}{(1+\kappa)}\sigma_{\mathrm{mod}}^{\mathrm{ind}} = \dfrac{3}{(1+\kappa)A_C^T} * (L_0 - L_T)$$　　　(6.66)

式中，$\sigma_{\mathrm{mod}}^{\mathrm{ind}}$ 为平均应力，κ 为 y 轴与 x 轴方向残余应力大小的比值。

近几年来，采用量纲分析结合有限元模拟测试材料拉伸性能的方法得到了广泛的应用。2006 年，Xu 等[74, 75] 运用有限元分析研究了等双轴残余应力对板材的硬度和刚度的影响，基于归一化接触硬度、刚度和压入功的函数关系，如式(6.67)

所示，提出一种通过逆向分析测试材料屈服应力、弹性模量和残余应力的反求算法，即

$$\frac{P}{\pi a^2} = \sigma_y f\left[\frac{\sigma_{res}}{\sigma_y}, \frac{\sigma_y}{E}\right]$$

$$\frac{S}{2a} = \overline{E}g\left[\frac{\sigma_{res}}{\sigma_y}, \frac{\sigma_y}{E}\right] \qquad (6.67)$$

$$\frac{W}{\delta_{max}^3} = \sigma_y H\left[\frac{\sigma_{res}}{\sigma_y}, \frac{\sigma_y}{E}\right]$$

式中，$\overline{E} = E/(1-v^2)$ 为平面应变模量，δ 表示压痕深度，W 为加载功。

2014 年，Lu 等[76]以有无残余应力状态下的压痕曲率的变化量的比值$(c - c_0)/c_0$作为分析参量，建立了等双轴残余应力与材料硬化指数、屈服强度、屈服应变之间的关系式，并选用了四种材料对该方法进行了验证。2018 年，Peng 等[77]采用球压头，提出了估计等双轴残余应力与材料弹塑性参数的方法，该方法通过仪器测量球压痕，不用提前测量材料屈服强度和压痕接触面积。2020 年，Peng 等[78]接着提出了球压头测量非等双轴残余应力的方法。

2017 年，Pham 等[79]基于量纲分析和有限元模拟提出了具有屈服平台金属材料残余应力的计算方法。2021 年，Zhang 等[9]采用膨胀孔模型对单轴拉伸应力进行了有限元分析，发现压痕的塑性区半径会随着单轴拉伸应力的变化而变化，沿加载方向的压缩塑性半径与垂直于加载方向的扩展塑性区半径的差异可用来标定残余应力，提出了测试幂硬化材料的强度以及残余应力的修正公式。

综上所述，在残余应力的压痕法计算方法中，大部分的计算模型方法简单，计算方便且误差小，然而一部分模型需要获取无应力状态下的压痕参数与残余应力状态下的压痕参数进行对照，这增加了测试难度。现有的基于有限元模拟的研究方法需要进行反复迭代，计算量大且不容易收敛。在实际模拟中也是多针对等双轴残余应力进行测试，不符合实际生产中的测试需求。

6.1.3 超声波导杆损伤识别系统研究

波导杆技术是使用特殊结构的缓冲介质，在保证信号传输效果的同时，将超声传感器和高温被测结构分离开，缓冲介质与周围环境换热，实现散热效果。这层缓冲介质称为波导杆。合理的波导杆设计不仅需要发挥充分散热的作用，保证传感器一端工作在合适的温度范围之内，同时还需要保证超声信号的有效传播，尽量减少超声能量的损耗和声波信号的变化。Cegla 等[80]设计使用具有较大纵横

比的矩形截面的波导杆结构，薄片状有助于提高散热效果，并且能有效地将波导杆一端的反平面载荷传递到另一端。试验对 500 ℃高温环境下样品进行测厚，在4 周内信号依然有效，且测量误差不大于 0.1 mm。由此可见，基于波导杆的高温监测方法便捷地实现了高温环境下的超声检测，且结构简单，成本低廉，只需对常规超声换能器稍作改进即可使用。而水平剪切波（shear horizontal wave，SH 波）的特性使得其在经过波导杆传递之后依然能保持原有的声学特性，不会产生复杂的杂波信号干扰，保证最终在被检测件中声波传播的有效性。两者相结合，能够在最大程度上发挥优势，实现对设备的高温在线监测。

薄片状的波导杆属于板状结构，在板状结构中，声波的传递由于受到板上下界面的作用，会形成沿一定方向传播的导波，但是导波具有多模态性和频散性，应用于波导杆时，任何声波特性的变化都是不希望出现的。因此，选择一种合适的导波用于波导杆检测是可行的解决办法。在导波中，有一系列导波模态，称为水平剪切波（SH 波）。当波导杆结构和声波信号频率在一定范围时，只存在零阶水平剪切波（SH0 波）这一种模态，具有非频散性。

板层中 SH 波引起的质点振动方向平行于板面并垂直于波的传播方向。图 6.8 是平板中 SH 波的传播示意图，其中 SH 波的传播方向为 x_1 方向，而质点位移为 x_3 方向。

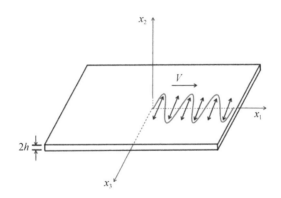

图 6.8　平板中 SH 波的传播示意图

在各向同性均匀的介质中，由于 SH 波引起的位移场 $u(x,t)$ 在 x_1 和 x_2 方向上的位移分量为零，结合纳维叶运动位移方程可以假设 x_3 方向上的位移分量为

$$u(x_1, x_2, t) = f(x_2)e^{i(kx_1 - \omega t)} \tag{6.68}$$

对式（6.68）进行简化，有

$$\frac{\partial^2 u_3}{\partial x_1^2} + \frac{\partial^2 u_3}{\partial x_2^2} = \frac{1}{C_T^2}\frac{\partial^2 u_3}{\partial t^2} \tag{6.69}$$

式中，$C_T^2 = u/\rho$。基于自由边界的约束，可以求解得到 SH 波相速度 C_p 和群速度 C_g：

$$C_p(fd) = \pm 2C_T \frac{fd}{\sqrt{4(fd)^2 - n^2 C_T^2}} \tag{6.70}$$

$$C_g(fd) = C_T \sqrt{1 - \frac{(n/2)^2}{(fd/C_T)^2}} \tag{6.71}$$

式中，fd 为频厚积，其中 f 为频率；d 为厚度；n 为整数阶数，$n=1,2,3,\cdots$。

分别求解式（6.70）、式（6.71）便可以绘制出 SH 波的频散曲线。图 6.9 为 316 L 不锈钢板中 SH 波的频散曲线。

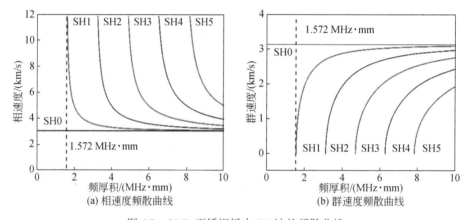

图 6.9　316L 不锈钢板中 SH 波的频散曲线

从图 6.9 中可以看出，零阶水平剪切波（SH0）是一种非频散导波，其群速度和相速度在数值上等于该材料中的横波速度 C_T。同时可以注意到，SH 波的频散曲线在特定的频率下模态单一，且不同模态之间有明显的截止频率，这有利于通过设定合适的频率激励单一模态的 SH 波。如当频厚积 fd 小于 1.572 MHz·mm 时，平板中只存在非频散的 SH0 波，该模式导波在实际工程中具有很高的应用价值。因此在确定导波的激励频率前，了解 SH 波的截止频率至关重要。由式（6.70）可以求得 SH 波的截止频率为

$$(fd)_n = \frac{nC_T}{2} \tag{6.72}$$

基于超声波在板状波导杆中传播特性分析和数值模拟，设计了可以传播单一模式水平剪切波的波导杆；基于探索压电晶片激励声波的模式和能量指向性，明确了晶片激振波导杆的条件，设计了波导传感器；基于研究超声电路各个模块的工作原理，解决了电器元件低功耗供电难题，设计了高度集成的信号处理板；集

成波导传感器和信号处理板，完成了超声波导杆损伤识别系统的设计。最后开展了工程现场试验，结果表明该装置能够在 20～500℃的温度范围内长期稳定工作，并且测量精度能够满足工程需要。

6.1.4　深层阵列涡流裂纹检测技术

1. 涡流检测原理

涡流无损检测技术[81, 82]是一种基于电磁感应原理的无损检测技术，其原理示意图如图 6.10 所示。

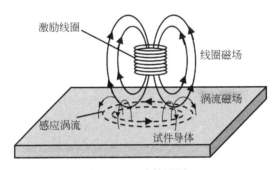

图 6.10　涡流检测原理

当给激励线圈通以交变的激励信号时，在线圈周边和被检金属试件中会产生交变磁场，根据法拉第电磁感应定律，在被检试件中会产生漩涡状的电流，即涡流。当我们使用线圈、霍尔元件等磁传感器检测磁场的变化时，就能获取与试件相关的各种有用信息，如试件中是否有裂纹等。基于电磁感应原理，可获取导电材料的表面或近表面的质量信息。其检测具有无需耦合介质、检测速度快、对表面和近表面裂纹缺陷的检测灵敏度高等优点[83-85]，因此在航空航天、核电、铁路、建筑桥梁等领域都有着广泛的应用。

由于受限于趋肤效应，感应涡流在试件中的穿透深度相当有限[86]。当被检材料为铁磁性材料时，材料较高的磁导率使得感应涡流几乎全部集中于材料表面，因此难以对深层缺陷进行检测。

在涡流检测的趋肤效应中，其穿透深度可用式（6.73）表示。根据标准透入深度公式可得不同激励频率下的标准透入深度理论值，对于非铁磁性材料磁导率，有 $\mu H \mu_0 = 4\pi \times 10^{-7}$ H/m，则标准透入深度为[87]

$$\delta = \frac{1}{\sqrt{\pi f \mu \sigma}} = \frac{503}{\sqrt{f \sigma}}$$

(6.73)

式中，δ为标准透入深度；f为激励频率；μ为材料磁导率；σ为材料电导率。可知，对于同一待测试件，涡流标准透入深度只与激励频率有关。

深层缺陷的涡流检测需要低频下灵敏度较高的磁传感器，为了检测深层缺陷，不得已要降低激励频率或者增大检测线圈的半径[88, 89]，当检测线圈的半径增大时会导致检测的分辨率降低，从而增大了漏检的可能性，这是线圈式涡流检测探头无法避免的问题。

2. 双激励涡流检测

双激励电磁涡流探头，通过调节感应涡流在试件内部的差分情况，提高一定深度下的感应涡流密度，使缺陷引起的磁场扰动得到放大，配合低频激励的较大穿透能力，可有效克服趋肤效应的影响，实现对设备深层缺陷的识别。

由毕奥萨伐尔定律可知，感应磁场强度与电流大小成正比：

$$d\boldsymbol{B} = \frac{\mu_0}{4\pi} \frac{Id\boldsymbol{l} \times \boldsymbol{r}}{r^3}$$

(6.74)

式中，$\boldsymbol{B}$为感应磁场强度；μ_0为真空磁导率；I为线圈电流；$d\boldsymbol{l}$为电流源点的向量长度；r为电流源点与观测点之间的距离；$\boldsymbol{r}$为从电流源点到观测点的单位矢量。

因此，对于由缺陷存在而引起的磁场波动而言，缺陷附近涡流密度越大则周围磁场变化越显著。通过在两个激励线圈中通以同频但不同大小的电流，使试件内部的感应涡流得到局部差分。由式（6.76）可知，由探头线圈所激发的感应涡流密度在试件内部的分布会随深度增加而快速递减[90]。

试件内涡流密度为

$$J = \frac{\mu_0 N I f \sigma}{2R} \int_0^R [r \int_0^1 (\int_0^{2\pi} A_1 d\theta) dq] dr$$

(6.75)

其中，

$$A_1 = \frac{a^2 - ar\cos\theta}{[(r^2 + a^2 - 2ar\cos\theta) + (z - (h+qL))^2]^{3/2}}$$

(6.76)

式中，J为涡流密度；μ_0为真空磁导率；N为线圈匝数；I为电流的有效值；f为激励频率；σ为试件的电导率；R为电流线半径；r为场点到中心的距离；A_1为矢量磁位；q为电荷量；θ为相位角；z为试件内深度；h为提离高度；L为线圈长度。

而差分后涡流分布的特点是在试件表面处双涡流得到较多的差分，而在试件深层处得到较少的差分。整体曲线如图6.11所示，双激励探头的涡流分布具体表现为试件内部涡流密度随着深度的增加先增大后减小，从试件表面处的 2700 A/m²

先增大到 3 mm 深处的 5300 A/m²，再逐渐减小，使涡流密度能在一定深度下仍保持一个较大量，有效克服集肤效应的影响。

图 6.11(b)中的横线代表在该线下侧区域电流密度小于表面电流密度的 1/e，低于该曲线部分可能较难检出，可在该曲线下粗略判断探头的可检测深度大小。显然，新型探头的可检测深度至少是常规涡流探头的两倍多。

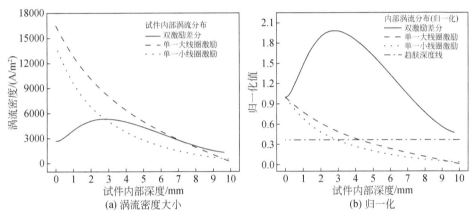

图 6.11　不同激励下试件内部的涡流分布情况

3. 基于磁传感器的阵列涡流检测

1986 年，Marinov 等首次提出了涡流阵列传感器的概念[91]。与传统的涡流检测技术相比，涡流阵列检测技术所采用的阵列探头是由多个独立的激励/接收线圈组成[92, 93]。这些线圈按照特定的阵列方式排布，使得激励/接收线圈之间形成方向相互垂直的电磁场分布，如图 6.12 所示[94]。这种排布方式有利于发现不同方向的线性缺陷[95]。

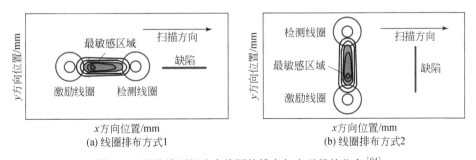

图 6.12　涡流阵列探头中线圈的排布与电磁场的分布[94]

目前，对于涡流阵列检测技术的研究方向主要集中于：①通过改变线圈的激励电流、设计新型阵列结构等方式，提高阵列探头的检测分辨率和灵敏度[96]；②通过对涡流检测数据的后处理，抑制干扰信号[97,98]。

相比传统的阵列检测线圈通过阻抗平面的方式检测缺陷，用磁传感器代替阵列检测线圈，能够直接测量比较试件与缺陷产生的磁场信号[99]。磁传感器具有检测灵敏度高，分辨率高，稳定性强的特点。磁传感器的发展大致可以划分为：霍尔（Hall）效应传感器、各向异性磁阻（AMR）传感器、巨磁阻（GMR）传感器和隧道磁阻（TMR）传感器等四类[100]。这四类磁传感器元件的典型技术参数见表 6.1。

表 6.1　磁传感器元件技术参数

传感器	功耗 /mA	灵敏度 /[mV/(V·Oe)]	工作范围 /Oe	分辨率 /mOe	温度特性 /℃
Hall	5~20	0.05	1~1000	500	<150
AMR	1~10	1	0.001~10	0.1	<150
GMR	1~10	3	0.1~30	2	<150
TMR	0.001~0.01	20	0.001~200	0.1	<200

这四类磁传感器元件中，霍尔效应传感器由于其自身结构限制，功耗较大，且工作范围内的线性度较差。巨磁阻传感器相比各向异性磁阻传感器，提升了灵敏度和工作范围，但其工作范围内的线性度与分辨率较差[101]。隧道磁阻传感器相较其他三类传感器，在功耗、灵敏度分辨率等技术参数上均有明显优势，且其工作范围也兼具霍尔效应传感器的大范围与各向异性磁阻传感器的高精度两大优点。同时，隧道磁阻传感器在其测量范围内的输出信号具有良好的线性度[102-104]。

2011 年，Zeng 等[105]基于 GMR 传感器设计了双激励线圈的涡流检测探头，用于检测紧固件下的深层裂纹，仿真表明，该种方式对检测近表面裂纹的灵敏度有所提高。可以看到，国外学者对磁阻传感器展开了大量的研究[106]，尤其对 GMR 传感器的研究颇为深入，基于磁阻传感器的探头能有效地检测到深层的裂纹，且探头的空间分辨率和检测灵敏度都有了长足的进步。但 GMR 传感器的线性范围较窄，在检测深层的微小缺陷时，它的灵敏度就显得捉襟见肘了。然而，TMR 传感器的出现大大弥补了这个缺点，相较于 GMR 传感器，其灵敏度更高且体积更小，从而提高了检测的灵敏度，因此非常有必要对 TMR 传感器展开研究。TMR 元件具有更大的电阻变化率[107]，更加适用于深层缺陷低频的检测。

鉴于 TMR 输出信号微弱的问题，设计了调理电路对 TMR 输出信号进行放大、滤波。首先设计了截止频率为 75 Hz 的高通滤波电路，以滤除工频信号的干扰。接着设计了以 AD603 芯片为核心的可控增益放大电路，增益调节范围为-11~

31 dB。最后，基于 AD835 模拟乘法器设计了锁相放大电路来提取微弱信号，其结构框图如图 6.13 所示。

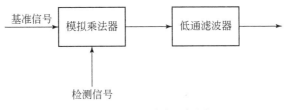

图 6.13　锁相放大器框图

设模拟乘法器输入的检测信号为 e_1，基准信号为 e_2，公式分别为

$$\begin{cases} e_1 = E_1 \sin(2\pi f_1 + \varphi_1) \\ e_2 = E_2 \sin(2\pi f_2 + \varphi_2) \end{cases} \tag{6.77}$$

式中，E_1、E_2 分别为检测信号和基准信号的幅值；f_1、f_2 分别为检测信号和基准信号的频率；φ_1、φ_2 分别为检测信号和基准信号的相位。

两个输入信号经过模拟乘法器之后，其输出信号为

$$\begin{aligned} E_0 &= E_1 E_2 \sin(2\pi f_1 + \varphi_1)\sin(2\pi f_2 + \varphi_2) \\ &= \frac{E_1 E_2}{2}\cos[2\pi(f_1 - f_2) + (\varphi_1 - \varphi_2)] \\ &\quad - \frac{E_1 E_2}{2}\cos[2\pi(f_1 + f_2) + (\varphi_1 + \varphi_2)] \end{aligned} \tag{6.78}$$

由式（6.79）可以看出，经过模拟乘法器后的输出是由差频分量和频分量构成。根据涡流检测基本原理，检测信号频率与激励信号的频率相同，即模拟乘法器的两个输入信号是同频的，所以经过低通滤波器之后，输出信号为

$$e_{\text{out}} = \frac{E_1 E_2}{2}\cos(\varphi_1 - \varphi_2) \tag{6.79}$$

式中，$\varphi_1 - \varphi_2$ 为基准信号和检测信号的相位差。

由式（6.80）可得，只有当基准信号与检测信号频率相同时，经过低通滤波器之后才会有信号输出，所以就消除了其他频率信号的干扰，提高了信噪比。对直接数字频率合成（direct digital synthesis，DDS）信号发生电路的基本要求：①工作频率范围为 1～500 kHz；②频率分辨率要求 0.01 Hz；③要求 DDS 芯片能输出两路信号，其中一路作为锁相放大电路的参考信号。

采用 MSP430F5438 控制 DDS 芯片，产生频率、幅值可调的正弦信号，经过滤波和放大电路输出的信号已经是比较平滑的正弦信号了，另外基于 THS7002 设计了二级可控增益放大电路，如图 6.14 所示。

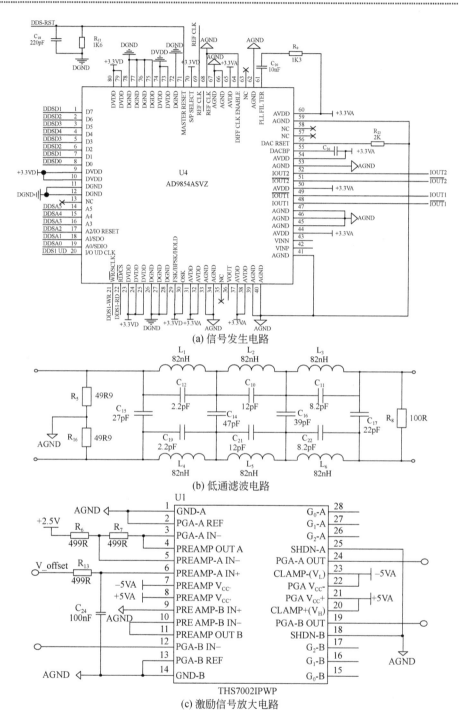

图 6.14　信号发生电路、低通滤波电路、激励信号放大电路设计图

开发的阵列深层缺陷涡流检测系统由激励源、探头、试件、采集装置组成，激励源由激励信号发生电路和功率放大电路构成，探头为上述设计的 8 阵列 TMR 传感器探头，实物连接图、各电路模块组装封装后外形如图 6.15 所示。

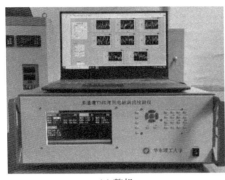
(a) 整机

(b) 内部

图 6.15　多通道 TMR 阵列电磁涡流检测仪

1. 电源电路板；2. 信号发生电路板；3. 功率放大电路板；4. 信号调理电路板；5. 8 阵列信号输出电路；
6. 低压变压器；7. 高压变压器

实验所选用的被检试件为两块 6061 型铝合金板材和钛合金板材，两块铝合金试件的尺寸分别为 250 mm×250 mm×5 mm、250 mm×250 mm×3 mm，钛合金试件的尺寸为 250 mm×250 mm×5 mm。铝合金试件如图 6.16 所示，该试件的各缺陷尺寸如表 6.2 所示。

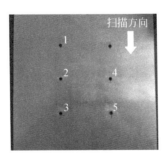

图 6.16　铝合金试件

表 6.2　铝合金孔边槽缺陷尺寸

缺陷	孔直径/mm	缺陷长度/mm	缺陷宽度/mm	缺陷高度/mm
1 号		—	—	—
2 号		6	0.5	1
3 号	6	6	0.5	3
4 号		4	0.5	5
5 号		6	0.5	5

　　图 6.17 为铝合金试件 3 mm 深层不同高度孔边槽缺陷实验结果。从图 6.17 可以看到，由于孔信号的存在掩盖了槽缺陷的信号，无法通过肉眼直观地对槽缺陷进行识别，但从图中可以看出，随着槽缺陷高度的增加，图中红色区域颜色逐渐加深。

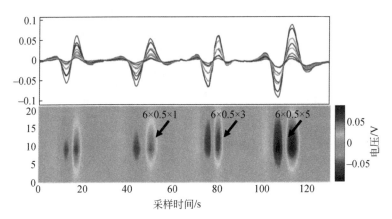

图 6.17　铝合金试件 3 mm 深层不同高度孔边槽缺陷实验结果

扫描封底二维码可查看本书彩图，下同

　　图 6.18 为铝合金试件 3 mm 深层不同长度孔边槽缺陷实验结果。与图 6.17 的结果较类似，从图 6.18 无法直观地看出槽缺陷的存在，但随着槽缺陷长度的增加，图中红色区域颜色也逐渐加深，且所检测缺陷均显示出一个波峰。

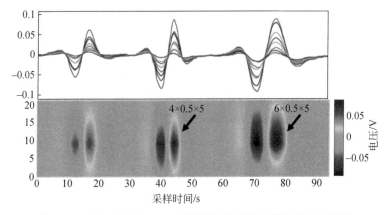

图 6.18　铝合金试件 3 mm 深层不同长度孔边槽缺陷实验结果

　　针对传统线圈式涡流探头检测灵敏度低（检测出 10^{-6} T 感应磁场变化），只能检测金属构件近表面缺陷的瓶颈，设计开发了多通道 TMR 阵列电磁涡流检测仪，将多个高灵敏度 TMR 芯片集成在电路板中制作成多阵列传感器，对被检件的感应磁场信号进行实时采集，形成弱磁场敏感特征提取与深层微裂纹间的关联模型，精确地描述出微裂纹尺寸与位置。该仪器主要包括激励信号发生电路、功率放大电路、信号放大电路、锁相放大器电路、数据采集模块的多通道信号采集模块等。该装置的检测灵敏度高达 $5\times10^{-7}\,\mathrm{T}$，信号分辨率达 0.5 mV，缺陷检出精度 0.2 mm，准确性强。该技术也可用于铁磁性复杂构件的亚表面缺陷检测。与此同时，利用本装置可测量电导率和磁导率的变化，提取多种特征参数，采用信息融合技术，利用磁多参量实现微观结构、残余应力、疲劳、蠕变等检测方法。

目前，该仪器顺利通过第三方专业检测公司评估。使用该仪器成功实现对铝合金试件表面和深层孔边槽缺陷、钛合金试件深层缺陷等多种缺陷有效检出，在非铁磁性材料中的检测深度可达 3～5 mm，突破了传统线圈涡流阵列在深层缺陷检测上的瓶颈。

6.2　基于数据挖掘的损伤识别技术

6.2.1　特征提取算法介绍

熵是信息量的一种评估标准，描述了所含信息量的大小，通常采用一个数值的形式来表示随机变量取值的不确定的程度。脉冲涡流信号是一种非线性的时间序列信号，含大量有关样本信息，通过提取熵特征可以从时域上了解信号的复杂程度。本节将介绍信息熵、条件熵、样本熵、模糊熵和 KL 散度（Kullback-Leible divergence）的特征提取算法。

1）信息熵

信息熵（information entropy，InformEn）是信号复杂性或者混乱程度需要度量的基本熵，标志着所含信息量的复杂性大小。若存在一个随机变量 X，它的取值为 x 的概率用 $p(x)$ 表示，则信息熵 $H(x)$ 可定义为

$$H(x)=-\sum_{x\in X}p(x)\cdot\log p(x) \tag{6.80}$$

式中，log 以 2 为底，单位为比特（bit）。从式（6.80）中可以看出，如果随机变量 X 复杂度越高，变量分布不均匀，信息熵值会增大。

2）条件熵

使用经过修正的条件熵[108]（conditional entropy，CondEn）进行计算。对于一个 N 维的时间序列 $x(1),x(2),\cdots,x(N)$，计算过程如下：

由原时间序列重新构成一个 L 维向量，即

$$X_m(i) = \{x(i), x(i+1), \cdots, x(i-L+1)\}, \quad 1 \leqslant i \leqslant N-L+1 \qquad (6.81)$$

由信息熵公式直接定义为

$$E(L) = -\sum_L p_L \log p_L \qquad (6.82)$$

式中，p_L 为序列 x 的联合概率密度。

条件熵直接由信息熵的差分得到，即

$$CE = E(L) - E(L-1) \qquad (6.83)$$

3）样本熵

样本熵（sample entropy，SampEn）是指当序列的维度发生变化时，生成新模式的概率也发生变化。假设一个 N 维的时间序列 $x(1), x(2), \cdots, x(N)$，定义其样本熵为[109]

引入非负整数 m 重构 X，按顺序得到 $N-m+1$ 个 m 维向量，即

$$X_m(i) = \{x(i), x(i+1), \cdots, x(i+m-1)\}, 1 \leqslant i \leqslant N-m+1 \qquad (6.84)$$

计算 $X_m(i)$ 和 $X_m(j)$ 之间的距离大小为

$$d[X_m(i), X_m(j)] = \max_{k \in [1, m-1]}(|x(i+k) - x(j+k)|) \qquad (6.85)$$

假定容限 r，计算每一个 $X_m(i)$ 对应的 $d[X_m(i), X_m(j)] \leqslant r$ 的数目，记为 A_i。计算 A_i 与 $N-m+1$ 的比值。

$$B_i^m(r) = \frac{A_i}{N-m+1}, \quad 1 \leqslant i \leqslant N-m \qquad (6.86)$$

求出 $B_i^m(r)$ 的平均值 $B^m(r)$。

$$B^m(r) = \frac{1}{N-m} \sum_{i=1}^{N-m} B_i^m(r) \qquad (6.87)$$

用相同的方法求出 $B^{m+1}(r)$，若 N 为有限值时，样本熵定义为

$$\text{SampEn}(m, r) = -\ln \frac{B^{m+1}(r)}{B^m(r)} \qquad (6.88)$$

通常，相似容限 r 的取值范围为 0.1～0.3 std（std 为时间序列的标准差），为保证所有参数的一致性，此处计算 r 都取 0.1 std，点数 N 为信号的长度。嵌入维数 m 通过 MATLAB 中 eSpaceReconstruction 相重构函数来计算。

4）模糊熵

模糊熵（fuzzy entropy，FuzzyEn）是在样本熵上进行了优化，引入了指数隶属函数来度量模型的相似性，并且当参数变化时过渡较平稳。假设 N 维的时间序列 $x(1), x(2), \cdots, x(N)$，模糊熵计算过程[110] 如下：

由原时间序列构成一个 m 维向量减去均值：

$$X_m(i) = \{x(i), x(i+1), \cdots, x(i+m-1)\} - x_0(i) \quad (6.89)$$

式中，$x_0(i)$ 为时间序列的均值。

计算 $X_m(i)$ 和 $X_m(j)$ 之间的距离大小。

$$d[X_m(i), X_m(j)] = \max_{k \in [1, m-1]} \left(\left\| x(i+k) - x_0(i) \right| - \left| x(j+k) - x_0(j) \right\| \right) \quad (6.90)$$

通过指数隶属函数度量模型的相似性，

$$A(x) = \exp\left[-\ln\left(\frac{x}{r} \right)^2 \right] \quad (6.91)$$

求 A_{ij} 的平均值：

$$\varphi^m(r) = (N - m + 1)^{-1} \sum_{i=1}^{N-m+1} C_i^m(r) \quad (6.92)$$

用相同的方法求出 $\varphi^{m+1}(r)$，若 N 取有限值时，模糊熵为

$$\text{FuzzyEn}(m, r) = -\ln \frac{\varphi^{m+1}(r)}{\varphi^m(r)} \quad (6.93)$$

5）KL 散度

KL 散度又被称为交叉熵、相对熵等，在信息论中用来衡量两个概率密度分布函数的相近程度。两个分布函数的 KL 值越小，其差异化越小，值越大，差异化越大。假设两个离散函数的概率分布为 $p(x)$ 和 $q(x)$，则 p 和 q 的散度值[111] 为

$$D_{\text{KL}}(p \| q) = \sum_{i=1}^{n} p(x) \log \frac{p(x)}{q(x)} \quad (6.94)$$

KL 散度有非对称性的特点，看似反映两个分布函数的距离，但事实上并不满足距离是对称的概念。为保证 KL 散度的对称性，将 KL 散度重新定义为

$$\text{KL} = \frac{1}{2} \times \left[D_{\text{KL}}(p \| q) + D_{\text{KL}}(q \| p) \right] \quad (6.95)$$

要对涡流信号进行有效分析和模型训练，必须注意信号特征值之间的差异可能会导致计算困难并影响模型训练效果。为避免这种情况的发生，从采集到的信号中提取典型特征参量（即时域峰值、频域基波峰值）和新特征参量（即 KL 散度、信息熵、模糊熵、样本熵和条件熵），由于所有数据全部为数值型数据，无需再进行数据类型转换。但是不同特征值之间的量纲不同，因此需要对数据进行归一化处理。根据式（6.96）采用 Min-Max 方法把数据范围缩放到[0,1]区间内。

$$x' = \frac{x_i - \min(x)}{\max(x) - \min(x)} \quad (6.96)$$

式中，x_i 为特征参量；$\min(x)$ 为特征参量的最小值；$\max(x)$ 为特征参量的最大值。

在所选取的数据当中可能存在不相关数据时，通过特征提取来减少不相关数据的数量，减小模型计算量提高预测准确性。采用皮尔逊（Pearson）算法的

相关系数 r 来分别确定典型特征与厚度、新特征与厚度之间的线性相关强度，计算式为

$$r = \frac{\sum (x_i - \overline{x})(y_i - \overline{y})}{\sqrt{\sum (x_i - \overline{x})^2 (y_i - \overline{y})^2}} \tag{6.97}$$

式中，x_i、y_i 为两个自变量的值；$\overline{x}$、$\overline{y}$ 为两个自变量的平均值。

r 的绝对值表示相关程度的强弱，当 $0 \leqslant |r| < 0.3$，表示相关程度较低；$0.3 \leqslant |r| < 0.8$，表示相关程度中等；$0.8 \leqslant |r| < 1$，表示相关程度较高。

6.2.2　机器学习算法介绍

在各种机器学习算法当中，每种机器学习算法都有其各自的特点。考虑到选取的数据样本量较小、数据存在高维度等特点，剔除掉一些不合适的算法（如深度神经网络）。本节介绍了七种机器学习算法，其中包括五种集成学习方法（随机森林、极端随机森林回归、梯度提升树回归、自适应提升树回归和极端梯度提升树回归）和两种非集成学习方法（岭回归、套索回归）。各个机器学习算法的特点见表 6.3。

表 6.3　各个机器学习算法的特点

分类	算法	计算速度	是否容易过拟合
集成学习	极端梯度提升树回归	较快	否
	梯度提升树回归	较慢	否
	随机森林	较快	否
	极端随机森林回归	较快	否
	自适应提升树回归	较慢	否
非集成学习	岭回归	较慢	否
	套索回归	较快	否

1）岭回归

岭回归（Ridge regression）模型是对最小二乘法的改良，在线性模型的基础上通过改变模型的权重来实现正则化。Ridge 算法本质上是在线性回归的损失函数上加入 L_2 正则项[112]，其成本函数如下：

$$J(\theta) = \text{MSE}(\theta) + \alpha \frac{1}{2} \sum_{i=1}^{n} \theta^2 \tag{6.98}$$

式中，$J(\theta)$ 为成本函数；α 为超参数；θ 为偏置项。

Ridge 的回归方程的决定系数会比常规回归模型的决定系数略低，但是其显著性相对较高。对于存在共线性、病态性等问题的数据集有较好的预测效果。

2）套索回归

套索（lasso）回归模型也是在线性模型的基础上通过改变模型的权重来实现正则化，并在 L_1 范数上增加权重。Lasso 回归不会对模型的参数进行二次惩罚，取而代之的是对压缩回归系数进行二次惩罚，因此对于模型的病态多重共线性问题进行改善[112]，其成本函数如下：

$$J(\theta) = \text{MSE}(\theta) + \alpha \sum_{i=1}^{n} |\theta_i| \tag{6.99}$$

由于 Lasso 回归使用的是 L_1 范数，L_1 范数对结果无用的特征系数进行缩小，对结果有用的特征系数进行凸显，所以 Lasso 算法具有特征选择功能。

3）随机森林回归

集成学习是通过策略模块将子学习器进行综合然后输出的方法。集成学习最主要的内容就是策略模块和生成子学习器方式。策略模块主要分为投票法、平均法和学习法。子学习器的生成方式分为提升法（Boosting）、套袋法（Bagging）和随机森林（random forest，RF）。其中提升法属于串行序列生成方法，Bagging 和随机森林属于并行序列生成方法。

（1）随机森林是一种基于大量决策树的强大集成学习方法，是 Bagging 法的扩展体。RF 与决策树算法模型的用法基本一致，但 RF 多了一个 n_estimators 参数。

RF 利用多次有放回的抽样技术对数据集进行划分。抽样过程是从原始数据集中提取 N 组训练集，每个训练集的大小约为原始数据集的三分之二。共构造了 N 个决策树来组成一个随机森林，并且这些回归树未被"修剪"。在每棵树的生长过程中，各节点使用随机选择的部分属性来进行分割。经 n 次模型训练，$\{t_1(x),$ $t_2(x),\cdots,t_k(x)\}$ 得到回归模型序列，然后采用简单平均法计算新的预测值。最终回归决策计算式[113]为

$$H(x) = \frac{1}{K} \sum_{i=1}^{K} t_i(x) \tag{6.100}$$

式中，t_i 为单个决策树回归模型；K 为决策树的数量。

RF 模型在不平衡数据集上预测结果较为平稳，能够处理高维数据，在保持运算量不变的基础上提高了预测精度。但是该模型在噪声较大的问题上容易出现过拟合。

（2）极端随机森林回归（extra-random trees regressor，ETR）是集成学习和随机森林理论结合起来的机器学习算法模型。如何划分决策树节点是 ETR 和 RF 模型之间的主要区别。ETR 模型在划分节点时是随机选择特征值，而不是进行搜索

比较得到。这样的划分节点方式为模型提供了额外的随机性，进而提高了训练速度、改善了模型的过拟合行为，但也加大了模型决策偏差的可能性。ETR 可以处理高维数据，并且实现高精确度预测，因此在图像处理、人工智能、信息识别等领域得到广泛应用[114]。

（3）梯度提升树回归（gradient boosting tree regressor，GBTR）是一种决策树方法，是 Boosting 算法的改进，其核心思想是串联合并多个弱学习器，形成一个强共识模型。在 GBTR 训练中，通过损失函数来减小残差，生成新的决策树。GBTR 算法在连续值和离散值方面处理效果都很好，在模型中需要设置合适的参数，准确率也会随之提高。但是由于模型中的弱学习器互相依赖，导致训练的数据无法并行处理，因此对于高维稀疏特征的数据无法取得很好的训练效果[115]。

GBTR 通过并行输出预测结果，并且每一个弱学习器都是上一个弱学习器的损失函数负梯度，这种方式可以提高预测的准确率。相比于传统的决策树和 RF 模型，该模型的方差和偏差都有了提高。

（4）自适应提升树回归（adaboost regressor，ABR）模型可根据估计误差自动调整权重，其核心思想是经过不断迭代从而获得多个弱学习器，最后组合成为一个强学习器。AdaBoost 通过对指数损失函数取极小值来得到弱学习器的权重参数 α_t。在优化过程中和"残差逼近"较为相似，在解决非线性、复杂的回归问题方面有很大的潜力，但该模型对离散点较为敏感，容易受到噪声干扰。在迭代过程中异常的样本容易得到较高的权重，因此影响了最终预测结果的准确性。

AdaBoost 算法速度快，可调参数少，对弱学习器没有较高的要求。由于 AdaBoost 算法对样本权重不断迭代改变权重，因此可以更正没有被正确学习的样本。

（5）极端梯度提升树回归（extreme gradient boosting，XGBoost）是对传统梯度提升算法进行了改进和优化。XGBoost 对目标函数使用二阶导数函数近似，通过在目标函数中引入正则项从而获得最优解，目标函数包括自身的损失函数和正则化项。有效减小了过拟合问题并提高了算法运算效率。与其他机器学习算法相比，XGBoost 模型具有运算时间短、模型泛化能力强。其目标函数计算过程如下[116]：

$$O_{bj} = \sum_{i=1}^{n} l(y_i, \hat{y}_i') + \sum_{k=1}^{K} \Omega(f_i) \tag{6.101}$$

式中，$\sum_{i=1}^{n} l(y_i, \hat{y}_i')$ 为损失函数；t 为迭代次数；$\Omega(f_i)$ 为正则项，树模型的复杂度；K 为回归树的数目。

XGBoost 模型采取随机采样的方式，有效防止了过拟合问题，对于稀疏数据有很好的预测效果，被广泛应用于各种机器学习竞赛当中。

6.2.3　模型训练与结果比较

对 XGBoost、GBTR、RF、ETR、ABR、Ridge 和 Lasso 这七种回归模型进行训练和模型评估，通过模型评价指标对最优预测模型进行选取，整个机器学习算法流程如图 6.19 所示。选用 Python 作为语言环境，IDE 选用 Pycharm，利用机器学习工具包 Sklearn 实现模型建立、调参和评估等操作。

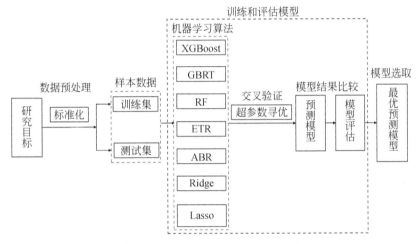

图 6.19　整个机器学习算法流程图

模型评估指标主要包括决定系数、残差平方和、均方误差、均方根误差和平均绝对值误差。

决定系数（R^2）表征了回归模型的拟合程度，其值介于 0～1 之间，越接近于 1，模型的拟合效果越好。根据下式计算：

$$R^2 = 1 - \frac{\sum_{k=1}^{n}(y_k - x_k)}{\sum_{k=1}^{n}(y_k - \overline{y})} \tag{6.102}$$

式中，y_k 为实验值；x_k 为预测值；n 为数据样本总数；

残差平方和（sum of squares error，SSE）是真实值和预测值之间的误差平方和，SSE 越小，说明模型的拟合效果越好。

$$\text{SSE} = \sum_{i=1}^{n}(y_k - x_k)^2 \tag{6.103}$$

均方误差（mean square error，MSE）表示的是误差平方和的均值，也表示为

一个线性回归模型的损失函数，计算式为

$$\text{MSE}=\frac{1}{n}\sum_{i=1}^{n}(y_k-x_k)^2 \tag{6.104}$$

均方根误差（root mean square error，RMSE）表示均方误差的算术平方根，通过反映模型与真实值的偏离程度来评价模型预测能力的好坏，RMSE 越小，则模型的误差越小。

$$\text{RMSE}=\sqrt{\frac{\sum_{k=1}^{n}(y_k-x_k)^2}{n}} \tag{6.105}$$

平均绝对值误差（mean absolute error，MAE）是对残差直接求平均值，计算式为

$$\text{MAE}=\frac{1}{n}\sum_{i=1}^{n}|y_k-x_k| \tag{6.106}$$

在模型评估当中，MAE 比 RMSE 越小越好，但是当残差为 0 或者残差相等除外。RMSE 在定义损失函数的时候是平滑可微的，尽管 RMSE 计算过程更为复杂，误差稍高，但是仍然可作为很多模型的评估指标。所以在本小节中，选取 R^2 和 RMSE 为评估指标，当 R^2 越接近 1，RMSE 越小，预测越准确。

6.2.4　超参数寻优

超参数寻优方法很多，可以通过试错法进行查找、评估，当参数组合较多的情况下，手动计算时间会大大增长。为了获得对收集的数据集预测性能最好的模型，使用网格搜索-交叉验证法（Grid-Search-CV）对模型所有的超参数进行排列与组合，将所有参数组合合并生成"网格"，采用穷举搜索法搜寻所有超参数进行模型训练，根据模型评价指标对每种组合进行评估，输出最好的参数组合结果。

但是网格搜索法存在一定的弊端，比如对每个模型进行一次训练测试便确定了最优结果，存在偶然性。为了解决这个问题，提出在网格搜索法当中嵌套交叉验证的方法来减小偶然性的概率。交叉验证方法通过多次计算性能指标的平均值，从而提高模型的泛化能力。具体流程如下：

（1）网格搜索法将列出所选模型超参数的所有排列组合结果，建立相应的模型。

（2）采用 10 折交叉验证方法对每个模型进行评估（图 6.20）。将数据集分成十份，其中的九份作为测试集，取每次得到的评价指标的平均值作为评价标准。

（3）通过对比不同超参数组合下的评价结果，选取输出最优值。

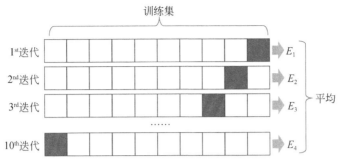

图 6.20 10 折交叉验证结果图

利用 Python 对 7 种机器学习模型进行参数寻优，结果见表 6.4，选择最优超参数结果进行模型训练。其中参数 n_estimators 代表决策树的数量即最大迭代次数，数量太大或太小都会出现过拟合和欠拟合的情况，所以需要进行适中选择；参数 learning_rate 是学习率即步长，通常要和 n_estimators 一起进行调参；参数 max_depth 是决策树的最大深度，过大或过小都会导致模型拟合情况偏离真实值；参数 subsample 是子采样比例，在随机森林训练过程当中让其值小于 1 可防止过拟合。

表 6.4 模型中的重要超参数

模型类型	参数	参数含义
XGBoost	n_estimators	决策树的数量
	learning_rate	学习率
	max_depth	树的最大深度
GBTR	n_estimators	决策树的数量
	learning_rate	学习率
	max_depth	树的最大深度
	subsample	子采样比例
RF	n_estimators	决策树的数量
	max_depth	决策树的最大深度
ETR	random_state	随机种子
	max_depth	决策树的最大深度
ABR	n_estimators	决策树的数量
	learning_rate	学习率
Ridge	alphas	正则化强度
Lasso	Eps	正则化路径的长度
	n_alphas	正则化路径中 α 的个数

6.3　新兴损伤检测技术及其试验验证

6.3.1　太赫兹检测技术

太赫兹（terahertz，THz）波的频率在 10^{12} Hz 左右[117]。图 6.21 为电磁波谱中的太赫兹波频段范围，作为一种电磁波，其频率范围介于 0.1～10 THz（1 THz= 10^{12} Hz）范围之间，波长对应范围 0.03～3 mm，位于红外波和毫米波之间，也称为远红外波或者亚毫米波。

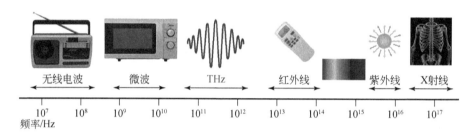

图 6.21　电磁波谱分布示意图

太赫兹波的光谱特性较为特殊，可穿透许多种类的电介质材料，包括塑料聚合物、陶瓷、橡胶、玻璃纤维以及各类复合材料，检测材料的物理信息和化学信息可在太赫兹辐射后的波谱中得到体现[118]。同时，太赫兹波段具有显著的宽频特点，在光谱传感领域应用广泛，可利用其光谱频段分辨特性，对待测物体形状尺寸和组成成分进行有效判定。其在具有高频率分量特性的同时兼具皮秒量级脉冲的特点，因此相比于毫米波具备更高的检测精度和时间分辨率。太赫兹的辐射能量远远低于 X 射线辐射的数量级，对于人体安全而言，不会因有害的电离反应而导致健康受损；对待测物体而言，也不必担心物质被太赫兹辐射所损坏，其在检测方面的安全特性显著。此外，对于许多生物组织和有机分子的检测中，太赫兹辐射也能体现出独有的特点，包括吸收效应和色散效应较为强烈的特点以及对应检测频谱也可体现出独有的指纹谱。

太赫兹源种类分为两种，一种是宽频段的太赫兹脉冲源，另一种则为连续波太赫兹源。本研究主要基于太赫兹时域光谱技术，重点关注太赫兹脉冲源的激励和探测机理。对于脉冲太赫兹信号的激励系统而言，目前最普遍的方式是通过飞秒脉冲激光的脉冲与光电导天线的反应激发出 THz 波。也可以通过光学整流等方法激发 THz 脉冲。本研究中的太赫兹激励源和探测源，激励和探测方式均采用光电导天线以及飞秒激光，产生的太赫兹脉冲信号为皮秒量级的宽频带信号。

在光电导天线结构中，偶极天线沉积在半导体基底表面，由一对平行的金属电极所组成。可供应用的光电导材料种类较多，目前在太赫兹技术中普遍使用的光电导材料包括低温生长的砷化镓（GaAs）材料以及硅（Si）材料，光电导天线产生太赫兹脉冲辐射的过程如图 6.22 所示。

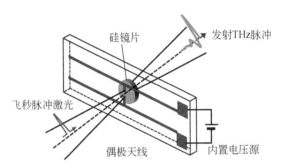

图 6.22　基于光电导天线产生太赫兹脉冲的过程

太赫兹脉冲辐射基于光电导天线激发产生的机理如下：将偏置电压场施加于偶极天线的正负极两端，天线间隙结构会受外部加载的电压源影响产生电场。然后使用飞秒脉冲激光对偶极天线电极之间的光电导材料进行照射，因光电导材料受飞秒脉冲激光激发会产生光电导效应，所以被称为光生载流子的空穴-电子对会由结构表面所激发产生。受偏置电压的影响，在结构内置的电场作用下，激发出的光生载流子加速运动，产生随时间高速变化的太赫兹脉冲。

在检测脉冲太赫兹信号的方法中，常用的相干探测方法主要包括电光取样探测和光电导取样探测两种探测方法。其中，光电导取样探测的本质原理是太赫兹辐射激发方式的逆过程。该探测方法同样采用了偶极天线结构，并配备了连接电流表进行测量，无需再向探测结构中添加外部电压源。由电流表测得的瞬时电流的大小与太赫兹辐射电场强度成正比。

一般而言，采集系统的频率响应速度将会远低于待测的太赫兹脉冲信号频率，因此在皮秒周期量级的太赫兹脉冲信号检测过程中，无法通过太赫兹时域光谱系统进行 THz 频率数量级的信号实时采样。低频采集系统对高频太赫兹脉冲信号无法实现有效探测，对此问题的解决办法是使用等效时间采样方法。图 6.23 为等效时间采样原理示意图。研究中，检测系统使用重复频率为 100 MHz 的飞秒激光，对激发的周期性太赫兹脉冲串进行探测。太赫兹脉冲串的周期保持不变，通过设置探测脉冲与其相对的时间延迟 Δt，对周期不同的脉冲太赫兹信号进行采样，这个过程在时间域上体现为脉冲信号的展宽，进而完成对太赫兹脉冲信号进行等效采样。

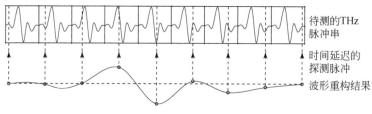

图 6.23　等效时间采样原理示意图

待测的太赫兹信号可由下式定义：

$$S(t) = S(t + nT) \qquad (6.107)$$

式中，$S(t)$ 为待测太赫兹信号；T 为信号周期。

等效采样的信号可定义为

$$S_n(t) = S(nT + \Delta t)f(nT + \Delta t) = S(\Delta t)f(nT + \Delta t) \qquad (6.108)$$

式中，$f(t)$ 为探测脉冲信号；Δt 为时间延迟；$nT+\Delta t$ 为采样的时间间隔。

在实际的太赫兹时域光谱检测系统中，可通过利用光学延迟线控制时间的延迟来完成等效采样。通过改变时间延迟，将待测的太赫兹脉冲串波形完成重构，实现低频采集系统对高频太赫兹脉冲信号的有效探测。

太赫兹检测技术主要包括太赫兹发射光谱技术、太赫兹时间分辨光谱技术以及太赫兹时域光谱技术三大类[119]。太赫兹时域光谱（Terahertz Time-Domain Spectroscopy，THz-TDS）技术可以通过脉冲太赫兹波，在时域上直接测得太赫兹信号的相位和幅值，通过其时域信号的演变规律进而明确太赫兹波和介质的相互作用关系。THz-TDS 技术能够准确辨别出样品的物理或化学信息，并且测量速度快，准确性高。同时，THz-TDS 技术也可以用于分析样品内部的微结构信息。此外，在生物组织或有机大分子的检测中，太赫兹光谱中能够承载丰富的信息量，并且对于特定的材料会有独特的光谱特性体现，这种特性也被称为指纹谱特性。因此，在成像检测领域，THz-TDS 技术具备独特的优势。相比于其他常规无损检测方法，其优势如下[120-122]：

（1）频率范围宽。THz-TDS 技术的频率范围为 0.1～10 THz。

（2）时空分辨率高。THz-TDS 技术激发出的太赫兹波频率分量高，并且通过飞秒量级的脉冲进行探测，具有皮秒量级的时间分辨率以及微米量级的空间分辨率，对于微小尺寸的结构判定与精确测量具备有利优势。

（3）抗干扰能力强。THz-TDS 技术的信噪比高，对于背景噪声的屏蔽性能良好，灵敏度高于一般的探测方法，可对样品物质的皮秒或亚皮秒量级变化进行有效测量，在重复实验中可以获得较为一致的检测结果。

（4）波谱信息丰富。THz-TDS 技术的波谱包含大量物体组成成分信息和结构特性信息。

（5）非接触检测。THz-TDS 系统可实现非接触检测，避免耦合剂影响，可以在一定距离内对物体进行检测，避免对待测样品的干扰。

（6）可实时监测。THz-TDS 的激励和探测速度极快，可在瞬间获得信号的特性使其在监测应用方面具备较大潜力。

目前，由于超快飞秒激光以及半导体技术的高速发展，在太赫兹频段的激励和探测方面已经发展出了较为广泛的手段，THz-TDS 技术的应用前景日益广泛。另一方面，太赫兹波在众多非金属材料的检测方面，对于复合材料、陶瓷、橡胶等材料都具备较好的穿透性[9]。因此，太赫兹时域光谱技术非常适用于陶瓷基复合材料全面、快速、非接触的无损检测。

6.3.2　太赫兹时域光谱技术的缺陷检测与成像

本节提出了一种针对陶瓷基复合材料（ceramic matrix composite，CMC）内部缺陷无损检测的新型太赫兹检测技术，使用反射式 THz-TDS 系统实现了非接触式无损检测。首先引入了一种零相位滤波方法来消除高频信号过滤引起的相位滞后问题，并分析了相关的信号特征参数。然后，提取信号特征参数成像，并分析了不同特征参数成像对图像质量的影响。最后，采用多特征加权融合成像方法绘制了材料缺陷的二维表面成像结果，重构了三维形貌图，并分析了融合成像对于图像质量的影响，验证了所提方法对于 CMC 缺陷检测成像的有效性。

THz-TDS 实验系统如图 6.24 所示，主要包括太赫兹时域光谱仪、扫描架、样

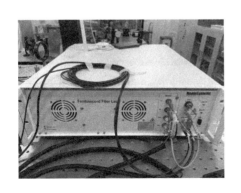

(a) 太赫兹时域光谱仪

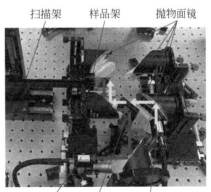

(b) 反射式光路

图 6.24　THz-TDS 实验系统

品架、抛物面镜、分束器、探测器和发射器等部分。实验所使用的太赫兹时域光谱仪型号为 TeraSmart，德国 Menlo 公司生产，系统频率范围为 0.1~6 THz，具有一个发射端以及一个接收端。在实验搭建的反射式光路中，发射器所发出的光束透过分束器后经抛物面镜聚焦于样品位置，样品反射携带有样品信息的检测信号经过入射光路后原路返回，在分束器处反射后经抛物面镜聚焦，进入探测器。探测器可以测得 THz 信号的强度信息，并将其传输至锁相放大器，锁相放大器将强度信息与给定的参考电压进行比较后，将其转变为与之对应的电压信号，电压信号经过模数转换之后被上传至上位机，即可进行信号的分析和处理。

实验制备的 CMC 样品为碳/碳化硅（C/SiC）复合材料，制备工艺为先驱体浸渍裂解法（precursor infiltration pyrolysis，PIP），使用的聚合物前驱体为聚硅碳烷（polycarbosilane，PCS），经高温裂解后生成的 C/SiC 基体成分均匀，表面气孔率<10%，密度为 1.85 g/cm³。在基体上分别加工制作了 9 个不同深度和直径的平底孔洞缺陷，缺陷的尺寸设计和样品三维图如图 6.25 所示，深度范围从 1 mm 至 3 mm，直径范围从 2 mm 至 5 mm 不等。根据孔洞深度和直径的不同，交错排列缺陷位置，以避免视觉误差的干扰，实现检测效果的可靠评估。样品实物图如图 6.26 所示。实验在 24℃ 且无尘的实验室环境中进行，采用反射式检测方法，THz 波垂直入射。CMC 样品底面固定在金属基板上，通过扫描控制软件控制扫描架带动样品进行逐点扫描，扫描步长为 0.5 mm。

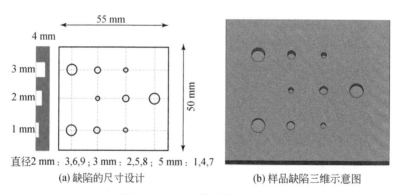

(a) 缺陷的尺寸设计　　　　　(b) 样品缺陷三维示意图

图 6.25　CMC 样品缺陷示意图

图 6.27 为时域 THz 信号波形特征参数示意图，可利用这些特征参数进行成像。其中主要包括渡越时间特征参数 a、b、c、d：直接反映样品折射率变化和厚度信息；时域幅值特征参数：主要反映样品的厚度和对 THz 波的吸收特性，包括时域波形最大值 A、时域波形最小值 B 和峰峰值 C；脉宽特征参数 e：主要反映物体的色散特性，呈现被测物轮廓信息和能量积分特征参数 D。

图 6.26　CMC 样品实物图

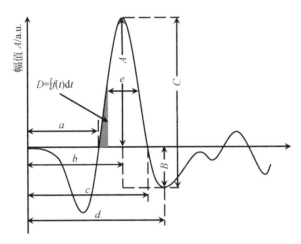

图 6.27　时域 THz 信号波形特征参数示意图

　　不同特征参数反映的样品信息有较大差别，成像结果也必然会有不同。而不同特征参数成像的结果融合能够有效扩大信息获取的范围，提高系统的可靠性，形成更高效的信息表示形式。采用融合成像方法进行缺陷成像，可以充分利用多个特征参数获得不同的信息，从而获得对样品更精确更可靠的描述。

　　由于不同特征参数反映的信息不同，同一样品利用不同特征参数获得的多幅图像之间，在包含信息方面具有信息互补的性质，融合不同特征参数获得的图像对于样品信息的描述更为精确全面，这有利于图像质量的提高，同时选取多个特征参数，也有利于提高分析效率。

　　基于以上分析，采用一种多特征加权融合成像方法，通过在彩色成像空间的不同通道叠加多个特征参数成像结果，对灰度图像数据进行分析组合，融合各色彩通道中的不同特征参数数据重构图像[122]。每一个特征参数与色彩阶数的映射

关系表达式为

$$T_{i,j} = \alpha\left(T_{\min} + \frac{(T_{\max} - T_{\min})}{(S_{\max} - S_{\min})} \times (S_{i,j} - S_{\min}) \right) \tag{6.109}$$

式中，α 为加权系数；$T_{i,j}$ 为融合成像图坐标位置像素值；$S_{i,j}$ 为特征参数灰度图坐标位置像素值；$T_{\min}$ 为单点像素的最小值；$T_{\max}$ 为单点像素的最大值；$S_{\min}$ 为成像特征参数的最小值；$S_{\max}$ 为成像特征参数的最大值。

通过选定特征参数，将根据式（6.109）处理之后的特征参数映射至 RGB 彩色图中的一个色彩通道的色阶，再将载有不同特征参数信息的 RGB 通道融合在一张彩色图上进行成像，由此得到融合图像。

要想对缺陷成像的结果进行客观的比较，需要采用一定的评价指标来衡量图像质量。为此，选取了三种不同的图像统计特征，以便更直观地进行图像质量评价。通过这些评价指标，可以确定最佳的图像处理方案，从而实现更高质量的缺陷成像效果。

图像标准差 σ（standard deviation）是图像所有像素灰度值的二阶统计特征，主要反映图像的整体对比度，定义为

$$\sigma = \sqrt{\frac{1}{MN}\sum_{i=1}^{M}\sum_{j=1}^{N}(S_{i,j} - \mu)^2} \tag{6.110}$$

式中，μ 为图像所有像素的均值。

像素均值定义为

$$\mu = \frac{1}{MN}\sum_{i=1}^{M}\sum_{j=1}^{N}S_{i,j} \tag{6.111}$$

式中，$S_{i,j}$ 为对应坐标位置的像素值；M 为行方向像素总数；N 为列方向像素总数。

图像标准差 σ 越大，表明图像的像素值的离散程度越大，对比度越高。

图像平均梯度 g（average gradient）反映了图像的纹理变化特征和细节表达能力，定义为

$$g = \frac{1}{MN}\sum_{i=1}^{M}\sum_{j=1}^{N}\sqrt{\frac{g_{x_{i,j}}^2 + g_{y_{i,j}}^2}{2}} \tag{6.112}$$

式中，g_x 为对应坐标位置的像素值；g_y 为行方向像素总数；M 为行方向像素总数；N 为列方向像素总数。

图像平均梯度 g 越大，表明图像细节越丰富。

图像空间频率 SF（space frequency）反映了图像像素的空间活跃程度，定义为

$$SF = \sqrt{RF^2 + CF^2} \tag{6.113}$$

式中，RF 为行频率（row frequency）；CF 为列频率（column frequency）。

行频率与列频率定义为

$$RF = \sqrt{\frac{1}{MN} \sum_{i=1}^{M} \sum_{j=2}^{N} (S_{i,j} - S_{i,j-1})^2} \qquad (6.114)$$

$$CF = \sqrt{\frac{1}{MN} \sum_{i=2}^{M} \sum_{j=1}^{N} (S_{i,j} - S_{i-1,j})^2} \qquad (6.115)$$

图像空间频率 SF 越大，表明图像细节越清晰。

结合前述信号特征分析结论，缺陷位置与无缺陷位置的信号差异主要体现在主峰幅值与时间延迟两个方面，因此分别提取时域波形最大值、最小值、峰峰值和渡越时间四个不同特征参数进行了验证。

特征参数的缺陷成像结果对比如图 6.28 所示，四幅图像数据均应用了三次样条插值处理，以增强图像分辨率。其中，图 6.28(a)为提取时域波形最大值的成像结果，图 6.28(b)为提取时域波形最小值的成像结果，图 6.28(c)为提取时域波形峰峰值的成像结果，图 6.28(d)为提取缺陷信号峰值位置至无缺陷信号峰值位置渡越时间的成像结果。四幅图像均展示出了缺陷的尺寸位置信息。为避免图像受强度不统一的影响，根据式（6.109）的映射关系统一了强度坐标轴跨度。

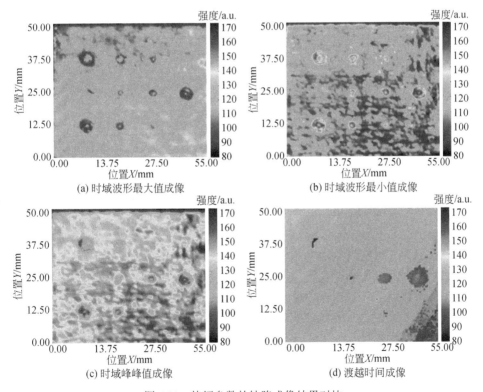

图 6.28　特征参数的缺陷成像结果对比

　　不同特征参数的成像质量对比如表 6.5 所示，可以发现，在四幅图像中，时域波形最大值成像的三种指标均为最低，渡越时间成像的三种指标均为最高。而且，渡越时间成像的三种指标明显高于其他三种时域幅值成像方法。在三种时域幅值成像方法中，图像质量最高的缺陷成像与图像质量最低的时域波形最大值成像相比，其图像标准差提高了约 193%，平均梯度提高了约 262%，空间频率提高了约 233%。在全部四种成像方法中，图像质量最高的缺陷成像方法是渡越时间成像，与图像质量最低的时域波形最大值成像相比，其图像标准差提高了约 15.9 倍，平均梯度提高了约 12 倍，空间频率提高了约 15.5 倍。

表 6.5　不同特征参数的成像质量对比

图像种类	标准差	平均梯度	空间频率
时域波形最大值	0.0297	0.0008	0.0015
时域波形最小值	0.0618	0.0027	0.0046
峰峰值	0.0872	0.0029	0.0050
渡越时间	0.4723	0.0096	0.0232

　　从图 6.28 中可以看出，渡越时间成像结果在人眼视觉上的对比度并不明显，但是其指标却显著高于其他三种特征参数。通过进一步分析可得出，渡越时间成像指标较高的原因在于其与单纯的幅值信息相比，包含大量深度信息，同时渡越时间也会更多被样品非缺陷位置的表面均匀性所影响。渡越时间成像的更高指标体现出其对于深度信息的获取较其他幅值特征参数更多。

　　综上所述，时域幅值特征参数成像对于缺陷边缘轮廓更敏感，在平面图中能够更好地定位缺陷边缘位置，展示缺陷形貌。而指标更高的渡越时间特征参数成像对于缺陷平面定位效果较弱，但是其包含更多的深度信息，通过利用这一特点，可将幅值特征参数的缺陷定位信息与渡越时间成像的深度信息进行融合成像，并进一步构建三维成像结果。

6.3.3　太赫兹时域光谱技术的损伤评价验证

　　根据前述特征参数成像质量对比结论，选取图像质量评价指标最高的一个渡越时间参数和两个时域幅值参数进行了融合成像，为避免主观判断的影响，更好地评价融合成像效果，加权方式选取为平均加权，即加权系数 α 为 1/3，以实现各指标权重的平均分配，便于与单一特征参数成像方法进行对比评价。融合成像结果如图 6.29 所示，其中图(a)是二维成像结果，图(b)是对应的三维成像结果，选取的三个特征参数分别为渡越时间、时域波形最小值和峰峰值。图像数据同样应用了三次样条插值处理，以增强图像分辨率。为避免图像受强度不统一的影响，同样根据式（6.109）的映射关系统一了强度坐标轴跨度。

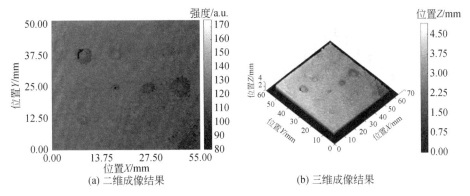

图 6.29　融合成像结果图

缺陷深度信息由渡越时间计算得出，其计算式为

$$d = \frac{c\sqrt{n^2 - n^2 \sin\theta}}{2n}(T_{defect} - T_{reference})$$

$$= \frac{c\sqrt{n^2 - n^2 \sin\theta}}{2n}\Delta T \tag{6.116}$$

当太赫兹波垂直入射时，可简化为

$$d = \frac{c}{2n}(T_{defect} - T_{reference}) = \frac{c}{2n}\Delta T \tag{6.117}$$

式中，θ 为太赫兹波入射角；d 为样品缺陷深度；T_{defect} 为太赫兹波到达缺陷底部的时间；$T_{reference}$ 为太赫兹波到达样品表面的时间；n 为空气的折射率近似为 1；c 为光在空气中的传播速度。

受限于加工精度，样品缺陷的实际深度与预期加工深度存在部分偏移。通过对应的三维图的数据，根据式（6.117），获得缺陷检测深度信息如表 6.6 所示。从表中可以看出，检测深度与实际深度基本吻合。

表 6.6　缺陷深度信息

缺陷编号	检测深度/mm	实际深度/mm	相对误差/%
1	2.80	2.79	0.36
2	2.91	2.89	0.69
3	3.13	2.95	6.10
4	1.65	1.64	0.60
5	1.75	1.73	1.16

续表

缺陷编号	检测深度/mm	实际深度/mm	相对误差/%
6	1.88	1.81	3.87
7	0.62	0.60	3.33
8	0.71	0.68	4.41
9	0.76	0.71	7.04

　　融合成像的缺陷成像质量对比如表 6.7 所示，可以发现，与三种单一特征参数成像相比，融合成像的三种指标均为最高，而且明显高于其中两个时域幅值参数成像方法。在全部四种成像方法中，图像质量最高的缺陷成像方法是融合成像，与三种单一特征参数成像方法中图像质量最高的渡越时间成像相比，其图像标准差提高了约 42.4%，平均梯度提高了约 147%，空间频率提高了约 94.0%，与三种单一特征参数成像方法中图像质量最低的时域波形最小值成像相比，其图像标准差提高了约 9.9 倍，平均梯度提高了约 7.8 倍，空间频率提高了约 8.8 倍。结果表明，与单一特征参数成像相比，融合成像的图像质量显著提高，并与样品实物的缺陷位置对应一致。根据前述不同特征参数成像的总结分析，指标更高的融合成像同时选取了渡越时间和幅值特征参数，包含缺陷尺寸和深度的多维信息。

表 6.7　融合成像质量对比

图像种类	标准差	平均梯度	空间频率
时域波形最小值	0.0618	0.0027	0.0046
峰峰值	0.0872	0.0029	0.0050
渡越时间	0.4723	0.0096	0.0232
融合成像	0.6727	0.0238	0.0450

　　融合成像质量对比的结果表明，其可以在特征成像的基础上，显著提高图像质量，并增强缺陷检测成像的效果。与单一特征参数成像结果比较，其二维成像结果更加明显，展示出了缺陷的尺寸位置信息，并与样品实物的缺陷尺寸位置对应一致。其对应重构的三维成像结果不仅明显展示出了缺陷的尺寸位置信息，而且直观展示出了缺陷的形貌和深度信息，实现了 CMC 试样的缺陷定位与尺寸定量评估。

参 考 文 献

[1] Gong Y, Huang X F, Liu Z H, et al. Development of a cone-shaped pulsed eddy current sensor . IEEE Sensors Journal, 2022, 22(4): 3129-3136.

［2］ Huang X, Liu Z, Gong Y, et al. Quantitative estimation of Fe-based amorphous aoating thickness based on pulsed eddy current technology. Journal of Nondestructive Evaluation, 2023, 42: 1-12.

［3］ Xiao X Z, Terentyev D, Yu L. Model for the spherical indentation stress-strain relationships of ion-irradiated materials. Journal of the Mechanics and Physics of Solids, 2019, 132: 103694.

［4］ Ganesh Kumar J, Ganesan V, Laha K. High temperature tensile properties of 316LN stainless steel investigated using automated ball indentation technique. Materials at High Temperatures, 2019, 36(1): 48-57.

［5］ Iskakov A, Yabansu Y C, Rajagopalan S, et al. Application of spherical indentation and the materials knowledge system framework to establishing microstructure-yield strength linkages from carbon steel scoops excised from high-temperature exposed components. Acta Materialia, 2018, 144: 758-767.

［6］ Li J H, Li F G, Ma X K, et al. A strain-dependent ductile damage model and its application in the derivation of fracture toughness by micro-indentation. Acta Materialia, 2015, 67: 623-630.

［7］ Kim W, Choi S, Kim J, et al. Estimation of fracture toughness using flat-ended cylindrical indentation. Metals and Materials International, 2020, (2): 1-9.

［8］ Joemax A, Christopher T. Fracture toughness evaluation of AA3003 aluminum alloy through alternative experimental methods and finite element technique. Mechanika, 2018, 24(5): 757-763.

［9］ Zhang T R, Guo J Z, Wang W Q. A strain-pattern-based spherical indentation method for simultaneous uniaxial tensile residual stress and flow property determination. The Journal of Strain Analysis for Engineering Design, 2021, 56(1): 50-64.

［10］ Shen L, He Y M, Liu D B, et al. Prediction of residual stress components and their directions from pile-up morphology: An experimental study. Journal of Materials Research, 2016, 31(16): 2392-2397.

［11］ Wang Z, Deng L, Zhao J. Estimation of residual stress of metal material without plastic plateau by using continuous spherical indentation. International Journal of Pressure Vessels and Piping, 2019, 172: 373-378.

［12］ 赵庚, 方金祥, 张显程. 基于微米压入的延性金属单轴拉伸性能与断裂韧性评价技术研究进展. 机械工程学报, 2023, 59(2): 51-68.

［13］ Liu M, Lin J, Lu C, et al. Progress in indentation study of materials via both experimental and numerical methods. Crystals, 2017, 7(10): 258.

［14］ Oliver W C, Pharr G M. An improved technique for determining hardness and elastic modulus using load and displacement sensing indentation experiments. Journal of Materials Research, 1992, 7(6): 1564-1583.

［15］ Oliver W C, Pharr G M. Measurement of hardness and elastic modulus by instrumented indentation: Advances in understanding and refinements to methodology. Journal of Materials Research, 2004, 19(1): 3-20.

[16] Byun T S, Hong J H, Haggag F M, et al. Measurement of through-the-thickness variations of mechanical properties in SA508 Gr.3 pressure vessel steels using ball indentation test technique. International Journal of Pressure Vessels and Piping, 1997, 74(3): 231-238.

[17] Murty K L, Mathew M D, Wang Y, et al. Nondestructive determination of tensile properties and fracture toughness of cold worked A36 steel. International Journal of Pressure Vessels and Piping, 1998, 75(11): 831-840.

[18] Hill R, Storakers B, Zdunek A B. A theoretical study of the brinell hardness test. Proceedings of the Royal Society A Mathematical, 1989, 423(1865): 301-330.

[19] Ahn J H, Kwon D. Derivation of plastic stress-strain relationship from ball indentations: Examination of strain definition and pileup effect. Journal of Materials Research, 2001, 16(11): 3170-3178.

[20] Ganesh Kumar J, Laha K. Influence of some test parameters on automated ball indentation test results. Experimental Techniques, 2018, 42(1): 45-54.

[21] Lee A, Komvopoulos K. Dynamic spherical indentation of strain hardening materials with and without strain rate dependent deformation behavior. Mechanics of Materials, 2019,133: 128-137.

[22] Li Y Y, Jiang W. Crystal plasticity assessment of the effect of material parameters on contact depth during spherical indentation. Continuum Mechanics and Thermodynamics, 2020(6): 1-11.

[23] 伍声宝, 徐彤, 喻灿, 等. 采用球压痕法测 16MnR 钢的拉伸性能. 机械工程材料, 2015, 39(1): 82-85.

[24] XU B X, Chen X. Determining engineering stress-strain curve directly from the load-depth curve of spherical indentation test. Journal of Materials Research, 2010, 25(12): 2297-2307.

[25] Chang C, Garrido M A, Ruiz-Hervias J, et al. Representative stress-strain curve by spherical indentation on elastic-plastic materials. Advances in Materials Science and Engineering, 2018, 2018: 1-9.

[26] Pamnani R, Karthik V, Jayakumar T, et al. Evaluation of mechanical properties across micro alloyed HSLA steel weld joints using automated ball indentation. Materials Science & Engineering: A, 2016, 651: 214-223.

[27] Li B X, Zhang S, Li J F, et al. Quantitative evaluation of mechanical properties of machined surface layer using automated ball indentation technique. Materials Science and Engineering: A, 2019, 773: 138717.

[28] Cheng Y T, Cheng C M. Can stress-strain relationships be obtained from indentation curves

using conical and pyramidal indenters? Journal of Materials Research, 1999, 14(9): 3493-3496.

[29] Lee H, Lee J H, Pharr G M. A numerical approach to spherical indentation techniques for material property evaluation. Journal of the Mechanics and Physics of Solids, 2005, 53(9): 2037-2069.

[30] Lee J H, Lee H, Kim D H. A numerical approach to evaluation of elastic modulus using conical indenter with finite tip radius. Journal of Materials Research, 2008, 23(9): 2528-2537.

[31] Lee J H, Lee H, Hyun H C, et al. Numerical approaches and experimental verification of the conical indentation techniques for residual stress evaluation. Journal of Materials Research, 2010, 25(11): 2212-2223.

[32] Lee J H, Lim D, Hyun H, et al. A numerical approach to indentation technique to evaluate material properties of film-on-substrate systems. International Journal of Solids and Structures, 2012, 49: 1033-1043.

[33] Dao M, Chollacoop N, Vliet K J V, et al. Computational modeling of the forward and reverse problems in instrumented sharp indentation. Acta Materialia, 2001, 49(19): 3899-3918.

[34] Hyun H C, Kim M, Lee J H, et al. A dual conical indentation technique based on FEA solutions for property evaluation. Mechanics of Materials, 2011, 43(6): 313-331.

[35] Beghini M, Bertini L, Fontanari V. Evaluation of the stress-strain curve of metallic materials by spherical indentation. International Journal of Solids & Structures, 2006, 43(7): 2441-2459.

[36] Johnson K L. The correlation of indentation experiments. Journal of the Mechanics and Physics of Solids, 1970, 18(2): 115-126.

[37] Anuja J, Narasimhan R, Ramamurty U. An expanding cavity model for indentation analysis of shape memory alloys. Journal of Applied Mechanics, 2019, 87(3): 1-26.

[38] Won J, Kim S, Kwon O M, et al. Evaluation of tensile yield strength of high-density polyethylene in flat-ended cylindrical indentation: An analytic approach based on the expanding cavity model. Journal of Materials Research, 2020, 35(2): 1-9.

[39] Gao X L, Jing X N, Subhash G. Two new expanding cavity models for indentation deformations of elastic strain-hardening materials. International Journal of Solids and Structures, 2005, 43(7): 2193-2208.

[40] Kang S K, Kim Y C, Kim K H, et al. Extended expanding cavity model for measurement of flow properties using instrumented spherical indentation. International Journal of Plasticity, 2013, 49: 1-15.

[41] Narasimhan R. Analysis of indentation of pressure sensitive plastic solids using the expanding cavity model. Mechanics of Materials, 2004, 36(7): 633-645.

[42] Gao X L, Jing X N, Subhash G. Two new expanding cavity models for indentation deformations of elastic strain-hardening materials. International Journal of Solids and

Structures, 2006, 43(7): 2193-2208.

[43] Gao X L. An expanding cavity model incorporating strain-hardening and indentation size effects. International Journal of Solids and Structures, 2006, 43(21): 6615-6629.

[44] Zhang T H, Yu C, Peng G J, et al. Identification of the elastic-plastic constitutive model for measuring mechanical properties of metals by instrumented spherical indentation test. MRS Communications, 2017, 7(2): 1-8.

[45] Zhan X P, Wu J J, Wu H F, et al. A new modified ECM approach on the identification of plastic anisotropic properties by spherical indentation. Materials & Design, 2017, 139: 392-408.

[46] Chen H, Cai L X. An elastic-plastic indentation model for different geometric indenters and its applications. Materials Today Communications, 2020, 25: 101440.

[47] 张希润, 蔡力勋, 陈辉. 基于能量密度等效的超弹性压入模型与双压试验方法. 力学学报, 2020, 52(3): 787-796.

[48] 张志杰, 蔡力勋, 陈辉, 等. 金属材料的强度与应力–应变关系的球压入测试方法. 力学学报, 2019, 51(1): 159-169.

[49] Byun T S, Kim J W, Hong J H. A theoretical model for determination of fracture toughness of reactor pressure vessel steels in the transition region from automated ball indentation test. Journal of Nuclear Materials, 1998, 252(3): 187-194.

[50] Haggag F M, Byun T S, Hong J H, et al. Indentation-energy-to-fracture (IEF) parameter for characterization of DBTT in carbon steels using nondestructive automated ball indentation (ABI) technique. Scripta Materialia, 1998, 38(4): 645-651.

[51] Byun T S, Kim S H, Lee B S, et al. Estimation of fracture toughness transition curves of RPV steels from ball indentation and tensile test data. Journal of Nuclear Materials, 2000, 277(2-3): 263-273.

[52] Lee J S, Jang J I, Lee B W, et al. An instrumented indentation technique for estimating fracture toughness of ductile materials: A critical indentation energy model based on continuum damage mechanics. Acta Materialia, 2006, 54(4): 1101-1109.

[53] Lemaitre J. A continuous damage mechanics model for ductile fracture. Journal of Engineering Materials and Technology, 1985, 107(1): 83-89.

[54] Andersson H. Analysis of a model for void growth and coalescence ahead of a moving crack tip. Journal of the Mechanics and Physics of Solids, 1977, 25(3): 217-233.

[55] Ghosh S, Das G. Effect of pre-strain on the indentation fracture toughness of high strength low alloy steel by means of continuum damage mechanics. Engineering Fracture Mechanics, 2011, 79: 126 -137.

[56] Amiri S, Lecis N, Manes A, et al. A study of a micro-indentation technique for estimating the fracture toughness of Al6061-T6. Mechanics Research Communications, 2014, 58: 10-16.

［57］ Li J, Li F G, He M, et al. Indentation technique for estimating the fracture toughness of 7050 aluminum alloy with the Berkovich indenter. Materials & Design, 2012, 40: 176-184.

［58］ 邹镔, 魏中坤, 关凯书. 用连续球压痕法评价钢断裂韧度. 材料科学与工程学报, 2016, 34(4): 577-580.

［59］ Yu F, Ben Jar P Y, Hendry M T. Indentation for fracture toughness estimation of high-strength rail steels based on a stress triaxiality-dependent ductile damage model. Theoretical and Applied Fracture Mechanics, 2018, 94: 10-25.

［60］ Yu F, Ben Jar P Y, Hendry M T, et al. Fracture toughness estimation for high-strength rail steels using indentation test. Engineering Fracture Mechanics, 2018, 204: 469-481.

［61］ 张国新, 王威强, 王尚. 自动球压痕法估测 Q235B 钢的断裂韧度. 机械强度, 2018, 40(5): 1205-1208.

［62］ Jeon S W, Lee K W, Kim J Y, et al. Estimation of fracture toughness of metallic materials using instrumented indentation: Critical indentation stress and strain model. Experimental Mechanics, 2017, 57(7): 1013-1025.

［63］ Zhang T R, Wang S, Wang W Q. A unified energy release rate based model to determine the fracture toughness of ductile metals from unnotched specimens. International Journal of Mechanical Sciences, 2018, 150: 35-50.

［64］ Zhang T R, Wang S, Wang W Q. Improved methods to determine the elastic modulus and area reduction rate in spherical indentation tests. Materials Testing, 2018, 60(4): 355-362.

［65］ Pharr G M, Tsui T Y, Bolshakov A, et al. Effects of residual stress on the measurement of hardness and elastic modulus using nanoindentation. MRS Proceedings, 1994, 338: 127-134.

［66］ Tsui T Y, Oliver W C, Pharr G M. Influences of stress on the measurement of mechanical properties using nanoindentation: Part I. Experimental studies in an aluminum alloy. Journal of Materials Research, 1996, 11(3): 752-759.

［67］ Bolshakov A, Oliver W C, Pharr G M. Influences of stress on the measurement of mechanical properties using nanoindentation: Part II. Finite element simulations. Journal of Materials Research, 1996, 11(3): 760-768.

［68］ Suresh S, Giannakopoulos A E. A new method for estimating residual stresses by instrumented sharp indentation. Acta Materialia, 1998, 46(16): 5755-5767.

［69］ Carlsson S, Larsson P L. On the determination of residual stress and strain fields by sharp indentation testing. Part I: Theoretical and numerical analysis. Acta Materialia, 2001, 49(12): 2179-2191.

［70］ Carlsson S, Larsson P L. On the determination of residual stress and strain fields by sharp indentation testing. Part II: Experimental investigation. Acta Materialia, 2001, 49(12): 2193-2203.

［71］Lee Y H, Kwon D. Residual stresses in DLC/Si and Au/Si systems: Application of a stress-relaxation model to the nanoindentation technique. Journal of Materials Research, 2002, 17(4): 901-906.

［72］Lee Y H, Kwon D. Measurement of residual-stress effect by nanoindentation on elastically strained (100) W. Scripta Materialia, 2003, 49(5): 459-465.

［73］Lee Y H, Kwon D. Estimation of biaxial surface stress by instrumented indentation with sharp indenters. Acta Materialia, 2004, 52(6): 1555-1563.

［74］Xu Z, Li X. Influence of equi-biaxial residual stress on unloading behaviour of nanoindentation. Acta Materialia, 2005, 53(7): 1913-1919.

［75］Xu Z H, Li X. Estimation of residual stresses from elastic recovery of nanoindentation. Philosophical Magazine, 2006, 86(19): 2835-2846.

［76］Lu Z K, Feng Y H, Peng G J, et al. Estimation of surface equi-biaxial residual stress by using instrumented sharp indentation. Materials Science and Engineering: A, 2014, 614: 264-272.

［77］Peng G J, Lu Z K, Ma Y, et al. Spherical indentation method for estimating equibiaxial residual stress and elastic-plastic properties of metals simultaneously. Journal of Materials Research, 2018, 33(8): 884-897.

［78］Peng G J, Xu F L, Chen J F, et al. Evaluation of non-equibiaxial residual stresses in metallic materials via instrumented spherical indentation. Metals, 2020, 10(4): 440.

［79］Pham T H, Kim S E. Determination of equi-biaxial residual stress and plastic properties in structural steel using instrumented indentation. Materials Science and Engineering: A, 2017, 688: 352-363.

［80］Cegla F B, Cawley P, Allin J, et al. High-temperature (>500℃) wall thickness monitoring using dry-coupled ultrasonic waveguide transducers. IEEE Transactions on Ultrasonics Ferroelectrics & Frequency Control, 2011, 58(1): 156-167.

［81］Bar-Cohen Y. Emerging NDT technologies and challenges at the beginning of the third millennium. Part 1. Materials Evaluation, 2000, 58(2): 141-150.

［82］Sophian A, Tian G Y, Taylor D, et al. Electromagnetic and eddy current NDT: A review. Insight-Non-Destructive Testing and Condition Monitoring, 2001, 43(5): 302-306.

［83］林俊明. 电磁无损检测技术的发展与新成果. 工程与试验, 2011, 50(4): 1-2.

［84］Huang P, Zhang G, Wu Z, et al. Inspection of defects in conductive multi-layered structures by an eddy current scanning technique: Simulation and experiments. NDT & E International, 2006, 39(7): 578-584.

［85］Boltz E S, Cutler D W, Tiernan T C. Low-frequency magnetoresistive eddy-current sensors for NDE of aging aircraft. Proceedings of SPIE—The International Society for Optical Engineering, 1998, 33(97): 39-49.

［86］ 杨宾峰, 胥俊敏, 王晓锋, 等. 飞机铆接结构缺陷的远场涡流检测技术研究. 传感技术学报, 2017, 30(10): 1493-1496.

［87］ 李明达, 周德强, 贝雅耀. 蒸汽发生器传热管涡流检测的相位特性. 无损检测, 2019, 41(11): 17-21, 42.

［88］ Chen T, He Y, Du J. A high-sensitivity flexible eddy current array sensor for crack monitoring of welded structures under varying environment. Sensors, 2018, 18(6): 1780.

［89］ Hu S, Tao W, Liu Q, et al. A novel eddy current array sensing film for quantitatively monitoring hole-edge crack growth of bolted joints. Smart Materials and Structures, 2019, 28(1): 015018.

［90］ 蹇兴亮, 周克印, 姚恩涛, 等. 均匀介质中线圈激发的涡流场分布. 无损检测, 2006, 28(11): 577-578, 581.

［91］ Marinov S G. Theoretical and experimental investigation of eddy current inspection of pipes with arbitrary position of sensor coils. Review of Progress in Quantitative Nondestructive Evaluation. Springer US, 1986.

［92］ Gramz M, Stepinski T. Eddy current imaging, array sensors and flaw recon-struction. Research in Nondestructive Evaluation, 1994, 5(3): 157-174.

［93］ Marchand B, Decitre J M, Sergeeva-Chollet N, et al. Development of flexible array eddy current probes for complex geometries and inspection of magnetic parts using magnetic sensors. In Proceedings of the 39th Annual Review of Progress in Quantitative Nondestructive Evaluation, 2012, 15-22: 488-493.

［94］ 刘波, 罗飞路, 侯良洁. 涡流阵列检测裂纹特征提取方法的研究. 仪器仪表学报, 2011, 32(3): 654-659.

［95］ Hamia R, Cordier C, Dolabdjian C. Eddy-current non-destructive testing system for the determination of crack orientation. NDT&E International, 2014, 61: 24-28.

［96］ 雷美玲, 付跃文. 多层铆接结构铆钉孔周裂纹的脉冲涡流检测. 失效分析与预防, 2018, 13(1): 13-18.

［97］ Angelo G D, Laracca M, Rampone S, et al. Fast eddy current testing defect classifica-tion using lissajous figures. IEEE Transactions on Instrumentation and Measurement, 2018, 67(4): 821-830.

［98］ Ye C, Huang Y, Udpa L, et al. Differential sensor measurement with rotating current excitation for evaluating multilayer structures. Sensors Journal, 2016, 16(3): 782-789.

［99］ Ye C, Huang Y, Udpa L, et al. Novel rotating current probe with GMR array sensors for steam generate tube inspection. IEEE Sensors Journal, 2016, 16(12): 4995-5002.

［100］ 胡佳飞, 李裴森, 于洋, 等. 磁传感器技术的应用与发展. 国防科技, 2015, 36(4): 3-7.

［101］ 杨敏, 王凤森, 黄险峰. GMR 传感器和 TMR 传感器的性能对比. 国外电子测量技术, 2019, 38(1): 127-131.

[102] Chen J, Lau Y C, Coey J M D, et al. High performance MgO-barrier magnetic tunnel junctions for flexible and wearable spintronic applications. Scientific Reports, 2017, 7: 42001.

[103] Cardoso F A, Luis S R, Fernando F, et al. Improved magnetic tunnel junctions design for the detection of superficial defects by eddy currents testing. IEEE Transactions Magnetics, 2014, 50(11): 1-4.

[104] 吕华, 刘明峰, 曹江伟, 等. 隧道磁电阻(TMR)磁传感器的特性与应用. 磁性材料及器件, 2012, 43(3): 1-4, 15.

[105] Zeng Z, Deng Y, Liu X, et al. EC-GMR data analysis for inspection of multilayer airframe structures. IEEE Transactions on Magnetics, 2011, 47(12): 4745-4752.

[106] Dogaru T, Smith S T. Giant magnetoresistance-based eddy-current sensor. IEEE Transactions on Magnetics, 2001, 37(5): 3831-3838.

[107] Edelstein, Alan. Advances in magnetometry. Journal of Physics Condensed Matter, 2008, 19(16): 165217.

[108] Porta A, Baselli G, Liberati D, et al. Measuring regularity by means of a corrected conditional entropy in sympathetic outflow. Biological Cybernetics, 1998, 78(1): 71-78.

[109] Richman J, Moorman J. Physiological time-series analysis using approximate entropy and sample entropy. American Journal of Physiology-Heart and Circulatory Physiology, 2000, 278(6): H2039-H2049.

[110] Chen W, Wang Z, Xie H, et al. Characterization of surface EMG signal based on fuzzy entropy. IEEE Transactions on Neural Systems and Rehabilitation Engineering, 2007, 15(2): 266-272.

[111] Bounoua W, Benkara A, Kouadri A, et al. Online monitoring scheme using principal component analysis through Kullback-Leibler divergence analysis technique for fault detection. Transactions of the Institute of Measurement and Control, 2020, 42(6): 1225-1238.

[112] 朱海龙, 李萍萍. 基于岭回归和 LASSO 回归的安徽省财政收入影响因素分析. 江西理工大学学报, 2022, 43(1): 59-65.

[113] 牛程程. 基于机器学习的机械工程材料热导率与弹性模量的预测研究. 贵阳: 贵州大学, 2020.

[114] 刘晓涵. 基于机器学习的阻燃织物热老化下的拉伸强力预测研究. 上海: 东华大学, 2021.

[115] Yang F, Wang D, Xu F, et al. Lifespan prediction of lithium-ion batteries based on various extracted features and gradient boosting regression tree model. Journal of Power Sources, 2020, 476: 228654.

[116] Xu C, Liu X, Wang H, et al. A study of predicting irradiation-induced transition temperature shift for RPV steels with XGBoost modeling. Nuclear Engineering and Technology, 2021,

53(8): 2610-2615.

[117] 乔晓利, 任姣姣, 张丹丹, 等. 太赫兹波谱多特征参数成像方法. 长春理工大学学报, 2017, 40(3): 25-31.

[118] 刘增华, 吴育衡, 王可心, 等. 基于太赫兹时域光谱技术的陶瓷基复合材料缺陷检测成像研究. 机械工程学报, 2023, 59(14): 33-42.

[119] Liu Z H, Man R X, Wang K W, et al. Nondestructive evaluation of coating defects and uniformity based on terahertz time-domain spectroscopy. Materials Evaluation, 2022, 80(9): 34-43.

[120] 许景周, 张希成. 太赫兹科学技术和应用. 北京: 北京大学出版社, 2007.

[121] 魏华. 太赫兹探测技术发展与展望. 红外技术, 2010, 32(4): 231-234.

[122] Zhang X, Xu J. Introduction to THz Wave Photonics. New York: Springer, 2010.

第7章

再制造产品质量评价、推广模式及应用案例

7.1 再制造产品质量评价指标体系的确立

7.1.1 原则及构建过程

评价指标体系旨在通过少量的评价指标代表信息复杂、变量较多的原始对象，通过评价指标所涵盖的数据进行量化评价分析。指标体系设计需考虑全面、准确、一致性高、可行性强、冗余度低、区分度大等的原则。为保障指标的科学性与全面性，需重视指标细节上的研究与设计，使指标体系向下能完美契合并结合实际数据，向上能有效反映评价对象质量特性。在指标公式设计方面，除去约定俗成、有明确通用定义的指标，其余指标需要围绕单项质量属性建立一套合理可行的规则和理论，合理融合相关联数据。

评价指标体系设计流程如图7.1所示。

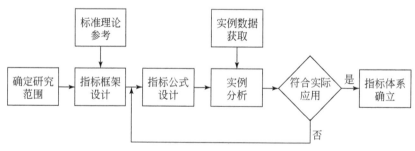

图 7.1　评价指标体系设计流程图

建立有效的评价指标体系包括以下步骤：

（1）确定指标内容的大致范围，并根据现有的研究成果来构建评价指标体系的基础框架。

（2）对每个指标进行深入分析，明确其具体内容、设计依据和目的，并完成对于指标公式的具体设计。

（3）根据实例数据验证指标有效性，并对有问题的指标进行改进和完善，确保每个指标都能有效地反映所需的信息。

（4）整合各项指标，形成完整的评价体系。

可以参考国内外文献、规范及其他已有实践，确保指标体系既具有实用性和可行性，又具有针对性。通过这些方法，从而可以更精确地评价再制造产品的质量。

7.1.2　单一指标公式设计

由于再制造质量的特殊性，针对对象进行指标设计存在一些主观不确定因素的影响，为保证指标设计尽可能地科学可靠，设计依据需要充足全面。相关指标设计参照再制造相关国家及国际标准、各类质量特性国家标准、各类零部件国家标准、国内外相关研究文献、国内绿色再制造工程相关著作、企业内实际应用情况、再制造工程示范实例情况等。设计时需要参考其中出现的一些数据处理方式、应用方式与指标公式，对相关内容进行整合，取其精华并总结优化。

评价指标中质量类指标的设计难度最大，其在先前研究中也常被忽略，不像其他类型指标易于设计得到通用公式，不同评价对象的差异较大，涉及的加工技术与检测技术较多。在研究中对单一质量参数的检测有许多成熟方法，但如何综合一个对象的多个质量参数及相应标准进行综合的定量评价是较为困难的问题，需调研了解实际企业的方法并广泛查阅文献来设计合理方案。

评价对象包含的由统计测量所得的实际数据，需要经过计算处理浓缩为多个单一指标数值，才可应用算法模型进行评价计算。若想得到指标数值就需要相关公式，首先要通过明确定义合理联系相关实际数据，使结果有通俗易用的实际意义；其次要对数据从数理角度进行处理，考虑最终计算结果的区间、极大极小性等内容，应用无量纲化、变换、合成等处理方法，使结果易于同其他指标结果对比及计算。后续常通过数据求和或求差后相比得到比值，可通过比值大小来衡量某种质量属性的优劣。

指标数据处理方法如表 7.1 所示。在示意式中 x 为原始数据，A 为指标数值，A' 为变换后指标数值，右下角标标注即为该数值的最大值或最小值。下述将会对这几种方法做说明。

无量纲化是一个数据标准化、规范化的过程，可通过数据变换消除原始数据量纲影响，用于处理由量纲不同导致的不具有可比性的指标数值，以帮助后续分析计算。无量纲化有数十种处理方式，在应用时没有固定要求，需结合具体情况进行，在指标公式设计中常用方式有以下几种：

表 7.1　指标数据处理方法

类型	方法	示意式	备注
无量纲化	求和归一化	$A_i = \dfrac{x_i}{\sum_{i=1}^{n} x_i}$	—
	高优指标归一化	$A = \dfrac{x - x_{\min}}{x_{\max} - x_{\min}}$	—
	低优指标归一化	$A = \dfrac{x_{\max} - x}{x_{\max} - x_{\min}}$	—
变换	差式逆变换	$A' = C - A$，常态 $C = 1$	C 为常数
	商式逆变换	$A' = \dfrac{C}{A}$，常态 $C = 1$	C 为常数
	绝对离差法	$A' = \lvert A - K \rvert, K = \dfrac{A_{\max} + A_{\min}}{2}$	K 为区间中值
合成	取平均	$A = \dfrac{\sum_{i=1}^{n} x_i}{n}$	—
	非线性加权平均	$A = (x_1 w_1^{\alpha} + x_2 w_2^{\alpha} + ... + x_n w_n^{\alpha})^{\frac{1}{\alpha}}$	w 为权重值；α 为对突出影响反映的程度系数

（1）归一化。归一化是一种特殊情况下的区间化，将数据压缩在[0,1]范围之间，让数据之间的数理单位保持一致。

（2）求和归一化。以求和值为参考标准，将单一数据全部除以求和值，以得到数据对于总值的占比。

（3）高优指标归一化。针对数值越高越优的指标保持其正向化特性，同时压缩数据在[0,1]范围内进行量纲处理。

（4）低优指标归一化。针对数值越低越优的指标保持其负向化特性，同时压缩数据在[0,1]范围内进行量纲处理。

指标体系中的指标会存在正形式、逆形式和适度形式的区别，指标在综合评价中一般需要转换为单向以便后续计算，通过转向式变换改变其取值方向[1]。变换方法主要有以下几种：

（1）差式逆变换。又称线性逆变换，通过正逆指标间的互补关系进行逆变换，在处理归一化于[0,1]区间的指标值时，式中常数 C 一般取 1。

（2）商式逆变换。又称倒数逆变换，通过正逆指标间的互反关系进行逆变换，通常 C 取 1。

（3）绝对离差法。需要先计算指标值与适度值之间的差距，适度值一般取为标准区间中值，再通过绝对值消去正负符号影响，故也可看作是分段变换。

在数据统计中对于大量同类原始数据，可以通过各类合成方法，得到其中的主要信息，进入后续的指标数值运算中。合成方法主要有以下几种：

（1）取平均值。通过汇总计算平均值可粗略地得到一组数据的综合情况。

（2）非线性加权平均。在加权平均过程中引入对突出影响反映的程度系数 α，通过参数 α 突出或削弱数值中优势项对于最终评价结果的影响，相当于根据数据值形成动态权重。该法可解决一般线性平均无法体现局部优势或劣势的问题，并减轻主观赋权的影响[2]。

7.1.3　质量可靠性指标

质量可靠性指标主要针对零部件及产品的各阶段质量以及常规质量特性，力求再制造产品在最大程度上满足产品要求、符合既定标准且无缺陷。对其进行合理评价与有效监控是对最终产品质量的保障。其主要包括毛坯质量、零部件质量、整机质量、尺寸精度、表面硬度、表面粗糙度与残余应力共 7 项指标。

1）毛坯质量指标

毛坯指的是回收得到的废旧重型装备高值关键件产品，它可作为再制造基体。由于不同毛坯的基本工艺和应用条件不同，它们的质量和可再制造性差异很大[3]。因此对其质量特性及失效情况的分析很有必要，需考虑因素包括形状尺寸失准及局部变形等几何误差，裂纹、磨损、腐蚀等表面缺陷，应力集中、疲劳等内部缺陷，以及对剩余寿命的评估。

采用废旧件回收入厂时的整机或零件合格率进行定量评估，合格率可直接反映毛坯质量。

毛坯质量指标 Q_1 计算式为

$$Q_1 = \frac{Q_b}{Q_{bt}} \tag{7.1}$$

式中，Q_b 为可再制造废旧整机或零件数，Q_{bt} 为回收的全部废旧整机或零件数。

2）零部件质量指标

再制造各零部件来源复杂、加工流程差异较大，将质量检测评估精确到每一个零部件，才能确保最终质量，在出现质量问题时也能快速溯源。各类零部件在项目前期质量设计环节会经过全方位检测，依据需求设置相关标准。在整机装配前，会对所有零部件进行集中质量检测。

零部件质量指标参照生产一线质量管理方案，统计某一产品中装配所需全部零部件的总体合格率情况进行评估。

零部件质量指标 Q_2 计算式为

$$Q_2 = \frac{\sum_{i=1}^{n} Q_{\mathrm{p}i}}{\sum_{i=1}^{n} Q_{\mathrm{p}ti}} \tag{7.2}$$

式中，$Q_{\mathrm{p}i}$ 为第 i 种零部件检测合格数，$Q_{\mathrm{p}ti}$ 为第 i 种零部件检测总数，n 为再制造的零件种类数。

3）整机质量指标

整机检测是针对整体使用性能进行检测，在出厂前保障产品质量的最后一步。在第一次检测过程中被淘汰的不合格品，会在重新加工及修理后，进行第二次检测，以此类推，还可能会有第三次、第四次反复的过程。

充分考虑实际检测情况，实时统计多次循环检测及返修的数据情况，以一定系数处理二次返工数据，并以比率完整体现一批次产品的整体质量。

整机质量指标 Q_3 计算式为

$$Q_3 = \frac{Q_{\mathrm{w}1} + 0.5Q_{\mathrm{w}2}}{Q_{\mathrm{wt}}} \tag{7.3}$$

式中，$Q_{\mathrm{w}1}$ 为第一次检测合格已装配整机数，$Q_{\mathrm{w}2}$ 为第二次检测合格已装配整机数，Q_{wt} 为全部再制造已装配整机数。

4）尺寸精度指标

尺寸精度指标用于衡量废旧零部件在再制造加工后是否能解决长时间使用导致的形状尺寸改变、局部形变蠕变等问题，是否能重新满足原定的尺寸公差、几何公差，保障其能继续行使其功能。

尺寸精度 Q_4 计算式为

$$Q_4 = \left(\sum_{i=1}^{n} \frac{P_{i\max} - P_i}{P_{i\max}} \times \frac{1}{n^{\alpha}} \right)^{\frac{1}{\alpha}} \tag{7.4}$$

式中，P_i 为尺寸精度单项检测值，$P_{i\max}$ 为单项检测值标准最大值，n 为检测项数量，α 为非线性加权参数。

5）表面硬度指标

零件在长时间使用表面损伤后会导致硬度下降，无法再满足使用需求。常常采用修磨或表面增材加工技术提升零件表面硬度，有效延长其使用寿命。

一般表面硬度的设计值处于一个区间内，故取值在区间中值为最优，如轴承滚道的硬度一般在（60±2）HRC[4]。不同零部件及其不同位置涉及多组检测取值。标准参照相应零部件国家标准及再制造设计需求。

表面硬度指标 Q_5 计算式为

$$Q_5 = \left(\sum_{i=1}^{n} \frac{|H_{imid} - H_i|}{H_{imax} - H_{imin}} \times \frac{1}{n^{\alpha}} \right)^{\frac{1}{\alpha}} \qquad (7.5)$$

式中，H_i 为硬度单项检测值，H_{imid} 为单项检测值标准区间中值，H_{imax} 为单项检测值标准区间最大值，H_{imin} 为单项检测值标准区间最小值，n 为检测项数量，α 为非线性加权参数。

6）表面粗糙度指标

表面粗糙度表示表面轮廓的较小间距和微小峰谷的不平度，与零部件的耐磨性、疲劳强度、刚度强度有密切关系，对后续使用寿命及可靠性有较大影响，直接影响产品性能及质量。

表面粗糙度指标属于低优指标，主要通过标准最大值与检测值关系来确定。同样依零部件及部位不同涉及多组检测数值，标准可参照相应零部件国家标准。

表面粗糙度指标 Q_6 计算式为

$$Q_6 = \left(\sum_{i=1}^{n} \frac{R_{imax} - R_i}{R_{imax}} \times \frac{1}{n^{\alpha}} \right)^{\frac{1}{\alpha}} \qquad (7.6)$$

式中，R_i 为粗糙度单项检测值，R_{imax} 为单项检测值标准区间最大值，n 为检测项数量，α 为非线性加权参数。

7）残余应力指标

残余应力指消除外力或不均匀的温度场等作用后仍留在物体内的自相平衡的内应力，可能由废旧件使用过程与再制造加工过程累积，对产品的可靠性及寿命会造成不良影响。

残余应力指标主要通过标准值与检测值关系来确定，标准值一般取全新制造产品的残余应力值，需再制造后成品测的数值低于标准值[5]。一个零部件可能包含多个需要进行评估的关键部位。

残余应力指标 Q_7 计算式为

$$Q_7 = \left(\sum_{i=1}^{n} \frac{S_{ni} - S_{ri}}{S_{ni}} \times \frac{1}{n^{\alpha}} \right)^{\frac{1}{\alpha}} \qquad (7.7)$$

式中，S_{ri} 为残余应力单项检测值，S_{ni} 为单项检测值全新制造产品值，n 为检测项数量，α 为非线性加权参数。

7.1.4 再制造技术指标

技术指标主要针对再制造各环节的技术水平进行评价，主要包括拆解、清洗、加工等环节。不同种类产品的加工处理方式相同，故在技术指标评价中可以广泛抽取多批次不同种产品进行分析，注重加工过程中的技术环节，并区别于质量可靠性评价。其主要包括拆解可行性、清洗可行性、加工可行性与表面修磨量共 4 项指标。

1）拆解可行性指标

拆解是废旧件回收后的第一个步骤，在拆解时需要保证各个零部件的完整性，但由于故障或设计原因，某些零件因拆解而损坏是难以避免的。核心部件的无损拆卸是产品再制造成功的关键[6]，为了减少零件损坏提升零件质量，对不同拆解技术与方案的合理性评价是必要的，故引入拆解可行性，利用多批次零件拆解合格数与总数量比值进行定量评估。

拆解环节评价应用于各类再制造研究，指标在拆解合格率的基础上参照再制造企业生产一线情况进行设计。

拆解可行性指标 T_1 计算式为

$$T_1 = \frac{\sum_{i=1}^{m} T_{di}}{\sum_{i=1}^{m} T_{dti}} \tag{7.8}$$

式中，T_{di} 为第 i 批次零件拆解合格数，T_{dti} 为第 i 批次零件全部拆解数，m 为抽取零部件批次数。

2）清洗可行性指标

经长期使用的废旧件通常会附有灰尘、废屑、油污、锈迹等，需保证较高的清洁度才能进一步检验和加工[7]。常见清洗方法有加热处理、清洗溶剂冲洗、超声波清洗、擦拭、喷刷等。选择清洗方法时，需要考虑清洗速度、清洗度、适应性，来达到较高的清洗质量[8]。故引入清洗可行性利用多批次零件清洗合格数与总数量比值进行定量评估。清洗环节的评价同样广泛，指标以合格率为基础，直接反映清洗技术的实际效果。

清洗可行性 T_2 计算式为

$$T_2 = \frac{\sum_{i=1}^{m} T_{ci}}{\sum_{i=1}^{m} T_{cti}} \tag{7.9}$$

式中，T_{ci} 为第 i 批次零件清洗合格数，T_{cti} 为第 i 批次零件全部清洗数。

3）加工可行性指标

再制造工艺的选择是重中之重，加工可行性可根据再制造总体加工情况评估所选用的再制造加工工艺及其相关参数设置是否合理。加工可行性可利用多批次零件加工合格数与总数量进行定量评估。根据生产线实际情况考虑，通过统计多批次产品在加工过程中损耗情况进行评估。

加工可行性指标 T_3 计算式为

$$T_3 = \frac{\sum_{i=1}^{m} T_{\mathrm{p}i}}{\sum_{i=1}^{m} T_{\mathrm{pt}i}} \tag{7.10}$$

式中，$T_{\mathrm{p}i}$ 为第 i 批次零件加工合格数，$T_{\mathrm{pt}i}$ 为第 i 批次零件全部加工数。

4）表面修磨量指标

表面修磨量主要指在车削打磨等机械加工过程中，所需去除工件的材料量。达成各项标准的前提下采用尽可能小的修磨量，以减少过度加工引发缺陷或零部件尺寸配合问题的可能性。

表面修磨量指标为低优指标，即在满足需求的情况下修磨量越少越好，主要通过标准最大值与检测值关系来确定，考虑多检测项情况应用非线性加权平均处理。

表面修磨量指标 T_4 计算式为

$$T_4 = \left(\sum_{i=1}^{n} \frac{G_{i\max} - G_i}{G_{i\max}} \times \frac{1}{n^{\alpha}} \right)^{\frac{1}{\alpha}} \tag{7.11}$$

式中，G_i 为表面修磨量单项检测值，$G_{i\max}$ 为单项检测值标准最大值，n 为检测项数量，α 为非线性加权参数。

7.1.5　环境效益指标

尽管再制造相较于回收有多方面优势，但许多产品再制造潜力很低，因为原产品在最初设计时通常只关注功能和成本，而忽视环境问题，这也是现阶段再制造的突出问题之一[9]。环境指标的设置有助于衡量再制造产品对于环境的影响，一般从节材、节能、减排等角度进行分析。其主要包括再利用率、节能性与减排性共 3 项指标。

1）再利用率指标

再制造一大优点为可减少原始材料使用，使废件继续发挥其剩余价值。再利用率指废件再利用比例，即为可再利用材料与整机重量占比，以体现材料节约情况。

节材性能需考虑废旧件再利用情况，参照再制造性标准将再利用件细分为废旧物中功能完好可直接利用的零部件与可通过再制造恢复功能的零部件两部分。实际应用中通过各类零部件的逐一称重进行统计，以再制造节材 70% 相关国内理论与实际工程情况为参考设定标准。

再利用率指标 E_1 计算式为

$$E_1 = \frac{W_r + W_u}{W_w} \tag{7.12}$$

式中，W_r 为可再制造件质量，W_u 为可利用件质量，W_w 为再制造整机质量。

2）节能性指标

再制造过程会消耗大量的燃料及能源，因此提高能源利用率，用更少的能源达到同等的效果，也是现今制造业追求的目标之一。节能性通过对比新制造与再制造过程中的能源消耗情况进行定量评价。

为保证能耗数据的统计具有全面性及处理专业性，引入生命周期评价（life cycle assessment，LCA）方法中的生命周期影响评价环节，并采用了常用的环境影响类型指标——初级能源消耗量（primary energy demand，PED）。PED 指标以煤为基准物质，通常用于评估生命周期各环节中生产和使用能源所需的总初级能源消耗量，以此来表示能源消耗程度。应用中主要需要进行再制造与全新制造产品中材料含量的统计，结合 LCA 数据库及参数进行生命周期影响评价计算，将指标结果值进行进一步对比。标准以再制造节能 60%相关国内理论、已有实例及企业经验进行估算设置。

节能性指标 E_2 计算式为

$$E_2 = 1 - \frac{P_r}{P_n} \tag{7.13}$$

式中，P_r 为制造过程中 PED 指标的标准化结果，P_n 为全新制造过程中 PED 指标的标准化结果。

3）减排性指标

减排性指标可体现温室气体排放减低情况，二氧化碳、甲烷、氮氧化合物等物质导致的全球变暖问题是工业环境影响的一大关注点，再制造在这一方面有着特别优势。

减排性评价中引入全球变暖潜力值（global warming potential，GWP）指标，其以二氧化碳为基准物质，用于表示某种定量温室气体所捕获的热量与等量二氧化碳所捕获热量之比，可以体现活动中温室气体造成全球变暖的能力[10]。同理于节能性指标，结合 LCA 方法相关内容进行指标设计，通过材料含量统计及 LCA 参数进行计算处理。标准以再制造污染物排放降低 80%相关国内理论、企业实例及经验进行估算设置。

减排性指标 E_3 计算式为

$$E_3 = 1 - \frac{G_r}{G_n} \tag{7.14}$$

式中，G_r 为制造过程中 GWP 指标的标准化结果，G_n 为全新制造过程中 GWP 指标的标准化结果。

7.1.6　经济效益指标

经济效益是企业进行再制造的基础，能带来更大商业价值的产品及方案也更有竞争力，可进一步推进产业发展。通过对于经济效益指标的评估，可以更好地了解再制造活动的成本及效益，从而帮助经济决策。其主要包括利润率、环境收益率与加工效率共 3 项指标。

1）利润率指标

利润率是再制造企业在工程经济方面必须考虑的指标，关乎企业最根本的商业利益问题，可以帮助企业评估该再制造项目的经营效率和盈利能力。设计参照经济学基本概念，易于理解且应用广泛，是经济效益的直接体现。

实现难点在于全面的成本统计，可依靠表 7.2 所示的作业成本法（activities-based cost method，ABC 法）进行成分分析及数据调研，尽量贴合企业管理系统的内部真实信息。评价标准围绕再制造成本可降低 50% 相关国内理论，依据企业自身产品定位及市场情况进行调整。

这里的利润率特指成本利润率，即利润与成本之比。利润率指标 C_1 计算式为

$$C_1 = \frac{C_p - C_t}{C_t} \tag{7.15}$$

式中，C_p 为单件产品售价，C_t 为单件产品平均总成本。

表 7.2　利用 ABC 法的再制造成本分析

活动	主要成本
回收	逆物流费用、废旧毛坯回收价格、库房人工费
拆解	拆解设备费用、拆解人工费用
清洗	清洗设备费用、废气废水处理设备费用、清洗人工费用
检测	检测设备费用、检测人工费用
加工	加工设备费用、加工人工费用
装配	装配设备费用、装配人工费用、新配件费用
管理	管理费用、管理人工费用
出售	宣传费、包装费、认证费、税费

2）环境收益率指标

环境收益率用于定量分析再制造对环境产生正面影响所带来的经济效益，体

现其带来的双重良性效益。以节省的废旧产品报废处理费用为主要环境经济效益，并与再制造新产品带来的利润做比较。用于评价再制造通过绿色优势带来的经济收益的类似概念在同类研究中多有提及且定义有别，可参照再制造性相关标准将关键点置于废旧件处理过程，对报废费用进行推算拆解以适用于实际数据情况。

在实际统计制造过程中的能源消耗时，一般将其统一转化为标准煤，方便后续的计算比较。常见能源标准煤换算系数如表 7.3 所示。通过各类废旧材料质量及报废耗能估算实际报废耗能，再以工业电费形式估算出产品报废费用。

环境收益率指标 C_2 计算式为

$$C_2 = \frac{C_e \sum\limits_{i=1}^{l} S_{mi} S_{ci}}{C_p - C_t} \tag{7.16}$$

式中，C_e 为单位能源费用，l 为产品主要材料种类数，S_{mi} 为第 i 种主要材料质量，S_{ci} 为第 i 种主要材料报废耗能。

表 7.3　常见能源标准煤换算系数表

名称	标准煤换算系数
原煤	0.7143 kgce/kg
汽油	1.4714 kgce/kg
天然气	1.2143 kgce/m³
氢气	0.3329 kgce/kg
电能	0.1229 kgce/(kW·h)
水	0.2517 e/t

3）加工效率指标

尽管再制造的拆卸时间、清洗时间和装配时间比制造业长，但再制造的加工时间明显比制造业短，总体而言再制造可以节省大量时间，提高生产效率[11]。加工效率考虑再制造废旧毛坯从拆解到成为新产品的时间，通过比较再制造总工时与新制造工时得出，该比率可体现再制造与传统制造在生产时间上的占优程度。

当再制造时间小于顾客预期的交货期限时，顾客对再制造产品的期望更高[12]。再制造工期长短对于企业安排生产活动及满足客户需求都有着很大意义，对于经济效益有着直接影响，因此对于再制造时间的统计与评价十分必要。通过企业排产计划进行工期统计是较为常见且适用的。

加工效率指标 C_3 计算式为

$$C_3 = 1 - \frac{M_r}{M_n} \tag{7.17}$$

式中，M_r 为废旧件再制造加工总时长，M_n 为全新制造所需加工总时长。

7.2　再制造产品质量评价流程

7.2.1　综合评价模型结构

综合评价又称多指标综合评价方法，是一种多属性、多目标的方法系统，指使用较为系统、规范的方法对一个事物或现象进行多方面、多维度、全面而深入的评估。综合评价不仅考虑到事物的表面现象，还会深入了解其内部机理、影响因素、发展趋势等多个方面，并将这些方面进行比较和综合考虑。综合评价旨在为人们提供更全面、客观、准确的了解和认识，帮助人们做出更合理、科学、有效的决策和判断，能很好地分析再制造质量问题。

在实际应用中，综合评价需要针对评价对象整体进行深入分析，根据影响对象的所有因素与参数构建评价指标体系，搭建评价算法模型，并结合数据进行评价计算，对被评价对象做出量化的总体判断。综上所述，需要构建以评价对象、评价指标与评价算法为核心的宏观评价模型，对象、指标与算法三者相互联系相互制约。

综合评价模型的构建流程同样围绕着上述三部分进行，主要分为以下四个步骤，如图 7.2 所示。具体步骤如下：

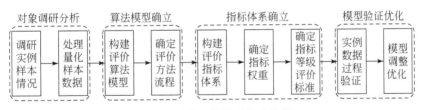

图 7.2　综合评价模型构建流程

（1）首先对评价对象的实际情况及相关数据进行调研，了解对象整体情况并足量收集样本数据，包括单一案例对象及同类型对象。充分剖析对象对于评价目标有影响的各方面属性及特性，以调研分析结果作为模型设计基础，并通过筛选、分组、清洗等方式对于样本数据进行初步的预处理。

（2）其次依照对象实际可获取的数据量及类型与评价结果需求，选择合理的综合评价算法，将不同算法进一步改进或组合以构建评价算法模型，同时明确评价算法的计算流程。

（3）根据对于评价对象的系统性分析，以相关标准、先前研究与工程应用情况为依据，从多角度构建全面、科学、数据适用性强的评价指标体系，并根据对象情况确定指标权重及分级标准等参数。

（4）最终通过实例样本及数据对模型进行测试，验证模型的可行性与可靠性，根据测试中体现出的不足之处进行合理优化。

构建成熟可靠的综合评价模型后，即可对单一样本个体进行综合评价应用，得到所需的结果并进行决策判断，以解决不同的实际问题。

7.2.2　评价对象分析

再制造综合质量受多目标约束，通过单独某个或少数几个标准或指标并不能完整地有体系地体现出产品的质量特性。将再制造加工技术、产品质量等内部因素纳入作为影响质量的因子，将企业、消费者、环境、经济等外部因素也综合考虑进来作为产品质量评价的参数，让再制造质量研究不只拘束于再制造可行性或产品质量本身，通过全面调研与研究细化再制造质量影响因素，扩大再制造质量评价研究维度。

再制造质量信息来源复杂，具有较多不确定性，故对于再制造综合质量影响因素的分析需从多个角度出发，保障对象分析的充分全面，为后续模型构建提供可靠参考。本节将从宏观角度、零部件角度及再制造过程角度对再制造质量总体影响因素进行分析。

从宏观角度分析再制造活动，再制造质量影响因素可以粗略地分为产品质量、再制造技术、环境影响与经济效益四个方面，各方面再逐步向下细分到各单项质量特性，如图 7.3 所示。产品质量较为重要且最为复杂，可分为四个部分，分别

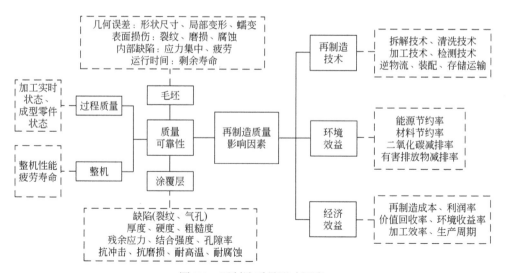

图 7.3　再制造质量影响因素

包括毛坯的几何误差、表面损伤、内部缺陷及剩余寿命；过程质量中的温度湿度等加工实时状态及成型零件状态；表面增材制造涂覆层的缺陷情况、厚度粗糙度等常规质量特性及特殊应用需求属性。

加工技术包括拆解、清洗、加工、检测等再制造过程环节情况，以及存储、物流等销售回收环节情况。环境影响包括生产过程中能源、材料的节约情况，以及二氧化碳及其他有害排放物的减排情况。经济效益包括利润率、环境收益率等经济指标，以及加工效益、生产周期等对商业价值影响因素。

从零部件角度出发，将产品再细分至各类零部件，缩小视角进行分析。根据不同零部件再制造细节及特点，现将常见的典型再制造零部件大体分为三类，从再制造手段特点、一般示例、常见再制造加工技术、质量特性、加工工艺特性等方面进行分析，如表 7.4 所示，可为后续质量可靠性类与再制造技术类指标差异化设计设置参照依据。

表 7.4　再制造零部件类型、特点及质量影响因素

	I 类零部件	II 类零部件	III 类零部件
再制造手段	以易损件直接替换为主	以机械加工为主	以先进表面加工技术为主
一般示例	电气元件	轴承类零件	轴类零件
常见加工技术	—	车削、修磨	激光熔覆、金属镀层、电弧喷涂
需考虑质量特性	毛坯整体合格率、替换件整体合格率	尺寸精度、表面粗糙度、整体硬度、表面缺陷	涂覆层厚度、孔隙率、结合强度、耐磨耐腐蚀性能、疲劳寿命
需考虑加工工艺特性	装配整体合格率	加工精度、修磨量、尺寸变动	涂覆材料性能、工艺参数、路径规划

I 类零部件再制造过程以易损件直接替换为主，不涉及复杂工艺，如各类电气元件。质量特性主要考虑毛坯整体合格率、替换件整体合格率等；工艺特性主要考虑装配过程整体合格率等。

II 类零部件再制造过程以机械加工为主，通过车削、修磨等减材制造手段对废旧件表面损伤进行修复，去除缺陷还原性能。较为典型的有轴承类零部件。质量特性主要考虑成品的尺寸精度以及表面状况，如粗糙度、整体硬度、缺陷等；工艺特性主要考虑加工精度、修磨量与尺寸变动等。

III 类零部件以先进表面加工技术为主，以激光熔覆、金属镀层、电弧喷涂等增材制造手段于废旧件表面添加涂覆层，通过涂覆层材料提升整体性能。轴类零部件较为典型。质量特性主要考虑涂覆层相应性能以及整体疲劳寿命，如厚度、孔隙率、结合强度与耐磨耐腐蚀性能等；工艺特性主要考虑涂覆材料特性、增材工艺参数与工艺路径规划等。

　　三类零部件的分类也并非界限分明，应用多种复合再制造加工手段的零部件也不在少数，需要依据情况具体分析。下面列举了轴承类及曲轴类典型再制造零部件，依据国内已有的再制造工程实践案例，进行产品质量与再制造工艺方面的相关质量影响因素及指标检测项梳理。

　　轴承再制造质量及工艺影响因素可从三方面进行分析，如表 7.5 所示，其中毛坯质量主要关注其旧件运行情况；成品质量包括内外圈、轴向及径向游隙及跳动等几何精度，齿面、滚道与滚子硬度情况，以及表面粗糙度与缺陷情况；主要再制造工艺为表面修磨，需关注其滚道滚子的修磨量情况[13-15]。

表 7.5　大型轴承再制造实践质量及工艺影响因素

一级指标	二级指标	检测项
废旧毛坯质量	旧件使用情况	转数、运行时间
再制造 成品质量	轴承精度	轴向及径向游隙、外圈及内圈径向跳动、外圈轴向及端面跳动、内圈轴向及端面跳动
	硬度	齿面硬度、挡边硬度、滚子硬度、主副推力滚道硬化层深度、径向及齿底滚道硬化层深度
	粗糙度	滚道表面粗糙度、滚子表面粗糙度
	表面缺陷	表面裂纹情况
再制造 工艺	表面修磨	外圈及内圈主副推力滚道面修磨量、主副推力滚子外径最大修磨量、滚子直径变动量

　　曲轴再制造质量及工艺影响因素从四方面分析，如表 7.6 所示，其中毛坯质量主要关注其裂纹导致的失效情况及剩余寿命；涂层质量包括表面裂纹、耐磨性、孔隙率、结合强度等属性；成品质量包括关键部位应力情况、主轴及连杆颈表面硬度与疲劳寿命；再制造工艺以常见电弧喷涂与激光熔覆为例，主要关注功率、路径、材料性能等参数[16-21]。再制造过程复杂多样、环节众多，涉及多种技术手段选择与加工参数设置。详细剖析再制造生产活动过程，贯穿再制造设计、生产、销售、回收处理等各个阶段，尽可能保证分析时没有遗漏。再制造过程是指标设计的核心依据之一，可以通过分析再制造各个环节对于质量的影响来设计指标。

表 7.6　曲轴再制造实践质量及再制造工艺影响因素

一级指标	二级指标	检测项
废旧毛坯质量	失效情况及寿命	圆角裂纹深度、变形比例、轴径裂纹深度、磨损量、剩余寿命
再制造 涂层质量	表面整体状态	轴向及径向裂纹、涂层耐磨性、涂层结合强度、孔隙率

续表

一级指标	二级指标	检测项
再制造 成品质量	残余应力	曲轴 R 角应力情况、曲轴圆角应力情况
	硬度	主轴及连杆颈表面硬度、主轴及连杆颈硬化层深度
	疲劳寿命	弯曲疲劳寿命、寿命预测、疲劳强度极限
再制造 工艺	电弧喷涂	喷涂功率、喷涂压力、喷涂路径、送丝状况
	激光熔覆	激光功率、送粉量、扫描速度、扫描路径、粉末热膨胀系数、 熔点、湿润度

7.3　基于模糊综合评价法的再制造产品质量评价体系构建

7.3.1　常规综合评价法与赋权法

再制造质量评价是一个受多目标约束的问题，需要通过系统分析得到全面的质量影响因素指标，围绕这些指标进行分析研究，才能体现出产品的质量特性。为实现满意的质量评价，一个合理全面的评价指标体系的确立是重中之重。多指标综合评价法指根据评价目的选择相应评价形式与多个因素或指标，通过一定的评价方法将多个评价因素或指标转化为能反映评价对象总体特征的信息。常见综合评价法如表 7.7 所示，主要包括：

（1）逼近理想解排序法是一种通过判断评价对象与理想方案相似性来确定排序的方法，利用数据大小及优劣关系找出对象与正负理想解的正负理想距离，得到理想解相似度参数来进行评价。

（2）数据包络分析法是一种分析多项指标投入及产出的评价方法，原理在于通过数学规划模型计算比较决策单元间的效率来得到评价结果。

（3）灰色关联度分析法是通过研究指标数据母序列与特征序列之间的关联性大小，利用得到的关联程度值进行排序决策。

（4）突变级数法是结合突变理论与模糊数学，考虑指标相对重要性并利用突变模糊隶属函数归一得到评价数值进行对象分析。

（5）秩和比分析法利用了秩和比值信息进行统计回归、秩转换等各项数学计算，根据得到的秩和比值大小直接排序。

此外，深度学习人工神经网络、多传感器数据融合等方法也逐步应用于综合评价领域，但由于再制造作为新兴行业，相关研究对象缺少大量可靠数据可供训练，现阶段方法适应性较弱。

表 7.7　常见综合评价法

名称	输入	输出
模糊综合评价法	评判集、数值集、隶属度矩阵、指标权重、模糊算子及分析法选择	评价数值 评价等级
逼近理想解排序法	指标权重、理想解与负理想解	理想解相似度值
数据包络分析法	投入指标、产出指标	有效性结果、投入冗余分析、产出不足分析
灰色关联度分析法	指标数据母序列、特征序列	最优指标值关联度
突变级数法	指标隶属度值、指标重要性排序、归一原则选择	评价数值
秩和比分析法	指标集、指标数据	秩和比评价值

指标权重是指各级指标在整个评价体系中相对重要程度和价值高低的所占比例的量化值。在多指标综合评价中，合理分配权重是量化评估的关键，合理的指标权重可以使评价结果更为可靠科学。确定指标权重的方法，针对不同指标可分为主观赋权法与客观赋权法，常见赋权法如表 7.8 所示。

表 7.8　常见赋权法

名称	偏向	输入	输出
层次分析法		指标层次结构、比率标度、同层指标两两对比的取值	
质量屋	主观	需求及指标结构、三套标度、需求重要度、需求与指标相关度	
德尔菲法		专家可靠主观判据	指标权重
熵值法		至少三组实际数据	
变异系数法	客观	多组实际数据	
主成分分析法		多组实际数据	

主观赋权法主要针对难以定量分析的指标，通过专家讨论、客户需求分析等过程输入对于指标重要度的主观判断，后经进一步的运算得到最终权重。主观赋权法主要包括层次分析法、质量屋、德尔菲法、模糊聚类分析法等。

客观赋权法则用于分析可定量分析的指标，通过输入多组真实数据，分析各指标变化趋势、对于整体的影响情况，来获得最终权重。客观赋权法主要包括熵值法、变异系数法、主成分分析法等。

7.3.2　评价算法模型

评价算法模型的构建需要考虑两部分内容，首先对指标体系中的各指标根据重要性程度进行赋权，其次根据获取的基本数据进行综合计算与评价，可见关键点就在于赋权法与评价方法的选择。统计学中的数据分析方法及前人研究中的质量评价方法可作为参考，但每个方法针对特定情况的适用性与评价效果需深入分析，如何在创新性及评价效果方面更进一步是核心问题。研究算法优化升级的目的在于使其能更好地与实例数据相结合，使其应对各类情况时都能保证评价过程科学可靠，所得到的评价结果能得到更多的有效信息，使其在实际应用中更好地解决决策问题。

　　评价方法的选择关系到评价过程和结果的有效性和可靠性，以及实际数据对评价体系的可操作性。再制造质量综合评价这一复杂问题需要根据多角度、多参数考虑。这里给出一种评价算法模型作为参考。综合考虑再制造实际情况，可选择模糊综合评价法进行定量评价计算，可以充分利用已知信息，基于准则做出更高效、灵活和符合实际的决策。同时结合最优传递矩阵法改进层次分析法进行权重计算。评价算法模型流程图如图 7.4 所示。

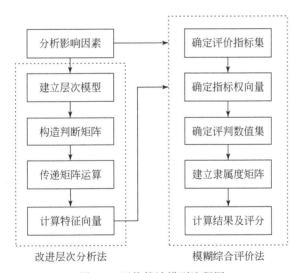

图 7.4　评价算法模型流程图

　　模糊综合评价法是一种基于模糊数学的综合评价方法，在再制造领域适用性较好、应用实例较多。它的特点包括系统性强、结果清晰，适用于解决模糊的、难以量化、非确定性的问题，是构建再制造质量评价体系的最佳选择之一。

　　改进层次分析法用于分析计算得到关键参数指标重要性权重，其优点在于提出层次概念可更为直接明了、有逻辑性地进行指标相对重要性判断，可应对存在不确定性和主观信息的情况，适用于再制造对象。通过最优传递矩阵法优化计算流程，也能进一步削弱不一致情况下人为调整导致的主观影响。

此外，在不同评价对象所属领域可能还存在一些独有的评价或统计方法，对于相关方法的了解及灵活运用可以起到良好的辅助效果。譬如上述在指标构建中提及的生命周期评价法与作业成本法，在部分环境与经济指标数据的统计及初步计算处理中起到了良好作用，使整体算法模型更为可靠专业。

7.3.3 模糊综合评价法

模糊综合评价法是一种基于模糊数学理论解决不确定问题的综合评价方法，模糊集理论由 Zadeh 等首次提出[22]。其根据模糊数学的隶属度理论及模糊关系合成原理，将难定量、边界不清的问题中的因素定量化，用模糊数学对受到多种因素制约的对象做出一个综合评价。其计算过程如下所述。

1）确定对象评价指标集 U 与指标权重集 W

评价指标集 $U=\{u_1,u_2,\cdots,u_n\}$ 中包含 n 个评价指标，根据评价对象情况进行设计，即可直接应用文中的评价指标体系。通过各类赋权法，如层次分析法，比较评价指标集中各指标之间的相对重要性，赋予指标相应的权重，确定指标权重集 $W=\{w_1,w_2,\cdots,w_n\}$。

2）确定评判集 V 与数值集 N

评判集 $V=\{v_1,v_2,\cdots,v_m\}$ 又可称为模糊基本术语集，其中包含 m 个评判级别，如五级标准 { 极差 , 差 , 中 , 良 , 优 }。同时确定评判集所对应的数值集 $N=\{n_1,n_2,\cdots,n_m\}$，也就是每个评判级别所对应的分数值，各项指标的数值集各不相同。

3）确定隶属度

根据各指标的相应情况，基于明确的评判集与对应数值集建立隶属度函数，如五阶三角隶属度函数。将输入的各项指标值数值映射到三角隶属函数上，得到其对于 5 项基本模糊项集的隶属度[23]。如图 7.5 所示，建立数值集为 {0,0.25,0.5,

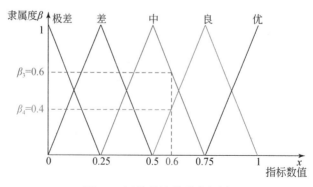

图 7.5 评价算法模型流程图

0.75,1}的五阶三角隶属度函数，输入指标数值为 0.6，则得到隶属度 β_3=0.6，对应评判标准"中"，隶属度 β_4=0.4 对应评判标准"良"，其余三项隶属度为 0。

4）建立评判隶属度矩阵 R

将指标数值代入各项指标评判数值构建的隶属度函数，可得到所有指标项所对应的隶属度，从而建立评判隶属度矩阵 R，如式（7.18）所示。矩阵 R 中第 i 行、第 j 列元素 r_{ij} 表示某被评对象从指标 u_i 来看对 v_j 等级模糊子集的隶属度。

$$R = \begin{bmatrix} r_{11} & r_{12} & \cdots & r_{1m} \\ r_{21} & r_{22} & \cdots & r_{2m} \\ \cdots & \cdots & \cdots & \cdots \\ r_{n1} & r_{n2} & \cdots & r_{nm} \end{bmatrix} \tag{7.18}$$

5）计算模糊综合评价结果 S

利用较为合适的模糊算子将权重集 W 与各被评事物的评判隶属度矩阵 R 进行合成计算，得到各被评事物的模糊综合评价结果 S={$s_1,s_2,\cdots,s_m$}，即

$$S = W \circ R \tag{7.19}$$

式中，∘是一种模糊算子，常见模糊算子[24]如表 7.9 所示。其中 $M(\bullet,\oplus)$ 为加权平均型，相较其他几种类型模糊矩阵利用程度更高，故应用该种模糊算子。

表 7.9　常用模糊算子

类型	模型	计算式	模糊矩阵的利用程度
主要素决定	$M(\wedge,\vee)$	$s_j = \max_{1\leqslant i\leqslant n}\{\min(w_i,r_{ij})\}$	不充分
主要素突出	$M(\vee,\wedge)$	$s_j = \min_{1\leqslant i\leqslant n}\{\max(w_i,r_{ij})\}$	不充分
不均衡平均	$M(\wedge,\oplus)$	$s_j = \sum_{i=1}^{n}\{\min(w_i,r_{ij})\}$	比较充分
加权平均	$M(\bullet,\oplus)$	$s_j = \sum_{i=1}^{n}w_i r_{ij}$	充分

6）评判结果与计算评价结果得分 F

根据最大隶属度原则得到评判结果，即取五项中隶属度最大值所对应的评判级别为总体评价结果[25]。可进一步将其与数值集 N 结合，通过加权平均原则进行计算[26]，最终评价结果得分 F 计算式为

$$F = \sum_{i=1}^{m} s_i \times n_i \tag{7.20}$$

7.3.4　改进层次分析法

层次分析法用于分析计算得到关键参数指标重要性权重。层次分析法由 Thomas Saaty 等于 1971 年提出，它利用层次结构将一个复杂问题分解成多个人脑易于做出合理判断的简单子问题，然后将所有子问题的解决方案聚合成一个结论[27, 28]。层次分析法解决问题时使用了三个原则：分解、比较和综合优先级[29]。进行多指标评价时，层次分析法将所有指标构成一个层次结构，通过专家判断对同一层次的指标进行两两对比，按比率标度求取判断矩阵，计算判断矩阵的特征向量并验证一致性后得到相应的指标重要性权重值。改进层次分析法的具体计算过程如下。

1）建立层次结构模型

将各指标依照类别进行排布，建立包含目标质量层、指标类型层和单项指标层三层的层次结构模型，如图 7.6 所示。

图 7.6　层次结构模型

2）构造判断矩阵 *A*

判断矩阵 *A* 如式（7.21）所示，其中需要各指标间两两比较重要程度，并进行重要性赋值，同一层次的 n 项指标需进行 $n(n-1)/2$ 次赋值。重要性赋值定义如表 7.10 所示[28]。

$$A = \begin{bmatrix} a_{11} & a_{12} & \dots & a_{1j} \\ a_{21} & a_{22} & \dots & a_{2j} \\ \dots & \dots & & \dots \\ a_{i1} & a_{i2} & \dots & a_{ij} \end{bmatrix} \tag{7.21}$$

表 7.10　重要性赋值基本量表

重要性程度（a_{ij}）	定义
1	指标 i 和指标 j 同等重要
3	指标 i 较指标 j 略微重要
5	指标 i 较指标 j 明显重要
7	指标 i 较指标 j 十分明显重要
9	指标 i 较指标 j 绝对重要
2，4，6，8	对于上述数值之间的折中
上述的倒数	如果指标 i 与指标 j 相比，有上述非零数字之一，那么 j 与 i 相比，就有倒数的数值

3）计算特征向量 W

判断矩阵 A 的特征向量 W 经归一化后即为同一层次相应指标对于上一层相对重要性权值。一般情况下可以应用近似算法进行求解，如下文所述的求和法求取特征向量：

（1）对判断矩阵 A 元素按列归一化处理，得到 $\overline{A} = (\overline{a_{ij}})_{n \times n}$，其中 $\overline{a_{ij}} = \dfrac{a_{ij}}{\sum_{i=1}^{n} a_{ij}}$；

（2）对 $\overline{A}$ 的元素按行进行求和处理，得到 $\overline{W} = [\overline{w_1}, \overline{w_2}, \cdots, \overline{w_n}]^{\mathrm{T}}$，其中 $\overline{w_i} = \sum_{j=1}^{n} \overline{a_{ij}}$；

（3）对 $\overline{W}$ 进行归一化处理，得到 $W = [w_1, w_2, \cdots, w_n]^{\mathrm{T}}$，其中 $w_i = \dfrac{\overline{w_i}}{\sum_{i=1}^{n} \overline{w_i}}$。

4）层次总排序

除了相邻两层因素的排序权值，还需进行层次总排序，指的是某一层次所有因素对于最高层相对重要性的权值。将最底层指标 B 层对中层 A 层的层次单排序 b_{ij} 与中层 A 层对总目标的层次单排序 a_i 进行合成，得到最底层第 i 个因素对于总目标的权值 W_i，计算式为

$$W_i = \sum_{j=1}^{m} a_j b_{ij} \tag{7.22}$$

5）一致性检验

一个层次分析法的重要方面是一致性思想，多对象、无标准尺度的权重分配很可能发生不一致情况[29]。得到权重值后需进行一致性检验，计算判断矩阵最大特征值λ_{max}、一致性指标 CI 与一致性比率 CR 的计算式为

$$CI = \frac{\lambda_{max} - n}{n-1} \tag{7.23}$$

$$CR = \frac{CI}{RI} \tag{7.24}$$

式中，RI 为平均随机一致性指标，由指标数 n 决定，具体数值见表 7.11[29]。若 CR＜0.1，不一致程度在允许范围内，赋权结果可行；若 CR≥0.1，则需重新构建判断矩阵。

表 7.11　平均随机一致性指标[29]

n	1	2	3	4	5	6	7	8	9	10
平均随机一致性指标	0	0	0.58	0.90	1.12	1.24	1.32	1.41	1.45	1.49

在层次总排序后同样需要进行一致性检验，防止各层次非一致性积累。设 B 层对 A 层中因素的层次单排序一致性指标为 CI_j，随机一致性为 RI_j，则层次总排序的一致性比率 CR 的计算式为

$$CR = \frac{a_1 CI_1 + a_2 CI_2 + ... + a_m CI_m}{a_1 RI_1 + a_2 RI_2 + ... + a_m RI_m} = \frac{\sum_{j=1}^{m} CI_j a_j}{\sum_{j=1}^{m} RI_j a_j} \tag{7.25}$$

同理，若 CR 小于 0.1，则可按照总排序权向量表示的结果进行后续决策，否则需重新构建层次模型或其中一致性比率 CR 较大的判断矩阵。

6）最优传递矩阵法改进

一般情况下，当一致性检测不通过时，需要人为地调整判断矩阵，进行一次甚至重复多次的重要性赋值调整以确保结果可靠。为避免一致性检测的人为主观因素影响结果，采用最优传递矩阵法对层次分析法进行改进[30]。该方法所得结果自然满足一致性要求，可直接计算权重，有效提高过程的准确及客观性[31]。计算方法为

（1）计算判断矩阵 A 的反对称矩阵 $A' = (a'_{ij})_{n \times n}$，其中 $a'_{ij} = \lg a_{ij}$；

（2）计算 A 的拟优传递矩阵 $A^* = (a^*_{ij})_{n \times n}$，其中 $a^*_{ij} = 10^{d_{ij}}$，$d_{ij} = \sum_{t=1}^{n} \frac{a'_{it} - a'_{jt}}{n}$。

用拟优传递矩阵 A^* 代替原始判断矩阵 A，进行步骤 3）特征向量计算及步骤

4）层次总排序，得到的结果即为有效结果，无须再进行一致性检验。

7.4　"创新型"再制造商业推广模式的建立

7.4.1　"创新型"再制造商业化推广模式的构建

1. 推广目标及对象

1）推广目标

创新型商业化推广模式的构建旨在以供应链纵横扩展为路线，以国之重器、核心装备为重点推广对象，以循环经济格局为目标，建立再制造重型装备损伤检测与形性调控技术的创新型推广模式。

微观目标是为推广掘进、海洋、冶金等重点行业重型装备的再制造关键技术，即废旧重型装备损伤检测与再制造形性调控技术。首先，在重型装备再制造的供应链上下游进行扩展，以质量、效益为目标，实现重型装备再制造供应链的纵向推广。其次，依据重型装备再制造领域的推广经验及方法，以质量、效益为引导，将废旧重型装备损伤检测与再制造形性调控技术推广应用到相关装备的再制造领域，扩展其通用性及适用性，实现再制造供应链的横向拓展。

宏观目标是为了循环经济发展格局，再制造关键技术的推广不仅能够推进我国循环经济发展管理体制和运行机制的建设和完善，还能够实现再制造技术商业化和产业化，发掘企业、院校、研究机构等组织的社会资源优势。

2）推广对象

推广对象主要为掘进、海洋、冶金等重点行业重型装备的损伤检测与再制造形性调控技术。

盾构机、海洋钻采和船舶装备、冶金装备等重型装备服役于高速、重载、强介质等严苛环境，极易诱发磨损、腐蚀、疲劳断裂等损伤行为与服役失效。重型装备极其严苛的服役环境，导致再制造材料需求迫切，在材料性能提升和种类增加等方面要求高，难度大，"卡脖子"问题突出，急需面向严苛服役环境设计的再制造材料。重型装备表面无损激光清洗与主动柔性控制技术是检测零部件表面尺寸精度、几何形状精度、粗糙度、表面性能、腐蚀磨损及黏着情况等的前提，是零部件再制造的基础。废旧重型装备形性调控技术能够恢复有再制造价值的损伤部件的几何参数和力学性能，对再制造尤为重要。废旧重型装备损伤检测技术是对拆解后的废旧装备进行检测，能够准确地掌握其技术状况，根据技术标准分析出可直接利用部分、可再制造恢复部分和报废部分。

2. 推广基础条件分析

1）技术条件分析

所推广的重型装备的损伤检测与再制造形性调控技术首先已建立完备的基本理论，如再制造用材料跨尺度设计理论；湿环境下厚腐蚀层或厚氧化层的激光清洗机理等；其次，这些再制造新技术已被研发出来并通过实验研究得到了相关再制造产品，如电化学微增材再制造设备、低温高速火焰喷涂技术核心组件等。最后，将这些再制造新技术在试点企业加以应用并在整个行业的相关企业进行推广，这也是所要解决的关键问题。

2）市场条件分析

（1）国家政策的支持。

国家政策的大力支持为重型装备的再制造关键技术发展提供了优良环境。工信部印发的《高端智能再制造行动计划（2018—2020 年）》通知中也提出，要面向高端智能再制造产业发展重点需求，加快再制造智能设计与分析、智能损伤检测与寿命评估、质量性能检测及智能运行监测，以及智能拆解与绿色清洗、先进表面工程与增材制造成形、智能再制造加工等技术装备研发和产业化应用。

（2）市场需求基础。

市场需求稳步发展为废旧重型装备损伤检测与再制造形性调控技术的推广提供了广阔空间。海关统计数据显示，我国每年重大技术装备进口额在 3000 亿美元（约合 2.16 万亿人民币）左右。同时，国内现有的再制造技术不能满足严苛环境下重型装备需求。因此，废旧重型装备损伤检测与再制造形性调控技术市场巨大，尤其是在高速、重载、强介质等严苛环境下重型装备报废率高的情况下，推广面向严苛服役环境下的再制造技术具有较大的市场空间。

（3）市场价值创造。

再制造技术是重型装备行业新的利润增长点。我国作为制造大国，重型装备保有量巨大，且我国重型装备已进入报废高峰期，再制造势在必行。根据中国工程院发布摩擦学调查报告：我国因摩擦磨损造成的损失高达亿元，占当年 GDP 的 4.5%。若能采取有效的修复及再制造等措施挽回 10% 的损失，则每年可节约 950 亿元。由此可见，再制造技术带来的社会效益巨大，是重型装备制造企业新的利润增长点。

3）竞争条件分析

（1）竞争对手分析。

再制造技术的革新是重型装备制造企业提升自身竞争力的重要举措。在市场竞争方面，重型装备制造业的规模经济效益凸显，市场份额将继续向龙头企业倾斜。

（2）潜在进入者的威胁。

重型装备再制造需要强大的资金保障和技术创新，技术创新是指在前期技术研发时，需要投入各方面的专业人才，这也就要求再制造企业投入相应的人力资源，以确定其产品的可靠性。技术与资金决定了工程机械企业的进入壁垒较大。现阶段，我国自主工程机械品牌在中低端市场创新能力明显，并且随着近几年市场需求的增多，许多国外企业也适时把中低端产品推向了国内市场，这更加剧了中低端市场的竞争。

4）企业条件分析

（1）企业文化分析。

在推广废旧重型装备损伤检测技术和再制造形性调控技术时，需要充分考虑企业文化。再制造新技术应用企业，一方面要具有开放包容的企业文化，能够接受废旧重型装备损伤检测技术和再制造形性调控技术等新的再制造技术；另一方面要具有"鼓励创新、允许失败"的文化理念，敢于尝试新技术并且有效地控制试错成本。

（2）企业战略分析。

企业战略是企业有关全局性、长远性、纲领性目标的谋划和决策，是企业成员对企业未来发展方向的一致共识。根据所开展调查的结果，目前在再制造新技术应用方面，许多企业已经有战略意向。而且引用再制造新技术的战略目标在于提升再制造产品质量，从而提升企业市场竞争力，获取经济效益。

（3）企业规范条件分析。

再制造新技术应用企业应当符合国家的规范标准。首先，再制造企业应该具备拆解、清洗、制造、装配、产品质量检测等方面的技术装备和能力以及完善的双向物流体系。其次，再制造企业应该具备完整的生产工艺体系，其再制造产品能够通过使用性能、安全性、经济性等在内的质量检验，达到与原型新产品同等的标准。最后，再制造企业应对所生产销售的再制造产品提供不低于原型新品的质量保证和售后服务。

5）保障措施分析

建立一体化、整合化和专业化的推广团队。推广团队需要解决企业多样化的需求，实现企业追求的价值。在设计推广团队结构模型时，需要与推广企业价值保持一致，充分考虑再制造企业的市场需求，即一体化。在与再制造企业接触前，团队的各方人员都需要深入地了解市场需求。专业化有两层含义：一是要具有专业化的思路，二是要具有为客户价值做贡献的能力。在专业化上有一些很明确的根本性要求：熟悉整个产业链结构，准确把握企业需求，保障团队高效运转。在与再制造企业商讨技术推广事宜时，不能局限于企业需要承担的成本而是要为企业展现未来的价值收益。

合理的人员配置是团队开展有效活动的保证。推广团队应该包含各领域的专业人士。与推广企业接触，分析企业的需求，这些需要营销方面的专业人员；向企业展示再制造新技术，分析再制造技术在相关企业实施的可行性，需要专业的技术人员提供权威的意见；在将再制造技术推介给企业时，涉及知识产权的转移或授权，这些需要懂法律的专业人士提供法律支持；从企业需求分析到与企业商业谈判再到技术落地实施，是一项复杂的工程，需要专业的管理人才把握推进的方向。

充足的预算支持。再制造新技术作为市场上的新事物，再制造企业很难短时间内了解技术的全貌，推广团队的任务之一就是解决再制造企业对再制造新技术存在的认知偏差问题。为了让再制造企业更好地理解再制造新技术，推广团队开展系列宣传活动是很有必要的，例如，开展系列讲座、开设培训班、邀请相关企业人士到实验室或成功试点企业参观等。推广团队所开展的活动是为了让市场更好地接受再制造新技术，而整个过程必然涉及诸多人员、场地、技术支持等方面，这些都需要有充足的资金做支撑。

3. 企业推广意愿分析

相关部门通过问卷调查、访谈等方法针对具有代表性的 50 余家再制造企业开展了公司概况、公司对再制造新技术推广的理解及意愿、其他相关问题的分析，具体如下。

第一部分，公司概况。目前大部分再制造公司为原始制造商，也有一些公司所属独立性和服务性再制造，而服务性再制造公司比较少；这些被调查的再制造企业大部分已经处于成长和（或）快速发展阶段，处于成立和（或）生存阶段和成熟和（或）稳定阶段占比差不多，且在供应链中的地位大部分是合作或者主导，很少一部分再制造企业是处于跟随的地位。公司生产的主要再制造产品种类比较多样，但涉及的产品种类的数量较平均。民营企业和国有企业为再制造公司主要销售对象，再制造公司原材料主要来源公司自由逆向物流渠道，"销售难，再制造产品市场不好"成为绝大多数再制造公司面临主要难题。

第二部分，公司对再制造新技术推广的理解及意愿。可以了解到：其一，大部分公司对现有再制造技术改善意愿是非常强烈的。大部分企业对再制造技术升级或更新还是比较感兴趣的，比较了解废旧重型装备损伤检测与再制造形性调控技术，同时关注着再制造形性调控技术和质量评价技术，可见引进再制造新技术的需求是非常迫切的。其二，大部分企业很看好实施再制造新技术能给企业带来的价值及预期效果，尤其在质量提升上。公司在引进相关再制造新技术后，希望重点得到多方面的提升，其中大多数希望在"再制造产品质量"方面得到提升。绝大部分企业很认可再制造技术，认为其在提升企业再制造产品市场竞争力上有非常重要的影响，且采用再制造新技术会带来好的经济效益，此外，大部分企业表明进行过再制造技术升级或更新以后盈利效果比较好，即再制造新技术对公司盈利能力会产生比较重要的提升作用。其三，再制造新技术实施应具备的条件有有效市场和市场资源、营销资源、人才资源、资金资源、信息资源、技术资源、跨行业资源、企业文化八大资源。绝大多数公司非常看好再制造新技术推广前景且认为采用再制造新技术生产的再制造产品将面临有效市场。其四，授课方式、实际操作指导、研讨交流会议都比较受再制造企业欢迎，其中几乎所有再制造企业都愿意以实际操作指导的方式接受培训，且大部分企业内部是有完善的制度文件保证相关再制造新技术的实施。其五，再制造新技术实施的路径通过重点行业示范再通过有效宣传，在上下游企业之间进一步推广。大部分企业会举行再制造新技术实施的培训交流会，这将有助于再制造新技术的实施。试点企业示范、高校科研机构和同行公司宣传是推广再制造新技术的有效宣传手段，政府宣传也是可以起到一定作用，用户或供应商跟踪调查和同行企业是企业获取市场需求信息的最主要途径。其六，再制造新技术实施的困难主要有没有有效的推广模式，需要创新。再制造新技术推广体系不完善和再制造新技术推广方式单一是公司认为现行再制造新技术推广存在的主要问题，需要完善，而且现行再制造企业主要依靠企业自己或直接聘请专家来解决技术难题。其七，很多再制造企业都提到了再制造新技术的推广、示范与宣传问题，同时提出要有政府的宣传、政策的支持和有国家保障经费等一系列建议。

第三部分，其他相关问题。该部分是对企业相关信息的进一步补充与完善，了解到网络媒体对再制造产品的推广具有一定作用，但是要与线下推广相结合而不可以单独线上推广。与竞争对手相比，大部分公司认为再制造产品的最大竞争优势是质量，其次是成本。大部分公司为了保证原材料的供应，愿意对供应商进行投资。大部分生产再制造产品的公司客户量一直很稳定且很清楚再制造产品的目标客户是谁。比起自己培养营销人员，同意或非常同意委托外部专业人员的比例超过一半，可以看出大部分公司更愿意委托外部专业人员，借助外界力量。产品价格、技术认证、品牌因素、优惠政策是企业觉得客户会看重的因素，尤其是产品价格及技术认证。因此大部分再制造企业对再制造产品的价格及技术关注程度很高。

4. 推广方案的制定

制定创新型商业化推广模式的核心思路是：通过重点行业重型装备的示范工

程，探索废旧重型装备损伤检测与再制造形性调控技术的商业化推广模式，重点体现区别于传统"规模数量型"的重点行业重大装备"质量效益型"推广理念。在推广应用的探索过程中，以国之重器、核心装备为重点推广对象，以循环经济深度发展格局为目标，形成具备核心竞争力的创新型推广模式。该模式核心思路如图 7.7 所示。

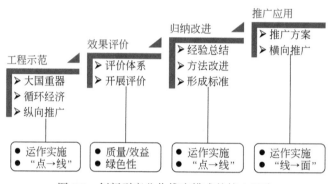

图 7.7　创新型商业化推广模式的核心思路

结合实际调研结果和制定创新型商业化推广模式的核心思路，构建一个再制造新技术服务体系来推动再制造新技术的推广，通过整合再制造综合标准项目、再制造新技术应用项目和试点示范项目取得的资源和成果，以点带面，促进再制造业转型升级，在全社会范围内形成良好的再制造生态环境。

再制造新技术服务体系具体包括一个联盟、一个梳理、一个平台。一个联盟是建立再制造新技术推广服务联盟；一个梳理是从再制造新技术试点示范项目中梳理成功应用案例；一个平台是构建一个以信息服务为核心的再制造新技术推广综合服务平台。

首先，建立再制造新技术推广服务联盟，旨在将再制造新技术开发和应用推广的资源集成在一起，形成一个相互协调的再制造新技术开发和应用推广系统，为企业应用再制造新技术提供培训、需求诊断、技术开发、技术服务等全过程的服务。该联盟主要工作有：进行再制造新技术应用推广的培训和宣传（政府委托、企业委托）；接受政府委托进行再制造新技术应用示范项目建设；接受企业委托进行再制造新技术应用的开发和技术支撑；召开再制造新技术与再制造业发展的年度研讨会；接受政府委托进行再制造新技术需求和应用途径调研等。企业应用再制造新技术需要很多方面的资源和信息，比如需要各技术开发机构、技术服务机构、经济管理咨询机构、法律事务支持机构、知识产权机构、招标机构、项目监理机构、金融机构等多渠道多部门的合作与协调，该联盟可以使这些机构形成稳定的联系，提供一个公开、透明的窗口对企业进行服务，可以大大提高再制造技术推广服务的工作效率。

其次，一个梳理是指从成功的再制造试点示范项目中，梳理出典型成功应用案例，面向不同行业、领域推广再制造新技术和成功经验。这与再制造推广路径相契合，且通过调研可知，很多企业对再制造新技术充满期望并且当同行企业应用新技术时，他们也非常愿意尝试并且信赖该项新技术。因此，及时对成功示范项目进行梳理可以为再制造新技术的推广起到事半功倍的作用。

最后，一个平台即构建一个以信息服务为核心的再制造新技术推广综合服务平台。再制造新技术推广综合服务平台的建设旨在为企业应用再制造新技术提供贯穿全过程的培训信息、技术支持信息、技术服务信息，撮合企业和研究开发机构建立再制造技术应用的合作伙伴关系。在信息爆炸的今天，再制造新技术应用和推广仍然受到信息瓶颈的限制。主要为两个方面，其一是信息量的短缺，企业在再制造新技术集成应用过程中，难以找到合适的技术和可靠的合作者；其二是信息量的泛滥和质地短缺。企业接触到大量的信息，但这些信息不但多是低水平重复，而且可信度难以确认。而该平台主要收集、核实、评价先进制造技术的开发机构、技术应用、技术需求等方面信息，为再制造企业提供技术咨询、信息检索、产品发布等专业信息服务；提供共用软件、共用数据库、实现软件工具和共用数据的共享服务；提供仪器设备服务信息，为企业提供检测仪器、加工设备的租用中介服务，是企业应用再制造新技术"一站式服务大厅"。

7.4.2　"创新型"再制造商业化推广模式的实施

1. 推广实施方案

重型装备再制造新技术虽然已具备产业化发展基础，但是目前还处在产业发展初期，需加快市场培育，积极开展重型装备再制造技术的试点，以质量、效益为引导，将废旧重型装备损伤检测与再制造形性调控技术推广应用到相关装备的再制造领域，扩展其通用性及适用性，实现再制造供应链的横向拓展，促进以试点来推动产业发展和带动技术进步的有效机制的形成，积极探索在商业上具备核心竞争力的创新型推广模式。

因此，重型装备再制造技术创新型推广运营实施方案主要遵循以下思路：首先，选择试点企业，通过试点，对试点企业相关人员进行再制造新技术培训；其次，在试点企业集成实施再制造新技术的资源，其中包括人、财、物、信息等资源；再次，获取试点企业再制造新技术的价值成果，根据成果表现决定是否进行行业推广；最后，在符合行业推广条件下，将重型装备再制造技术推广至整个行业，形成上下联动、横向联合、优势互补的重型装备再制造技术推广模式。重型装备再制造技术创新型推广运营实施方案流程图如图 7.8 所示。

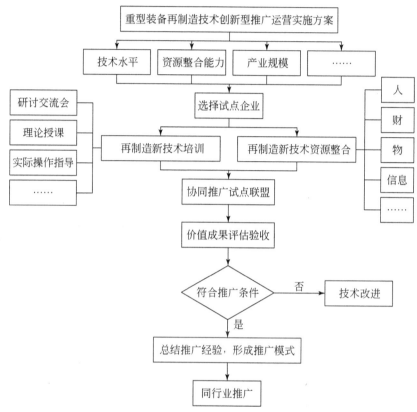

图 7.8　重型装备再制造技术创新型推广运营实施方案流程图

1）选取试点企业并进行再制造新技术培训

按照技术水平高、资源整合能力强、产业规模优势突出、示范推广带动等原则，选择具有行业代表性的重型装备再制造企业作为试点企业，进行废旧重型装备损伤检测与再制造形性调控技术的推广应用，形成一批技术先进、管理创新的再制造示范企业，从而带动行业整体水平的提升。可以选取相关装备再制造领域领军企业作为试点企业，形成协同推广试点联盟。

根据重型装备行业特点和试点企业实际情况，可以按重型装备再制造技术的生命周期节点先后在各试点企业以研讨交流会、理论授课、实际操作指导的方式因地制宜地开展废旧重型装备损伤检测与再制造形性调控技术的培训。专家组成员定期地深入现场开展理论介绍、关键技术应用、技术评价等，从而建立一个覆盖面广、经济效益好的技术服务体系。通过培训体系加快技术纵向流入，提高试点企业管理人员对新技术的接受和采用能力以及技术人员的综合素质，形成规范化、标准化的操作技术规程，提高技术可用性。

2）在试点企业集成实施再制造新技术的资源

重型装备再制造新技术推广的顺利实施还需要强有力的资源保障。在对试点企业提供技术培训的同时，通过整合资源，给予人、财、物、信息等方面的支持，保证试点企业再制造新技术资源的集成实施。

人才是实现重型装备制造业与再制造新技术融合的根本性资源，培养和吸引高素质人才进入重型装备再制造领域，有利于打破企业原有平衡态，促进其再制造技术升级，产生更多的经济效益。因此，在新技术推广试点过程中，根据试点企业发展情况制定合理的人才培养政策、人才使用政策、人才吸引政策和人才激励政策以增强推广效果。

技术的升级离不开资金的支持，为了保证再制造新技术推广的进行，充足的资金投入必不可少。通过加强与财务部门的沟通，落实投融资支持政策，设定再制造新技术推广专项扶持资金，采用多渠道投资和融资方式为重型装备再制造技术应用提供充足资金。并制定资金使用政策，合理分配技术研发、技术推广、技术配套设施建设等资金，使资金使用达到效益最大化。

技术实施所需材料、基础设施等物力资源是技术创新的必要保证。在新技术推广过程中，需保障废旧重型装备损伤检测与再制造形性调控技术实施所需物料的提供，不断完善技术推广配套设施建设和机械设备的购置，并加强对整个过程中物料资源完善的追踪。

信息资源是技术升级推广的高级要素。项目团队通过构建技术推广信息平台，并以此为基础，一方面实现技术推广信息资源的充分共享，提升各试点企业重型装备再制造新技术运用效果；另一方面基于信息平台实现各试点企业间由再制造新技术带来的价值成果的转移和共享，加速重型装备再制造新技术的推广进程，节约整体资源。

3）试点企业再制造新技术价值成果评估验收

在试点企业完成推广方案中的各项目标后，按照制定的评价体系对试点企业再制造技术的引进所带来的质量、效益等价值成果进行客观、全面、准确的评价。通过分析重型装备再制造技术推广过程中所产生的价值成果，判定是否进行同行业的推广。若重型装备再制造技术推广过程中，废旧重型装备损伤检测与再制造形性调控技术所产生的经济效益整体较好，成效显著，符合预期效果，则进行同行业的推广。否则，进行技术改进，继续积累完善，直至形成适合产业化发展的再制造新技术。

4）总结试点企业经验并将再制造新技术在同行业推广

在推广实践的基础上，对试点企业取得的良好效果和推广机制，不断总结提炼，完善技术推广模式，形成一套可借鉴、可复制、可推广的重型装备再制造技术推广模式。在符合行业推广条件下，结合试点企业推广经验，将废旧重型装备损失检测与再制造形性调控技术推广至所有重型装备再制造企业。结合相关装备再制造领域实际制定的支持重型装备再制造行业发展的推广方案，充分发挥试点企业的协助推广作用，以试点企业取得的价值成果吸引更多企业主动接受、运用新技术，充分利用信息共享平台，推动规范化、标准化、信息化的重型装备再制造技术产业的高速发展，增强市场竞争力，提升企业经济效益。

2. 推广方案的可行性分析与实施关键点

1）推广运营方案的可行性分析

通过对推广运营方案进行系统梳理和详尽分析，找出方案在实施过程中的重点难点，对实施过程中可能遇到的问题进行系统归纳总结。并对比已有的推广条件，建立系统评价模型，科学分析从而得出对推广方案实施是否可行的专业评价。

（1）依托推广试点联盟，完成项目试点单位的选定。可集聚一批实力强大，拥有先进技术水平，有能力承担起再制造新技术试点工作的制造企业作为项目的重要参与单位。

（2）集成资源潜力突出，能够满足项目试点所需条件。作为行业内的重要领头企业，应在技术、资金、人才等方面具备突出的竞争力。同时，使用再制造新技术对提高我国资源利用效率、推动绿色经济发展，进而助力"双碳"目标实现，具有重大意义，这必然会得到政府以及企业的大力支持。

（3）建立科学评价体系，评估技术实施效果。如何评估再制造新技术在企业实施后所带来的效益是新技术推广过程中的一个难点。科学分析企业效益提升的内在动力，找出关键因素，排除其他因素对企业效益的干扰，进而准确衡量再制造新技术实施前后企业效益的变化情况。基于此，可构建基于平衡积分卡的企业再制造新技术实施效果科学评价体系，如图 7.9 所示。

（4）再制造行业前景广阔，先进技术需求大。与新产品相比，再制造产品节能 60%左右、节材 70%左右、大气污染物排放量降低 80%以上。可见，再制造在产品级实现了资源循环再生利用，并通过对整个行业去产能、降成本，优化了资源配置。促进了制造业的持续健康发展。因此，再制造产业及其技术发展的前景广阔。

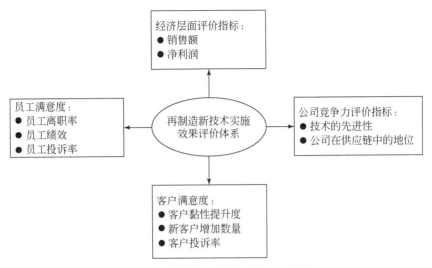

图 7.9　再制造新技术实施效果评价体系

2）推广方案的实施关键点

为了使推广方案能够按照预期顺利实施，需要确定影响项目实施的一系列因素，并在此基础上确定关键点，即决定项目成功实施与否的关键因素。具体取决于以下几个方面的重要因素。

（1）清晰的推广技术目标与路径。

清晰的项目目标对推广工作的实施意义深远。对于新技术的推广，项目组应该以社会整体效益最大化为目标，积极推动新技术在再制造企业的实际运用，推动我国经济绿色健康发展。同时，要认识到推广工作可能会遇到的潜在阻力，积极做好防范措施，为项目的顺利开展奠定基础。在推广过程中，要事先确定好推广路径，循序渐进并根据环境变化及时进行计划的改进与完善。

（2）确定推广方案的总负责人，并组建推广项目组。

分工明确、权责关系清晰的项目团队是推广工作顺利实施的组织保障。在推广团队中，团队成员各司其职，共同推动废旧重型装备损伤检测和再制造形性调控技术在再制造行业的推广运用，创造显著的经济以及环境效益。

（3）选择合适的试点企业。

技术在推向市场的过程中，先要通过试点企业进行试运行以判断技术的可行性。因此，试点企业的选择是推广方案实施的关键影响因素。对于此推广方案来说，多数再制造企业均参与了此项目，因此首批试点企业以项目中的再制造企业为主。

（4）确定科学合理的评价体系。

科学合理的技术推广效果评价体系可以有效推动关键再制造创新技术在全行

业的推广应用。在对技术运用产生效果进行评价时，不应该仅仅关注经济方面的指标，应该全面分析，科学评判以确定再制造新技术给企业各个方面带来的综合影响。

3. 推广方案的评价反馈及控制

对技术推广的评价可以从两个方面展开：一是技术在企业的实施情况分析，二是技术的运用对企业带来的直接影响。为此，可以利用相关指标用以科学评判企业对再制造新技术使用的积极性以及再制造新技术推广所带来的一系列影响。同时，为了能够实时传递相关指标信息，利用相关再制造技术推广的监督控制措施，为再制造企业实时获取相关技术的推广价值信息提供了保障。

1）内部指标

内部指标是用以分析企业内部相关再制造新技术的实施情况以及实施新技术后企业内部相关经营效益的变化情况。具体来说，企业内部再制造新技术的实施情况主要可以从再制造新技术采用的程度、再制造新技术人员的配备与技术培训现状、企业接受再制造技术改变的意愿以及企业对再制造技术的资金投入程度等角度进行分析，而实施新技术后企业经营效益的变化情况主要可以从销售额、净利润以及股东价值三个方面进行考量。

（1）再制造新技术采用的程度。

衡量再制造新技术在企业的采用程度主要可以从公司是否对所有生产线均进行了再制造新技术改造以及公司所有中高层管理者是否了解再制造新技术的实施要点以及是否对再制造新技术的运用持肯定态度等方面进行分析。只有公司的中高层领导者认识到再制造新技术在确保质量、降低成本、缩短工期、减轻劳动强度、提高功效等方面有显著促进作用，再制造新技术才有可能在企业得到全面的应用。

（2）再制造新技术人员的配备及技术培训。

企业再制造新技术的实施情况与公司的再制造新技术人员的配备情况以及企业对员工的培训力度有直接关联。一般来说，公司在采用一项新技术后应该配备足够数量专业的技术人员，在基层员工技术实施遇到困难时提供及时的帮助指导。因此，一个企业对技术人员的配备越重视，再制造新技术的实施力度也就越强。同时，对于企业来说，一线员工的培训工作直接影响到企业生产过程中的效率。如果企业重视再制造新技术的培训工作，则会加强对员工的技术培训工作频率与强度。因此，记录企业专业技术人员的配备数量以及员工的培训频率对于分析企业的再制造新技术的实施情况有重要参考价值。

（3）企业愿意接受再制造技术改变的意愿。

企业变革往往会影响到既得利益者的利益，因而会受到各种阻力。对于再制造新技术的推广应用来说，由于新技术在提高生产效率，减轻劳动强度等方面有显著作用，很多一线员工的工作可能会被部分或完全替代。在这种情况下，很多一线员工往往会集体抵制再制造新技术的运用。同时，对于中高层管理者来说，采用新技术意味着要学习更多的新知识、新方法，这对一些在思想上消极懈怠的管理者来说无疑是一大难题。因此，再制造新技术变革可能会遭遇前所未有的阻力。科学评判企业接受再制造新技术的意愿，应该从两个方面入手。首先就是分析一线员工对再制造新技术的接受程度；其次是企业中高层管理者对再制造新技术的认可和接纳程度也需要重点关注。

（4）企业对再制造技术的资金投入程度。

新技术的使用需要企业投入较多人力物力财力。一个企业是否重视再制造新技术在企业的推广运用，可以从其在人财物等资源上的投入程度进行初步衡量。同时，公司对再制造新技术的资金投入占整个公司总投资的比例也能直接反映出公司对再制造新技术的认可与重视程度。

（5）销售额。

销售额的变化情况是公司再制造新技术的运用所带来效益的最直接也是最直观体现。公司应该准确衡量采用新技术前后公司销售额的变化情况，排除其他可能因素的干扰，得到准确的效益变化信息。在此基础上，公司可以科学评判采用再制造新技术的投入产出比，进而合理分析公司是否需要引进该项新技术以及引用的程度应该如何把握。

（6）净利润。

一般来说，公司净利润的变化与销售额相比会受到更多因素的影响。因此，确定新技术给公司净利润带来的直接或间接影响难度更大。这需要专业的分析团队先准确判断再制造新技术的运用会对公司哪些财务指标产生影响，进而在此基础上判断这些财务指标对公司净利润的影响情况。通过系统总结得出再制造新技术的运用对公司净利润所产生的影响。

（7）股东价值。

对于一个企业来说，股东利益最大化是其开展一切活动的根本目的。对于非上市公司来说，股东的利益主要来源于公司的净利润分成。而对于上市公司来说，股东收益不仅与公司的实际净收益有直接关系，同时也与企业在资本市场的声誉和影响力有关。因此，在分析再制造新技术对上市公司股东价值的提升程度时，不仅仅应该关注公司在采用新技术后经济实力的变化情况，同时，也要关注企业在资本市场的资本溢价情况。

2）外部指标

新技术的实施给企业所带来的影响是多方面的，既有内部影响，又存在广泛的外部影响。外部指标是用以分析相关再制造新技术的实施对企业在供应链体系中相对地位的影响程度的重要评价基础。具体来说可分为三个部分：一是新技术的实施对企业与供应链上游合作伙伴关系的影响程度；二是其对企业在整个供应链网络中的水平竞争地位的影响程度；三是其对企业与客户关系的影响程度。

（1）上游合作伙伴满意度。

新技术的实施不仅会给企业本身带来积极影响，同时也会对供应链上游企业的业务产生一定的促进作用。具体来说，当企业采用新技术后，公司的产品需求会有显著的提升，这时会拉动上游企业的订单增长，进而为企业带来收益。因此，评价技术实施的效果也需要考虑上游企业的满意度。为了更加全面地反映实施新技术前后所带来的外部影响，可以从试点企业出发，考察试点企业的上游供应商满意度的变化情况，更加客观地评价企业实施新技术所带来的影响。

（2）水平竞争力的提升程度。

在整个供应链体系中，往往存在许多同类企业，这些企业之间产品具有较高的替代性，因此相互之间竞争更加激烈。因此，评价新技术实施的效果可以从供应链成员之间的相对竞争力角度出发。具体来说，当一个企业采用了再制造新技术后，其在整个供应链体系中的话语权变化情况、市场份额变化情况等都是企业采用新技术所带来的直接影响结果。

（3）客户态度。

新技术的实施给客户带来的影响最为直接。客户可以通过使用新产品感知企业所使用技术的变化情况。因此，客户满意度的变化情况最能反映新技术实施所带来的积极影响。企业可以通过发放问卷等方法了解客户对企业产品或服务的感知价值变化情况，同时也可以通过与客户面对面交流的方式，了解他们对公司所采用的新技术的认可与支持程度，在此基础上更加科学合理地评价新技术给企业所带来的影响。

3）再制造技术推广的监督控制

对于企业来说，设计能够实时反映技术推广效果的监督措施，可以更加准确实时地向企业领导者以及员工展示技术推广的最新效果，同时，如果技术推广存在突出问题，也能反馈给企业相关方，为进一步地改进工作提供思路。

通过设计再制造技术推广监督控制措施，企业可以获取相应指标的信息、数据等。此外，在措施中嵌入客户、员工、供应商以及股东等的满意度信息，为企业更好地判断再制造新技术的推广效果提供依据。具体来说，技术推广效果监督控制措施主要分为以下几个方面。

（1）要关注企业内部数据变化情况。

企业内部数据变化情况是最直接反映再制造新技术推广效果的部分。企业内部要及时汇总相关数据信息并展示，让企业员工包括中高层管理者以及一线员工，能够实时获取企业的经营效益变化情况，为企业新技术的推广应用提供可靠依据。

（2）要关注企业外部数据变化情况。

企业外部数据主要反映供应链利益相关方的利益变化情况。任何一个企业都不是孤立存在的，其在追求自身利益最大化的同时，必须兼顾供应链体系中其他相关成员的利益增长。其中，供应商和客户是最直接联系的相关方，企业必须实时监测新技术的推广应用对提升供应链效益以及供应链稳定性的积极作用。此外，股东作为企业的所有者，在企业发展过程中地位突出。因此，技术推广展示板中必须反映技术推广对企业股东的积极或消极作用。

（3）技术进步与收益展示的重要性。

企业采用新技术的目的是改善企业经营条件，提升企业整体收益。通过系统梳理并及时展示，企业所有成员都可以清晰认识到技术推广所带来的实际收益，进而能够为技术推广扫除部分障碍。

（4）技术推广存在的问题。

任何一项新技术的出现，必须先通过试点以判断技术的可行性与适用性。同时，对于每一个企业来说，其生产经营都有自身独特之处，企业对技术的适应度呈现出不同的特点。因此，企业可专门设计一个方法手段，用以反映技术推广存在的问题，为之后的改进提供依据。

7.5　再制造应用案例

7.5.1　掘进装备再制造应用案例

开展掘进装备再制造案例，采用激光跟踪、超声检测、磁粉检测等无损技术对高值关键件外形尺寸、涂层或者淬火层以及材质、焊缝质量等进行快速检测；根据顶层设计制度、流程、操作，制定发布掘进装备高值关键件刀盘、主驱动等部件返厂检修图示化作业指导书，形成快速无损检测规范体系；融合自主攻关的深熔焊、激光熔覆等工艺和智能机器人技术，形成掘进装备再制造精密成形技术。

1）掘进装备快速无损检测技术

利用激光跟踪仪、游标卡尺、π 尺、内径千分尺等对尺寸在 0～16000 mm 的再制造零部件外形尺寸进行检测，如图 7.10 所示。

图 7.10　外形尺寸检测

采用超声检测、磁粉检测、渗透检测等技术对再制造零部件焊缝质量进行检测，如图 7.11 所示。确定部件显性裂纹以及隐性缺陷萌生、扩展的典型损伤形式，分析典型工况下应力集中和易疲劳的部位。

图 7.11　无损探伤

采用硬化层检测仪、超声检测仪以及便携式金相分析仪等设备对环件、轴承、小齿轮等进行淬火层探伤、检测厚度以及金相分析等，确保环件、轴承等零部件质量，如图 7.12 所示。

图 7.12　淬火层检测

基于顶层设计制度，制定发布掘进装备高值关键件刀盘、主驱动等部件返厂检修图示化作业指导书以及再制造记录，形成快速无损检测规范体系。

2）掘进装备绿色修复技术

基于机器人堆焊再制造成形技术可对缺损零部件的反求建模、三维体积损伤等方面进行结构件缺失部位再制造，实现再制造生产智能化和自动化，大大节约人力成本，提高生产效率。

通过拆解、清洗工序完成刀盘结构清理工作，使用探伤仪进行探伤并根据损伤程度制定相应的更换零件修复、增材制造修复再制造方案。图 7.13 为再制造现场图。

图 7.13　再制造现场图

3）激光熔覆制造技术

在主驱动动力传输过程中，密封圈对密封环产生了很大的磨损，造成密封环出现沟槽，主轴承滚珠和滚道出现裂纹及破损，严重影响掘进速度，在后期转场过程对主驱动进行再制造工作。

盾构机主驱动耐磨环件由 42CrMo 材料经锻造+热处理+精密加工而成，制造周期长、成本高，而其使用后失效主要因局部磨损。实施前因无法修复只能报废（采用传统的堆焊修复方法易出现变形、裂纹，性能很难达到设计要求）。激光熔覆技术具有热输入小、热量集中、与基体熔合好、熔覆成分可调节等特点，十分适合耐磨环件修复。熔覆后熔覆表面没有发现裂纹，对试件机械加工后，表面无裂纹现象，表明环件激光熔覆是完全能够满足技术要求的，如图 7.14 所示。

图 7.14　激光熔覆修复

4）掘进装备工程示范应用

长沙再制造基地主要负责盾构机再制造主体建设，基地建设有拆解、清洗、检测、制造、涂装、装配等生产线，能够满足不同直径盾构机再制造工作，如图 7.15 所示。与中铁十一局联合研制国产首台大直径敞开式再制造 TBM（如图 7.16 所示）用于四川阿坝州夹金山隧道工程。再制造 TBM 在隧道施工中掘进速度快，性能稳定，累积掘进已超过 2 km，并创造了我国公路日掘进 50 m 的日进尺纪录。与中铁十八局隧道公司委托铁建重工，在铁建重工长沙工厂制造了应用在四川乐西高速大凉山一号隧道工程的盾构机 DG785，如图 7.17 所示。该盾构机针对四、五类粉砂质泥岩、细砂岩、灰岩为主地层，优选高强韧、抗磨损的再制造材料对刀

图 7.15　长沙掘进装备再制造基地

图 7.16　夹金山隧道工程示范工程

图 7.17　乐西高速公路示范工程

盘、主驱动等高值关键件进行再制造，在隧道施工过程中掘进速度快、设备完好率高、状态良好，并创造了我国高速公路盾构机掘进日进尺 49.12 m，月进尺 730.2 m 的最快纪录，累计掘进达到 10 km。

7.5.2　冶金装备再制造应用案例

以再制造冶金装备大型板带轧机主传动万向轴、热轧卷筒等关键部件为应用对象，针对高温、重载、高速等严苛服役环境，研究制定再制造冶金装备关键部件修复应用方案，重新装配后进行钢材轧制、钢材卷曲工业生产，验证再制造修复方案的有效性，考核再制造冶金装备稳定运行时间，评估冶金装备再制造成本，形成在行业内具有影响力的示范工程。激光熔覆设备如图 7.18 所示。重载万向轴激光熔覆现场图如图 7.19 所示。

图 7.18　激光熔覆设备图

图 7.19　重载万向轴激光熔覆现场图

7.5.3 海洋装备再制造应用案例

胜利油田高原石油装备有限责任公司针对海洋钻机绞车滚筒主轴、天车滑轮等两个关键部件损坏情况进行研究分析，制定了电化学微增材金属/纳米陶瓷复合镀层再制造工艺方案，通过控轨迹、控变形和控应力等技术措施，开展再制造成形技术应用，通过试验检测再制造后的复合镀层的结合强度、耐磨性和耐中性盐雾加速腐蚀性能，均能达到再制造产品技术指标要求，为实现废旧重型装备典型高值关键件的再制造提供了理论依据。2022 年 7～11 月期间，整套钻井作业系统在胜利十号海洋钻井平台应用时运行稳定。再制造海洋钻机天车滑轮、绞车滚筒轴在渤海湾现场如图 7.20 所示。

图 7.20 再制造海洋钻机天车滑轮、绞车滚筒轴的渤海湾现场图

参 考 文 献

[1] 苏为华. 多指标综合评价理论与方法问题研究. 厦门: 厦门大学, 2000.

[2] 许雪燕. 模糊综合评价模型的研究及应用. 成都: 西南石油大学, 2011.

[3] Liu D, Liu W, Xu S, et al. A novel method for residual life assessment of used parts: A case study of used lathe spindles. Environmental Science and Pollution Research, 2022(2): 1-14.

[4] 吴伟才, 潘真. 盾构机主轴承检测分析与再制造技术探讨. 轴承, 2020(6): 13-17.

[5] 田浩亮, 魏世丞, 梁秀兵, 等. 高速电弧喷涂再制造曲轴弯曲疲劳寿命及再制造效益评估.

稀有金属材料与工程, 2018, 47(2): 538-545.

[6] Fang H C, Ong S K, Nee A Y C. An integrated approach for product remanufacturing assessment and planning. Procedia CIRP, 2016, 40: 262-267.

[7] Zhang X, Zhang M, Zhang H, et al. A review on energy, environment and economic assessment in remanufacturing based on life cycle assessment method. Journal of Cleaner Production, 2020, 255: 120160.

[8] Shi J, Li T, Liu Z. A three-dimensional method for evaluating the remanufacturability of used engines. International Journal of Sustainable Manufacturing, 2015, 3(4): 363-388.

[9] Ramoni M O, Zhang H C. An entropy-based metric for product remanufacturability. Journal of Remanufacturing, 2012, 2(1): 1-8.

[10] 陈佳君. 全球变暖潜能值的计算及其演变. 船舶与海洋工程, 2014, 2: 27-31.

[11] Liu S, Shi P, Xu B, et al. Benefit analysis and contribution prediction of engine remanufacturing to cycle economy. Journal of Central South University of Technology, 2005, 12(2): 25-29.

[12] Du Y, Zheng Y, Wu G, et al. Decision-making method of heavy-duty machine tool remanufacturing based on AHP-entropy weight and extension theory. Journal of Cleaner Production, 2020, 252: 119607.

[13] 张佳兴. 盾构主轴承再制造技术. 建筑机械化, 2018, 39(7): 56-58.

[14] 张友功, 吴伟才. 盾构机主轴承检测与再制造分析. 设备管理与维修, 2019(23): 43-46.

[15] 乔路卫. 盾构机主轴承再制造案例分析. 机电工程技术, 2019, 48(9): 235-236, 267.

[16] 黄邦戈, 陆宇衡, 谢德锦. 发动机曲轴再制造工艺研究. 装备制造技术, 2011(5): 10-12.

[17] 邵将. 发动机曲轴再制造加工过程质量控制方法及关键技术研究. 合肥: 合肥工业大学, 2015.

[18] 林晓晖, 詹长书, 贺彦赟, 等.电弧喷涂曲轴修复与再制造研究进展. 林业机械与木工设备, 2019, 47(6): 8-12.

[19] 崔翔, 张秀芬, 薛俊芳. 基于失效模式的曲轴再制造工艺优化方法研究. 机电工程, 2019, 36(9): 938-943.

[20] 崔翔, 张秀芬, 刘佳. 基于失效的退役曲轴再制造性层次评价. 机械设计与研究, 2020, 36(4): 138-141.

[21] 温海骏, 刘长义, 刘从虎. 基于 RS-TOPSIS 的再制造曲轴毛坯质量评价方法. 中国表面工程, 2015, 28(1): 101-108.

[22] Zadeh L A. Fuzzy sets. Information and Control, 1965, 8(3): 338-353.

[23] Omwando T A, Otieno W A, Farahani S, et al. A Bi-level fuzzy analytical decision support tool for assessing product remanufacturability. Journal of Cleaner Production, 2018, 174:1534-1549.

[24] Du Y, Wang S, Wang Y. Group fuzzy comprehensive evaluation method under ignorance. Expert Systems with Applications, 2019, 126: 92-111.

[25] Xie Q, Ni J Q, Su Z. Fuzzy comprehensive evaluation of multiple environmental factors for swine building assessment and control. Journal of Hazardous Materials, 2017, 340: 463-471.

[26] Li Y, Wang W, Liu B X, et al. Research on oil spill risk of port tank zone based on fuzzy comprehensive evaluation. Aquatic Procedia, 2015, 3: 216-223.

[27] Saaty T L. How to make a decision: The analytic hierarchy process. European Journal of Operational Research, 1990, 48(1): 9-26.

[28] Wind Y, Saaty T L. Marketing applications of the analytic hierarchy process. Management Science, 1980, 26(7): 641-658.

[29] Saaty T L. Some mathematical concepts of the analytic hierarchy process. Behaviormetrika, 1991, 18(29): 1-9.

[30] 张卫中, 李梦玲, 康钦容, 等. 最优传递矩阵改进 AHP 及其在露天矿台阶爆破参数权重确定中的应用. 矿业研究与开发, 2020, 40(6): 28-31.

[31] Niu L, Ding H, Chen K, et al. Research on comprehensive performance evaluation of second-hand car based on improved AHP-fuzzy method. Advances in Biomedical Engineering, 2012, 9: 219-222.